Turning Points
The Nature of Creativity

转折点
创造性的本质

〔美〕陈超美 著

陈悦 王贤文 胡志刚 等译

科学出版社

北京

图字号：01-2015-4010

图书在版编目(CIP)数据

转折点：创造性的本质 /（美）陈超美著；陈悦等译. —北京：科学出版社，2015.7

书名原文：Turning Points: The Nature of Creativity

ISBN 978-7-03-045141-5

Ⅰ. ①转… Ⅱ. ①陈… ②陈… Ⅲ. ①创造性思维 – 思维方法 Ⅳ. ① B804.4

中国版本图书馆 CIP 数据核字（2015）第 143561 号

责任编辑：邹 聪 王茜艳 / 责任校对：张怡君
责任印制：赵 博 / 封面设计：众聚汇合

科学出版社 出版
北京东黄城根北街 16 号
邮政编码：100717
http://www.sciencep.com

北京中科印刷有限公司印刷
科学出版社发行 各地新华书店经销
*

2015 年 7 月第 一 版 开本：720×1000 1/16
2025 年 10 月第五次印刷 印张：17 3/4
字数：350 000
定价：148.00 元
（如有印装质量问题，我社负责调换）

序 言

创造发现是人类特有的一种能力,若想了解人类是如何创造令人耳目一新的艺术、音乐、诗歌和小说,如何发现科学规律、模式或者关系,我们需要一个对创造发现的创造发现。

人类创造和发现的根基在于解决问题的热情和推动方案实施的社会环境。热情可以让人们坚持不懈地致力于重要问题的解决,弥补令人不安的差距,拓展惹人烦恼的边界,或打开新机遇的大门。

对社会环境的了解有助于研究者们更清晰地认识问题,连接不同的学科,并能将研究方法从一个领域应用到另一个领域。社会环境是鼓励各种形式的竞争与合作的动力。竞争有时候是激烈的,而有时候又是友好的。合作有时候仅仅局限于相互信赖的伙伴之间,而有时候又是长期而广泛的。成千上万的人能够为解决共同的问题而热情地交流。过度保护自己的新想法,就无法了解别人对自己想法的意见,也无法得知其他相关的想法。

人们对研究创造和发现本身已经表现出日益浓厚的兴趣。为人类科学活动而建立起的数据库在规模和应用上的巨大与广泛是史无前例的,同时人类科学活动数据分析工具的功能之强大和应用之广也是前所未有的。

科学论文的回溯性引文分析在目前来说仍然是主流,有时也辅以人类学观察和专家访谈,但如果想要识别重要的步骤、争议或错误,专利分析、专利引文、商业期刊文章、博客、电子邮件、推文和其他社交媒体将更精细、更多样化、更即时地记录科学突破是如何发生的。

引文分析早已不局限于引用频次的简单统计,而已经拓展到作者共被引和文献共被引网络,同时还增加了很多有说服力的计量指标,如中介中心性可以用来寻找连接不同知识领域的跨边界论文。对于上述这些分析而言,一个重要的工具就是网络可视化。网络可视化会展现重要聚类、揭示连接不同知识领域的论文，发现可能被忽略多年或会迅速引起人们关注的重要文章，这些都会给研究者带来惊喜。

陈超美这本最新力作为创造力研究做出了重要贡献，因为他将几股研究的力量编织到一起，为这个研究主题带来了更为广阔的视野。陈超美理清了现有的理论，并采用有趣的计量指标展示了令人信服的可视化结果。他让读者清楚地了解他的观点，"变革性发现有可能出自多领域交汇的暮色区域"。对截然不同的科学分支进行的回顾性分析和案例研究进一步地强化了这一观点。

《转折点：创造性的本质》这本书的重要意义在于，作者陈超美不仅仅着眼于回溯过去，而是有着更远大的追求。他要为研究者提供了解科学研究前沿现状的能力，让他们尽早地发现重要的研究进展。预测哪些文章会最终成为高被引文章的能力对于研究者、政府政策制定者和行业管理者来说，都是一份无比美妙的礼物。这个目标的实现并不容易，但是作者提出了一些很有希望的解决办法。

对陈超美来说，更为大胆的挑战是通过识别"结构洞"或相关知识领域间的空白来发现有趣的研究机会。这不是个简单的问题，因为许多关联并无法带来多少实际意义，所以需要研究领域的专家做出正确的判断或者发现最初的蛛丝马迹。这是个诱人的想法，与此同时，陈超美也提醒我们注意形形色色的"偏见、缺陷和认识上的误区"。尽管如此，他仍然大胆地断言："具有高中介中心性的文章是潜在的变革性发现。此外，通过计算现有知识网络中连接两个不同领域的假想关联点的中介中心性来识别潜在的发现是可能的……因此，中介中心性可以演变成兴趣，而兴趣本身则可以变成行动。"

读者应该认真地思考陈超美所列举的研究目标，并仔细体会它们各自如此不同的来源。读者们还应当仔细琢磨他提出的计量指标和 CiteSpace 的可视化研究。陈超美通过建设性的问答，以及富于吸引力的讨论，巧妙地勾勒出他的新思路。这促使我们进一步思考这些问题，也激发我们做出新的思考。读者们可以用更好的理论、数据、指标及可视化方法来给予响应。

本·施耐德曼（Ben Shneiderman）

于美国马里兰大学

2011 年 7 月

前 言

科研评价已经成为越来越多的政府机构和民间组织在决策和制定政策时需要考虑的核心问题，评价科研实力和预测影响力的新指标如雨后春笋般相继出现。然而，如果仔细探究各种方法背后的实质，并透过各种类型指标的表面去看其本质，我们就会接连不断地遇到一些问题：科学创造力的本质是什么？有没有一种方法可以让我们提前预知意义深远的新发现？有什么方法可以帮助我们选择通往创造彼岸的正确途径？我们能否系统地提高自己的创造力？

科学理论有两种类型，即具有指导性的理论和不具有指导性的理论。指导性理论能够对现象背后的根本机理做出解释，这让我们知道应该如何行动才会更加有所作为。我们就是要寻求一种对创造力形成机理的更好解释，尤其是针对实现和评估科学发现本身而言。首先，本书旨在识别一些规律，而这些规律对于在广泛多样的知识来源基础上所产生的创造性思维是十分必要的，同时还将解释我们应该如何避免那些由主观想法和自我认知系统而导致的偏见和缺陷。其次，本书将介绍一种具有解释性和计算性的科学发现理论，并通过知识域研究中的一系列不断改进的定量方法来展示其指导意义。最后，本书还将讨论从理论推演出的测量变革性研究的潜能计量指标，并对其测量影响力能力予以验证。该理论大大地简化了对一些问题的解释。例如，已经发现的一些能够很好地预测一篇文章被引数量指标的原因是什么。我们的理论揭示了其中的同一内在机理。

发现理论的思想主要受到了一系列横跨多领域的经典研究成果的启发，特别是万尼瓦尔·布什（Vannevar Bush）的《诚如我思》（As We May Think）和他在Memex（memory and index）中对知识空间的洞察力、托马斯·库恩（Thomas Kuhn）的科学革命范式转换理论、亨利·斯莫尔（Henry Small）的共引网络分析方法、罗纳尔·博特（Ronald Burt）的结构洞理论，以及彼得·皮罗利（Peter Pirolli）的最佳信息觅食理论。我们正在通过开发和应用CiteSpace系统来尝试综合这些意义深远的思想。我从 2003 年开始，就一直在开发和维护 CiteSpace，让研究者和学生们认识到可以使用该免费软件进行文献分析，所谓科学计量就是将定量方法应用于科学研究活动的分析。同时，来自各个研究领域的众多使用者们给出的反馈、提出的问题，以及对 CiteSpace 新功能的要求，也驱使我们去寻找能够合理解释那些在文献中出现的各种规律的相关理论。

本书的主要论点是，创造性思维和问题求解的机理是相通的。如果我们可以更好地理解这些机理，那么我们就能够将其相互融合，并进一步利用计算技术加以实现。本书通过回顾不同领域的文献得出的另一个重要的启示是，创造力是关乎发现新观点的能力和意愿，它能让我们更好地理解那些对我们来说也许已经是司空见惯的现象。

知识转折点概念的出现是很自然的，库恩的竞争范式之间的格式塔转换，以及黑格尔的命题和反命题的升华便是知识转折点的体现，它们改变了人们看问题的视角。我们在解决问题的过程中所感受到的幸运或不顺利在很大程度上取决于我们的立场，当我们在搜寻解决问题的方式时，显而易见的事物往往会很轻易地从眼皮下溜走。我希望本书可以给读者提供一些有助于研究科学及其社会作用的视角，以及对创造力本质的深刻见解，这样我们就能够更好地认识创造性想法，并为更多创造性想法的产生提供更多的机会。

我在准备本书的时候，希望能对以下几类读者有所帮助：

第一，对创造力本质好奇，并且想知道创造力是否有不拘泥于偶然性的观点。

第二，需要对创造性工作做出艰难抉择的分析师、评估师及政策制定者们，他们的决策会影响创造性工作的命运。

第三，那些不仅仅拘泥在自己研究领域范围内，并且希望自己在研究前沿中具有竞争力的研究人员和学生们。

第四，科学史学家和科学哲学家。

大学生本科及以上的学生适合前 4 章的阅读。接下来 4 章的适用读者需要有信息科学背景，如熟悉网络分析和引文分析。本书可用于信息科学专业的研究生课程或研讨会，以及科研评估和企业管理。

陈超美

2010 年 12 月 5 日

于宾夕法尼亚州费城

CONTENTS 目 录

序言 ··· i

前言 ··· iii

1 风雨欲来 ·· 1
   1.1 《风雨欲来》 ·· 2
   1.2 进入风暴之眼 ·· 5
   1.3 汤浅现象 ··· 8
   1.4 创新性研究与创造性的本质 ································ 10
   1.5 科学与社会 ·· 18
   1.6 本章小结 ··· 19
   参考文献 ·· 20

2 创造性思维 ·· 21
   2.1 超越意外发现 ·· 22
   2.2 有关创造性研究的研究回顾 ································ 23
   2.3 发散性思维 ·· 26
   2.4 盲目变异和选择性保留 ····································· 28
   2.5 游离知识单元的重组 ······································· 31
   2.6 多面共存思考 ·· 33
   2.7 发明问题的解决理论 ······································· 38

	2.8 本章小结	40
	参考文献	41

3 认知偏见和缺陷 … 45

- 3.1 草中寻针 … 46
  - 3.1.1 化学空间中的化合物 … 46
  - 3.1.2 变化盲视 … 49
  - 3.1.3 显而不见 … 50
- 3.2 心智模式和偏见 … 52
  - 3.2.1 连接正确的节点 … 56
  - 3.2.2 拒绝可以获得诺贝尔奖的发现 … 59
- 3.3 创造性的挑战 … 62
  - 3.3.1 类比推理 … 63
  - 3.3.2 竞争假设 … 63
- 3.4 边界对象 … 65
- 3.5 前兆信号 … 66
- 3.6 本章小结 … 68
- 参考文献 … 69

4 研究潜能的再认识 … 71

- 4.1 回溯性研究 … 72
  - 4.1.1 冬眠熊 … 72
  - 4.1.2 风险与收益 … 74
  - 4.1.3 回顾计划 … 75
  - 4.1.4 TRACES … 77
- 4.2 预见 … 81
  - 4.2.1 展望未来 … 81
  - 4.2.2 确定优先资助领域 … 84
  - 4.2.3 德尔菲法 … 87
  - 4.2.4 对预见的事后评估 … 88
- 4.3 本章小结 … 89
- 参考文献 … 89

5 觅食 · · · · · · 93

5.1 可视化分析的信息理论视角 · · · · · · 94
- 5.1.1 信息觅食和调查研究 · · · · · · 96
- 5.1.2 证据和观念 · · · · · · 98
- 5.1.3 显著性和新颖性 · · · · · · 99
- 5.1.4 结构洞和中介 · · · · · · 100
- 5.1.5 信息内容的宏观视角 · · · · · · 101

5.2 转折点 · · · · · · 104
- 5.2.1 有趣度的指标 · · · · · · 104
- 5.2.2 普罗透斯现象 · · · · · · 105
- 5.2.3 科学变革的概念 · · · · · · 107
- 5.2.4 专业同行和科学变革 · · · · · · 108
- 5.2.5 知识扩散 · · · · · · 110
- 5.2.6 预测未来的引用情况 · · · · · · 112

5.3 科学发现的一般机制 · · · · · · 117
- 5.3.1 作为问题求解的科学发现理论 · · · · · · 117
- 5.3.2 基于文献的发现 · · · · · · 118
- 5.3.3 跨界视角 · · · · · · 119
- 5.3.4 构建知识结构洞的中介 · · · · · · 121

5.4 科学发现的一个解释性和计算性理论 · · · · · · 121
- 5.4.1 理论的基本原理 · · · · · · 122
- 5.4.2 结构上或时间上的属性 · · · · · · 124
- 5.4.3 构建综合指标 · · · · · · 125
- 5.4.4 案例研究 · · · · · · 126

5.5 本章小结 · · · · · · 135

参考文献 · · · · · · 136

6 知识域分析 · · · · · · 145

6.1 累加式知识域可视化 · · · · · · 146
- 6.1.1 科学革命 · · · · · · 146
- 6.1.2 任务 · · · · · · 148
- 6.1.3 CiteSpace · · · · · · 150

6.2 多视角共引分析 ·················· 158
6.2.1 传统分析扩展 ·················· 158
6.2.2 测度 ·················· 161
6.2.3 聚类 ·················· 163
6.2.4 自动聚类标签 ·················· 164
6.2.5 可视化设计 ·················· 164
6.3 信息科学领域知识分析 ·················· 165
6.3.1 作者共被引比较分析（2001~2005年） ·················· 166
6.3.2 累加作者共被引聚类（1996~2008年） ·················· 168
6.3.3 累加文献共被引分析（1996~2008年） ·················· 170
6.4 本章小结 ·················· 176
参考文献 ·················· 178

7 文本中的信息 ·················· 183
7.1 区分相互冲突的观点 ·················· 184
7.1.1 《达·芬奇密码》 ·················· 185
7.1.2 术语变化 ·················· 187
7.1.3 《达·芬奇密码》的评论 ·················· 188
7.1.4 主要主题 ·················· 190
7.1.5 预测性文本分析 ·················· 191
7.2 分析非结构化文本 ·················· 196
7.2.1 文本分析 ·················· 197
7.2.2 寻找丢失的链接 ·················· 199
7.2.3 概念树和谓语树 ·················· 200
7.3 突变检测 ·················· 213
7.3.1 引文的突现 ·················· 214
7.3.2 突现的生存分析 ·················· 216
7.3.3 对获得和未获得基金资助的项目申请书进行区分 ·················· 219
7.4 本章小结 ·················· 221
参考文献 ·················· 222

8 变革的潜力 ... 227

8.1 变革性研究 ... 228
8.2 探测变革性潜能 ... 230
8.2.1 引文和参考文献的联系 ... 231
8.2.2 通过结构变化测度新颖性 ... 234
8.2.3 统计验证 ... 237
8.2.4 案例研究：脉冲星 ... 245
8.3 组合评价 ... 251
8.3.1 识别申请书的核心信息 ... 252
8.3.2 信息抽取 ... 254
8.3.3 探测热门主题 ... 255
8.3.4 识别潜在的变革性项目申请 ... 256
8.4 本章小结 ... 258
参考文献 ... 259

9 未来 ... 261

9.1 风雨欲来 ... 262
9.2 创造性思维 ... 262
9.3 偏见和缺陷 ... 264
9.4 觅食 ... 265
9.5 知识域分析 ... 266
9.6 文本分析 ... 266
9.7 变革性潜能 ... 267
9.8 未来 ... 268

致谢 ... 271

1 风雨欲来

水煮青蛙，有两种方式：一种是将青蛙扔进沸水中，青蛙会迅速跳出来而逃离危险；另一种是先把青蛙放进冷水中，然后慢慢加热直到把水煮沸，水中的青蛙处于越来越危险的境地，当它意识到大祸临头时，可能已经丧失了跳出来的机会。

历史上有一些重大的危机事件，如 1941 年的"珍珠港事件"、1957 年苏联斯普特尼克 1 号（Sputnik 1）人造卫星升天，以及 2001 年的"9·11"事件，都促使美国立即做出应急反应。例如，苏联发射人造卫星，促成了美国国家航空航天局（NASA）和美国国防高级研究计划局（DARPA）的建立，同时促使美国政府在科学研究和教育上投入更多的经费。与此同时，美国科学技术政策管理机构中一些颇有声望的委员会和咨询部为美国敲响了另一警钟：美国正面临着一场与上述突发性危机截然不同的、潜在的，但却影响深远的危机——一种渐进式危机（creeping crisis）正侵蚀着美国科学技术竞争优势的根基。

2005 年，美国国家工程院（National Academy of Engineering，NAE）院长威廉·沃尔夫（William A. Wulf）在美国众议院科学委员会（U.S. House of Representatives' Committee on Science）之前提交了一份议案，提出当下美国面临的危机实质上是渐进式危机，这是一种缺乏长期考虑的短视思维模式所导致的危机。但这一观点颇受争议。人们对国家应该优先考虑的事情，以及是否真的存在"渐进式危机"存在很多不同的看法。其中一个争论的焦点就是从测评结果以及满足产业需求的能力角度考虑，美国的科学和工程（S&E）教育，尤其是数学和自然科学教育是否已经落后于世界上其他强国。

为什么人们的观点大相径庭，似乎到了难以调和的地步？这种危机真的存在吗？为什么有些人忧心忡忡而有些人却置若罔闻？那些重要的论点和反驳点又是什么？对此，本书所强调的重点是，影响美国在科学技术领域保持领先地位的关键因素是什么，以及要保持美国在科学技术领域的领先地位又需要做些什么。

1.1 《风雨欲来》①

2005 年 10 月 20 日，美国众议院科学委员会接收到了一份很有分量的报

---

① 又译为《风云紧急》或《风暴集结》

告，认为美国正处于一场渐进式危机之中①。竞争力评估委员会（Competitiveness Assessment Committee）主席、曾任洛克希德·马丁公司（Lockheed Martin Corporation）的董事长和首席执行官诺曼·奥古斯汀（Norman R.Augustine），曾任默克公司（Merck）董事长和首席执行官，也是竞争力评估委员会成员的罗伊·瓦格洛斯（P.Roy Vagelos）和美国国家工程院院长威廉·沃尔夫对这一处境做了评估报告。2007年，美国国家学术出版社（National Academies Press）出版了该报告，书名为《风雨欲来》（*Rising above the Gathering Storm*）[美国国家科学院、美国国家工程院、美国国家科学院医学研究所（Institute of Medicine of Medicine of the National Academies），2007]。同年，美国国家学术出版社还出版了奥古斯汀的新书《美国是落后于世界了吗？》（*Is America Falling Off the Flat Earth?*）②。

风雨欲来委员会（the Gathering Storm Committee）的成员包括诺贝尔奖获得者约书亚·莱德伯格（Joshua Lederberg），英特尔公司（Intel）和杜邦公司（DuPont）等研究型企业的高管，劳伦斯伯克力国家实验室（Lawrence Berkeley National Laboratory）的董事长，以及麻省理工学院（MIT）、耶鲁大学（Yale University）、得克萨斯A&M大学（Texas A&M）、伦斯勒理工学院（Rensselaer Polytechnic Institute）和马里兰大学（University of Maryland）等高校的校长。委员会卓有声望的背景、委员们的鼎鼎大名和清晰缜密的论证，使得渐进式危机的观念引起了公众的极大重视和思考——可谓风雨欲来！

风雨欲来委员会关于渐进式危机主要有以下两个观点。

（1）美国必须对失败的K-12教育体系进行改革，尤其在数学和自然科学方面。

（2）联邦政府必须大幅增加基础研究投资，基础研究就是新知识创造。

引发这场危机的主要原因在于"距离的消亡"（death of distance），即日益深入我们生活的全球化。如今竞争者和消费者只需"点击鼠标"即可实现目标。诸多领域在短期内的巨变已经威胁到了美国的领先地位，如制造业的流动性主要取决于劳动力的成本和国内市场的活跃程度，而在美国雇用一位工程师的费用可以在印度雇用到11人。风雨欲来委员会强调，更糟糕的是，金融资本、人

---

① http://www7.nationalacademies.org/ocga/testimony/gathering_storm_energizing_and_employing_america2.asp

② The National Academies Press offers a free podcast free of charge at http://books.nap.edu/catalog.php?record_id=12021

力资本和知识资本的流动性持续增强，加剧和加深了这场危机。同时，国外的竞争对手已经认识到了美国之所以能够保持竞争优势的关键机制，他们在努力效法甚至赶超美国。为了确保美国在竞争中立于不败之地，我们显然要保持高度的紧迫感。奥古斯汀说："风雨欲来委员会一致认为，如今的美国在未来竞争力和人们生活水平方面正面临着严峻的挑战，我们甚至似乎正在落后。我们今天在这里呼吁，希望能够引起国家对这种发展状况的高度重视，并拿出建设性的解决方案来。"

达尔文（Charles Darwin）发现，"能生存下来的物种既不是最强壮的，也不是最聪明的，而是最能适应环境变化的"。1993年，国家科学、工程和公共政策委员会（COSEPUP）提议，美国应该成为各个研究领域的世界领导者，以保持以下核心能力。

（1）用最有效的知识来应对与国家目标相关的问题，即使这些知识看上去与国家目标似乎并没有什么直接的关联。

（2）迅速地识别、推广并利用在任何地方出现的重要研究成果。

（3）在美国高校中培养能够成为领导者并能开拓和实践前沿知识的人才。

（4）吸引最聪明的年轻学生。

风雨欲来委员会令人信服地阐述了采取行动的紧迫性和必要性。其证据列表中就包括资金流向：美国投资者在2005年将更多的资金注入国际股票基金市场，而不是美国股票基金市场，这是近20年以来从未出现过的状况。美国新注入的股票基金海外投资份额由1999年的8%上升至2005年的77%。最近一项关于研发中心最佳区位的调查表明，全球41%的公司选择美国，62%的公司选择中国。奥古斯汀引用理查德·霍杰茨（Richard Hodgetts）的一首诗来说明美国在全球环境下应对这种日益严峻挑战的紧迫性，它关乎美国的未来竞争力和人民生活水平。

> 清晨，非洲的瞪羚醒来，
> 它知道自己必须比跑得最快的狮子跑得还快，否则就会被吃掉。
> 清晨，非洲的狮子醒来，
> 它知道自己必须追得上跑得最慢的瞪羚，否则就会被饿死。
> 无论你是狮子还是瞪羚，这都无关紧要，
> 当太阳升起时，你最好就开始跑起来。

奥古斯汀在2007年非常惊讶国外官方对美国风雨欲来报告的熟悉程度。正

如他所说，世界末日论就如同风雨欲来，它成功地激发了很多其他国家做出更多努力，但美国的反应却微乎其微。美国国会在2007年通过了《美国竞争法案》(*The America COMPETES Act*)[①]，一些由风雨欲来委员会提出的建议便随之被制定成法律条文。例如，该法案包括对美国国家科学基金会（National Science Foundation，NSF）的一些规定，该基金会是基础研究的主要资助机构。

（1）4006条　要求NSF负责人做到：①考虑NSF奖金和资助的科研活动在多大程度上有助于满足国家在创新、竞争、自然科学、技术、工程和数学方面的重大需求；②在遴选NSF奖项、分配研究资源和项目资助时，优先考虑预期能在这些领域有所贡献的。

（2）4007条　禁止运用该法案A部分或D部分中的任何内容为变更或者修改NSF的价值评估系统或同行评议过程提供解释。

（3）4008条　根据1988年的《国家科学基金会授权法案》(*The National Science Foundation Authorization Act*)，设立2008至2011财政年度的鼓励竞争性研究的实验项目专项基金。

尽管这种渐进式危机迫在眉睫，而且人们对此采取行动的必要性也存有共识，但仍然有很多人对危机的诊断和应对提出了严肃的质疑。毋庸置疑，多元的观点需要得到验证，冲突的立场需要得到和解，有竞争性的建议需要执行。无论是政策的制定者，还是科学家、教育者、学生和普通大众，当务之急是要弄清楚究竟发生了什么，更需要明白今天所做的决定会产生什么样的长期影响。

1.2　进入风暴之眼

2007年，乔治城大学（Georgetown University）的琳赛·洛威尔（Lindsay Lowell）和城市研究院（Urban Institute）的哈尔·萨尔兹曼（Hal Salzman）在阿尔费雷德·P. 斯隆基金会（Alfred P.Sloan Foundation）和美国国家科学基金会资助下，发表了《进入风暴之眼》(*Into the Eye of the Storm*)一文，该文强有力地攻击了《风雨欲来》报告。

《进入风暴之眼》的重要发现在于，数据分析结果并不支持《风雨欲来》报告中提出的挑战及其他观点，尤其是无法找到证据证明，美国对数学与科学教

[①] http://thomas.loc.gov/cgi-bin/bdquery/z?d110:SN00761:@@@D&summ2=m&

育重视程度的降低，以及美国本国学生对科学和工程（S&E）职业兴趣的降低是导致高质量学生在"S&E供应链"中逐渐减少的原因。第一，洛威尔和萨尔兹曼指出，"美国在科学和数学上落后于世界"的断言是值得质疑的。他们的研究数据显示美国是唯一一个学生表现如此多元化的国家，鉴于这种多元化，简单的排名毫无意义。第二，他们分析得出科学和工程教育培养出的高质量学生大大超出社会需求。第三，人才供给远远大于社会需求的状况，但更需要我们弄明白的是，为什么需求方不能吸纳更多的研究生从事S&E工作。早些年制订的人力资本发展和就业政策方案无法满足当今劳动力或经济发展的需求。

洛威尔和萨尔兹曼的分析显示，在雇主看来，雇员除了要具备数学和科学能力，文化素养和其他多门学科的能力也是至关重要的。此外，他们客观地指出，问题不在于是否改进美国的教育体系，而在于美国的表现为什么逊于其他国家，这对于未来的竞争力又意味着什么，以及实施什么样的政策可以有效地弥补这种缺陷。他们的分析关注到这样一个事实，即根据2006年美国人口普查，孩子不足17岁的单亲家庭占全国家庭总数的33%，这一数据在挪威为17%，在日本、新加坡和韩国则小于10%。人们可能会认为美国的多元化和开放性促成了较低的平均教育水平和较高的经济效果，因而能否使用测试平均值来有效表征美国的教育和潜在经济状况尚不清楚。

对"教育－职业"轨迹的进一步分析表明，科学和工程型公司大多经常抱怨学校培养出的学生没有掌握当今企业需要的非技术技能。

总之，《进入风暴之眼》得出这样的结论：洛威尔和萨尔兹曼进行重新评估所依据的教育水平和就业的数据并不能解释劳动力市场中科学家和工程师的短缺以及合格学生数量的下降。美国竞争力评估委员会的政策主要是号召美国效仿新加坡的数学和科学教育发展规划，而新加坡最近的竞争力政策则是效仿美国，即侧重于创造性和发展更宽泛的教育。

所有的争论都清楚地表明，我们会提出很多的问题，例如，是什么因素导致美国经济持续快速增长？什么样的劳动力有可能对美国未来的经济发展起到重要的促进作用？彼此冲突的观点预示实证政策（evidence-based policy）是为新兴的全球经济制订有效方案所必需的方法。NSF科学决策项目负责人朱莉娅·莱恩支持将实证方法用于科学政策。

2010年，《科学》（*Science*）期刊的"科学事业"专栏作家贝丽尔·利夫·本德利（Beryl Lieff Benderly）在《科学美国人》（*Scientific American*）上发表的一

篇文章中探讨了这一问题：美国产出的科学家太多了吗？例如，她指出美国的实验室研究人员通常由研究生和博士后构成，并指出对于美国新一代毕业生而言，获得美国大学终身教职日益困难。她的文章很快在数天内引发了 200 多条评论。多数评论支持《进入风暴之眼》的研究，认为个人经验是通过"教育－职业"发展路径积累出来的。

一位工程机构的经理谈论了在他的机构所需要的技能：

"作为一个工程机构的管理者，我需要的是有软件设计能力的工科学士和硕士，而不是对基础科学感兴趣的博士。是创新，而不是基础研究，将产品引入市场从而刺激经济发展。只有当适销对路的产品产生经济效益时，我们才能负担得起基础科学的高昂成本。这不是贬低科学的重要性，而是它没有立竿见影的回报。"

就"教育－职业"发展路径而言，拥有理学学士和硕士学位的工程师要比那些博士更早地走出这个路径。

与此相反，另一条评论谈到了路径末端的职业选择范围，比如博士毕业的就业问题，该条评论提出者还质疑了"研究型大学终身教职是博士毕业生最好的职业选择"的观念。

"在工业部门中进行高水平的工程设计和科学研究是非常富有成效的选择。我敢说，谷歌和微软拥有的博士数量要比很多大学还要多。"

另一个评论员也表达了类似的观点：

"当人们说我们需要更多的科学家和工程师时，这其实并不是他们的本意。他们要表达的是需要更多能解决我们这个时代难题的科学家和工程师，同时需要这些人能经常说明什么样的学术研究或产业研究是有资助价值的。"

尽管有很多地方能够提供更高薪的职位，但人们往往以高薪的金融工作和法律工作为例来说明人们为什么放弃 S&E 职业路径，即不愿意成为工程师或者科学家，有些人认为科学家原本就不应该一味地追求财富，一位欧洲读者评论如下：

"作为科学家，我们不能（或者不应该）追求财富，我们应该对这个体面的薪水很满足，更重要的是，它是铁饭碗，能够提供退休金和不错的医疗保险。"

另外一名读者指出，美国科学对于移民的依赖由来已久：

"移民是美国科学的强大代表。我们只需要去看看诺贝尔的获奖名单就会发现这一趋势由来已久,难以扭转。作者不断地提到'土生土长的白种人'是不合适的,他自己提到的大量在国际数学和科学竞赛中取得优异成绩的美国高中学生其实是亚洲人或者印度人。朱棣文(Steven Chu)就是一个例子。"

在这场广泛的争论中,一些人认为,当前复杂多变的研发体系只不过是不稳定的源头,正是这种不稳定促使很多毕业生偏离了他们最初的职业选择道路。而还有一些人认为这种不稳定和持续竞争恰恰是美国科技竞争力的源泉,正如查尔斯·达尔文生物进化论中所言的"适者生存"。

1.3 汤浅现象

20世纪60年代,日本的历史学家和物理学家汤浅光朝(Mintomo Yuasa,1909~2005年)首先发现了科学活动中心转移的规律,这一规律可能会为这场已经白热化的争论提供一个全新的视角。汤浅光朝依据日本平凡社出版的《科学技术编年表》和《韦氏名人传记大词典》对世界科学活动记录进行了统计,并将科学活动中心定义为"一个国家重大科学成果数量如果超过世界重大科学成果数量的25%,则称其为世界科学中心",他发现科学活动中心每80~100年就会在不同的国家间进行周期性转移,这就是汤浅现象(Yuasa, 1962)。

意大利曾作为世界科学活动中心长达70年(1540~1610年),英国也是70年(1660~1730年),法国是60年(1770~1830年),德国是110年(1810~1920年)。当今的科学中心是美国,人们对此产生了浓厚的兴趣。美国早在90多年前(1920年)就已经成为世界科学活动中心,根据汤浅光朝发现的周期规律,美国的世界科学活动中心地位可能会在2000~2020年发生转移。那么,一个重要的问题就是,如果这一科学中心发生转移,那么哪个国家最有可能成为下一个世界科学活动中心呢?如果要在这一时代背景下看待有关风雨欲来的争论,我们就必须搞清楚世界科学活动中心发生转移的原因。

是什么因素导致世界科学活动中心转移的呢?换一种说法,什么因素会维持中心地位呢?中国学者赵红州在不知道汤浅光朝的研究成果的情况下也发现了"科学活动中心转移"这一现象,该研究成果在1985年以学术论文的形式被引入西方国家(Zhao & Jiang, 1985),但似乎并没有被西方世界所熟知,截至

2010年，该论文仅仅被引用了3次。第一次是在1987年被舒伯特（Schubert）发表在《科学计量学》（*Scientometrics*）上的一篇关于"科学定量研究"的文章引用。第二次是在1993年被汉斯·艾森克（Hans Eysenck）发表在《心理咨询》（*Psychological Inquiry*）上的一篇关于"创造力和性格"的论文引用，根据通常被认为与创造力无关的实验发现（如潜伏抑制），他提出从DNA到创造性成就获取的因果链条。他的模型具有高度的推测性，但却是可测试的。最近一次是被一篇关于学术期刊丢弃策略的文献计量模型的文章引用。

赵红州用"科学家做出突出贡献的平均年龄"定义了一个国家在 t 时间内"科学家队伍平均年龄"的概念。

$$A_t = \sum_{i=1,\cdots,n} \frac{X_i - X_b}{N_t} \tag{1-1}$$

其中，X_b 表示某位科学家的出生年份；X_i 表示某位科学家做出突出贡献的年份；N_t 表示在 t 时间段内科学家总人数。

赵红州发现了一些有趣的规律：峰值出现在 $A_t=50$，即一个即将成为科学活动中心的国家，它的科学家队伍平均年龄要小于50岁。例如，意大利在1540～1610年作为世界科学中心，在之前的1530～1570年，意大利科学家队伍的平均年龄为30～45岁。与此相同，英国在1660～1730年作为世界科学中心，在之前的1640～1680年，英国科学家队伍的平均年龄为38～45岁。法国在1770～1830年作为世界科学中心，在之前的1760～1800年，它的科学家队伍平均年龄为43～50岁。德国在1810～1920年作为世界科学中心，在之前的1780～1840年，它的科学家队伍平均年龄为41～45岁（英文原文没有写明年代）。美国从1920年开始成为世界科学中心，在之前的1860～1920年，其科学家队伍的平均年龄始终保持在50岁左右。

另外，如果一个正处于世界科学活动中心的国家，它的科学家队伍平均年龄超过了50岁，就意味着它将失去这一中心地位。例如，在1800年的法国，统计计算的 A_t 值开始超过50，结果到了1840年，科学活动中心便开始转移到英国。为什么50岁非同寻常呢？

我们会在第2章中找到些许答案。赵红州从统计学的视角对这个问题做出了回答，并且将"科学家生涯中最富有创造性的年龄段"定义为"科学发现的最佳年龄"。赵红州发现，当一个国家科学家队伍平均年龄逐渐接近该国科学发现的最佳年龄分布曲线的峰值时，这个国家的科学水平就可能处于上升阶段。

反之，该国科学水平可能正在下滑。科学发现最佳年龄的估算方法是建立在他提出的科学发现理论基础之上。我们将在第 2 章中对赵红州的研究成果进行更详细的阐述。

20 世纪 80 年代，刘则渊和王海山对这个问题提出了另一种解释①。他们发现，一个国家要在经历一个为期 60 年的哲学革命主导时期之后才能确立世界科学活动中心的地位。换句话说，哲学革命是科学革命的先导。再者，"哲学革命—政治革命—科学革命—工业革命"这一宏观的革命链条在英国、法国、德国都曾出现。例如，意大利在 1480 年爆发了哲学革命，并在 60 年后的 1540 年，它成为世界科学中心。1600 年英国开始哲学革命，同样是在 60 年后，英国于 1660 年成为世界科学活动中心。

一方面，一个国家科学家队伍的平均年龄和科学发现的最佳年龄，以及哲学革命的出现与消亡可以作为宏观层面的指标。另一方面，我们需要用更精细的理论和科学发现模型去探究这些现象背后所隐含的实质性关联。另外，尽管宏观的观察能为科学活动提供有趣的研究背景，但若不考虑科学领域的发展，那么对许多问题我们就难以做出准确的解释。

1.4 创新性研究与创造性的本质

在经济、文化、政治、教育、科学和技术等多个领域竞争全球化和白热化的背后，是无所不在的"距离的消亡"。纳税人、小公司、大企业、中小学、大学和政府机构都面临着巨大的压力。达尔文的"自然选择"正以前所未有的速度和规模带动着新一轮的演变。

1998 年，兰德尔·柯林斯（Randall Collins）从科学哲学这一社会学视角，提出知识发展中最重要的是矛盾和争论。他深刻地洞察到，知识领域的发展很大程度上取决于不同思想流派的争论，这个争论将会在同期活跃大约 35 年。他引入了关注空间（attention space）的概念，认为"创造力就是当关注空间中的结构块相互挤压到最紧密的时候所产生的摩擦力"。关注空间也可以通过向相反方向挤压而得以重构。柯林斯用了 25 年的时间来收集那些思想得以传承的哲学家之间的社会关联，由此形成知识网络。他构建了一个包括中国、印度、日本、

---

① http://www.collnet.de/workshop/liu.html

希腊、当代欧洲等很多地区的大历史跨度知识网络。在他的知识关注空间中，以一代哲学家作为结构变化的最小单元。例如，沿着中国的知识链，从孔子到孟子再到庄子共有6代哲学家。图1-1展示的就是公元前400年到公元前200年中国哲学家的知识网络。柯林斯的截面式关注空间和库恩的竞争范式之间的主要区别在于，柯林斯认为不用流派中的明确争论通常会在后代中得到发展（Collins，1998），而库恩的竞争范式则认为它们是同步发展的。孟子、公孙龙等主要哲学家（在图1-1中都标识为大写）均位于相互冲突观点的中心位置。

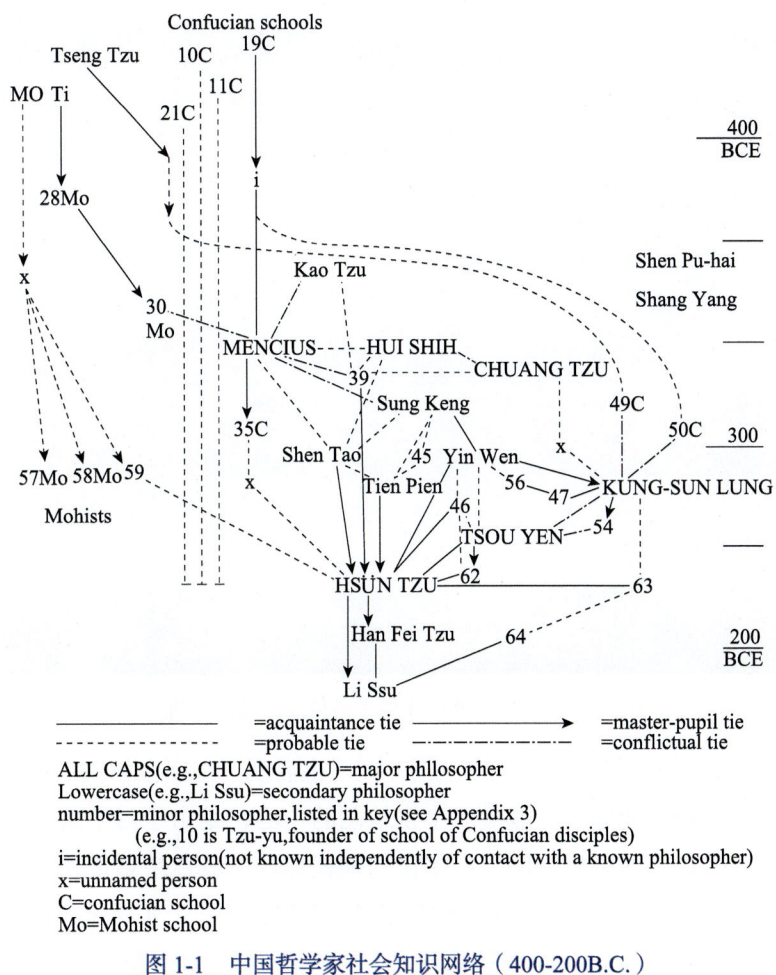

图1-1　中国哲学家社会知识网络（400-200B.C.）

资料来源：Collins，1998

图1-2描绘的是1997～2007年纳米科技领域的知识轨迹。该图反映了该领

域的快速发展和文献大量过时的程度。视图中节点代表该领域的被引文献，该节点被引证树轮所环绕，形成的圆盘越大表示该文献被引频次越高，反之越低。左边区域的大部分文献出现在时间轴的初始阶段，也就是20世纪90年代后期。浅蓝色区域说明该区域文献已有很长时间未被引用。相比之下，右边区域反映的则是该领域最近的研究活动，引用环的颜色是较为温暖和明亮的，这表明该文献最近被其他文献引用，少部分文献树轮被红色环层叠加，这表明这些文献的被引频次有明显突出的增长，它们代表该研究领域所关注的重点，即研究热点。

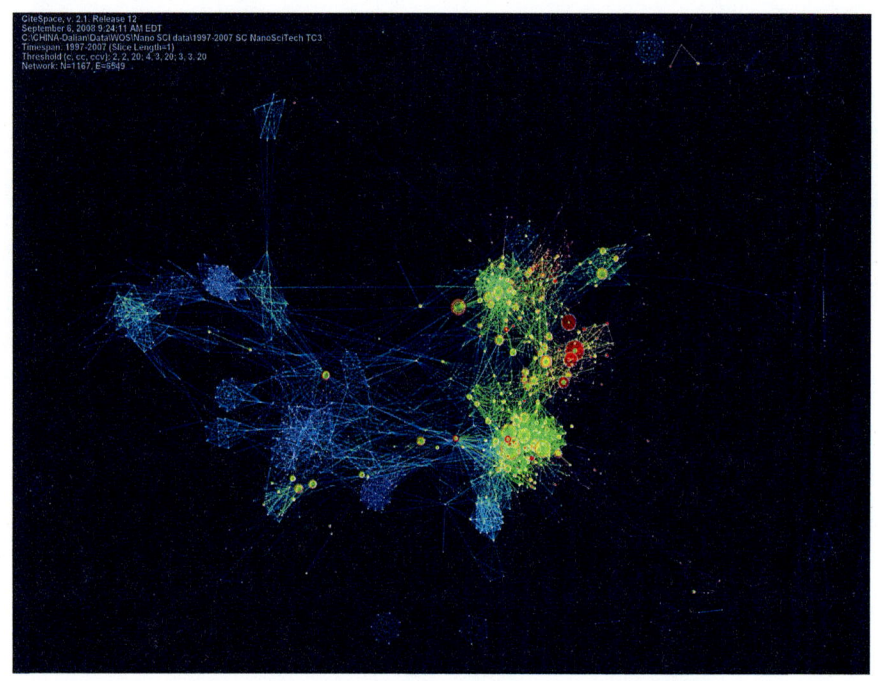

图1-2　1997～2007年纳米科技发展的知识轨迹

图1-3展示的不仅是一张宇宙地图，同时也展现了与宇宙相关的多个领域的发现和研究兴趣。地球之所以处于宇宙地图的中心，是由于对宇宙中的天体距离的测量均是在地球上进行的。在宇宙初期就形成了蓝色星系带和红色类星体带。随着宇宙的扩展，它们离我们越来越远。如图1-3右上角所示，哈勃超深空（HUDF）是科学家们进行的最远观测之一。与图1-2的自由布局视图不同，宇宙地图中保留了天体的相对位置。使用一个基础地图作为通用的组织框架，然后在它上面添加各种主题图层，这在绘制地图中是很常见的。添加多个主题层

实际上是整合源于多个视角的信息。应该如何阐释这种整合的含义是一个有待回答的基本问题。每个视角代表着一个独立的概念空间，它是否能与其他空间兼容是不确定的，即不能确定是否存在着从一个空间到另一个空间的拓扑结构。拓扑结构的主要特征是，当某个空间中相邻的点被映射到一个新的空间时，这些点仍然相邻。这显然不存在于天文空间和天文知识空间之间。两个黑洞可能会在宇宙中进一步分离，但在知识空间中，它们可以适用于同一理论。反之，两种不同理论也可以解释宇宙中的同一现象。

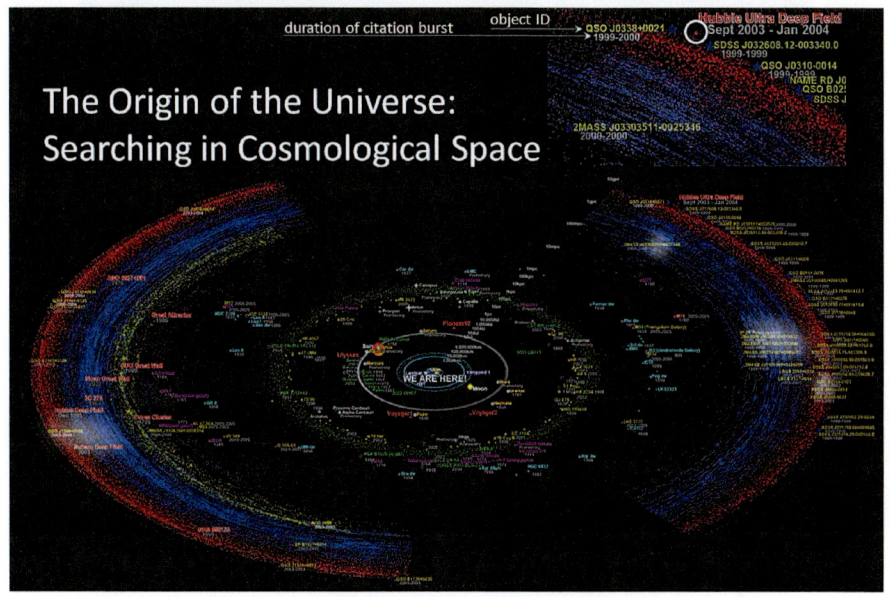

图 1-3　对应于引用突现的科学发现和宇宙天体的主题叠加知识图谱，哈勃超深空影像的特写镜头显示在右上角（圆圈）

2009 年 5 月，当甲型 H1N1 流感病毒在很多国家快速传播时，各国涌现出大量有关流感盛行的文章，仅在 Web of Science 上就检索到 4500 多篇相关论文[①]。图 1-4 显示了基于这些文献而生成的时间序列图谱（检索日期截至 2009 年 5 月 8 日），其中，红色的节点意味着这些文献在某个时期被引频次突然增高。图 1-5 显示了 114 996 个流感病毒蛋白质序列的相似图谱。我们需要明确的关键问题是，我们能从这两张关于流感的多视角图谱中读出什么，以及如何通过它们发现新的研究问题。

---

① 检索词为：（influenza 或 flu）且（pandemic 或 epidemic 或 outbreak）

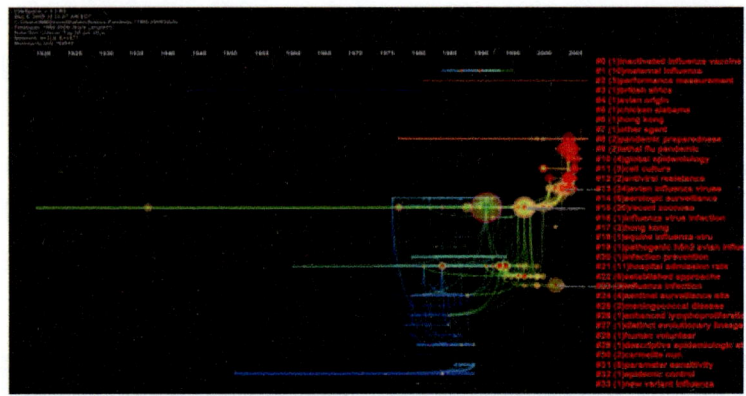

图 1-4　截至 2009 年 5 月 8 日，Web of Science 收录的"流感和流感大暴发"研究文献所生成的时间线图

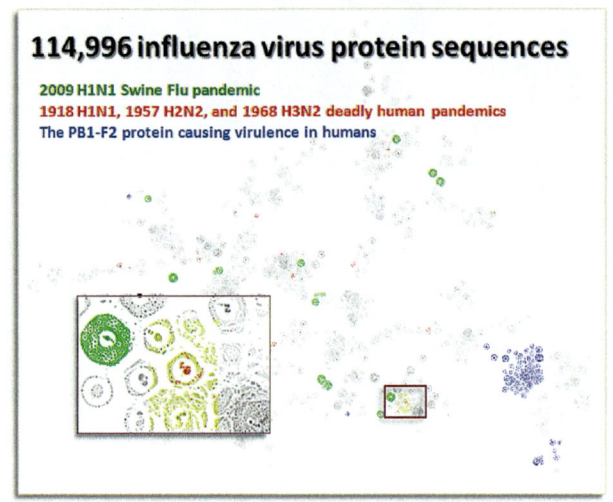

图 1-5　114 996 流行病毒蛋白质序列图谱
资料来源：Pellegrino & Chen，2011

众所周知，很多学科中都存在着多种概念冲突的问题，在药物发现中的化学空间与生物空间之间，以及不同的竞争观之间都是这种冲突。概念间的冲突意味着存在新发现的可能。

一方面，人们对于探寻各种问题的科学答案充满了兴趣，无论是回答问题的根源和本质，还是那些还不太可能回答的问题，这种兴趣都与日俱增、不断拓展。另一方面，我们迫切需要分析和整合我们对创造力本质的所有认知，而且需要知道我们为了维持和加强我们的竞争优势需要做出怎样的努力。例如，变革性研究已经引起了特别是包括美国国会、政府、私人资助机构、大学和科学家等很多不同利益相关者的关注。我们对变革性研究了解多少？我们期望多快就认识到一项特定研究计划的变革性潜能？如果某种变革性研究远远超过当前研究水平，那么现存的评价机制，如同行评议和专家组评估，是否能够起到有效评审的作用？如果我们想评估的信息复杂程度和数量远远超出我们的能力，应该选取什么新的评价机制？我们怎样处理对这些变革性研究的错误性反对？怎样增加那些真正变革性研究受到认可和支持的机会？

这类问题表明，就像科学研究事物的本质和人类的意识一样，现在我们很有必要去研究科学本身，研究它的历史、现状和未来。政策制定者和其他科学利益相关者发出的行动号召需要史无前例的问责。我们非常有必要发展基于事实的决策，并开发一门全新的科学政策学。变革性研究这一概念在科学政策、问责及科学家的特定研究计划中都处于核心地位。在这个高速发展的科技主导的 21 世纪，支持更多的变革性研究显得至关重要。

什么才算是变革性研究，人们明显缺乏共识。NSF 依据杰出研究成果的潜在回报来定义变革性研究，即变革整个学科的、创建全新研究领域的或者颠覆现有理论和观念的研究。显而易见，其重点在于能引发学科和研究领域发生革命性变化的潜能。与之相反，欧洲则倾向于在评判潜在高影响力的同时，也同样强调高风险的作用。欧洲研究人员及官方常常用科学突破这一术语来指代变革性研究。

NSF 已经施行了若干项促进对变革性研究或风险性研究的资金投入机制。例如，探索性研究早期概念资金（EAGER），其旨在支持那些尚未得到检验、但却具有变革潜能的早期探索性科学研究。NSF 还设有一个应急资助机制——快速响应研究资金（RAPID），旨在应对自然灾害、人为灾害或类似的突发事件。

图 1-6 显示的是 2009 ~ 2010 年受到 EAGER 资助的 63 个图书情报学研究（IIS）项目摘要中的术语网络。这种网络可以显示在多变环境下学科发展的总体状况。摘要中的术语，准确称是名词短语，以共现的方式组合在一起。高频共现术语更易于形成高密度的群组，而低频共现术语会分布在分散的群组中。共现是一种常用的整合信息技术，相比于初始信息，它有助于我们在更高的层次上识别新出现的模式。本书的讨论都使用这种思维方式。我们使用较为宽泛的词语来标注这些聚合而成的群组，这些词语能够让我们理解对应群组所包含的内容。在这个例子中，这些群组的蓝色标签是通过算法从 EAGER 奖项标题中提

取出来的。人们通常认为名词短语能够合理地表达出一些基本概念，在此出现的"understanding social behavior"这一术语就可理解为某个奖项涉及了社会行为这一概念。例如，"transforming everyday social activity coordination"就是某奖项名称的一部分，该奖项表达了 #10 这一群组中的许多概念。

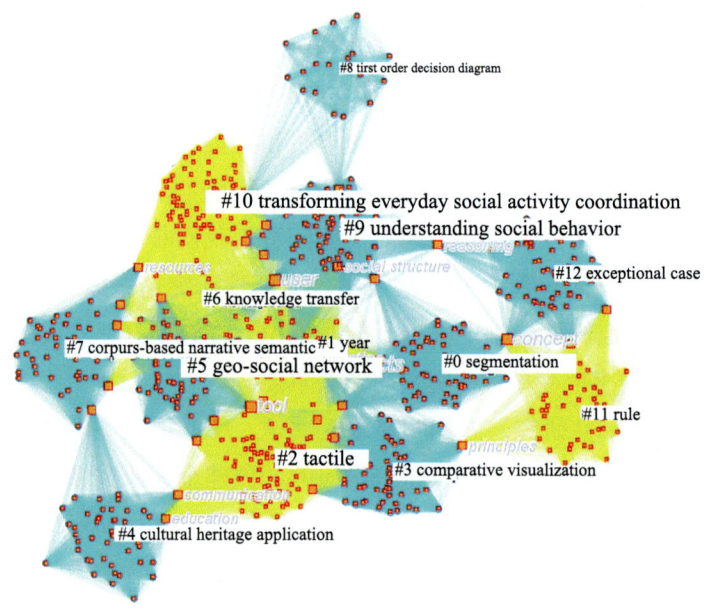

图 1-6　2009 年（蓝绿色）和 2010 年（黄色）美国 NSF 资助的 63 个图书情报学研究项目的摘要中 682 个共现词网络。模块值为 0.856 5，平均轮廓值为 0.939 7，共 22 347 条连线

　　NSF 的绩效和责任评估由 GPRA 绩效评估咨询委员会（AC/GPA）[①]负责。AC/GPA 由来自学术界、政府和企业界约 20 位有着丰富经验的专家组成。在 2009 年的委员会成员列表中，包括宾夕法尼亚大学政府和社区事务办公室副主席，以及罗切斯特科技大学 Golisano 计算机与信息科学学院的院长。应 1993 年美国政府颁布的《政府成绩与结果法》（*Government Performance and Results Act, GPRA*）要求上交报告的命令，AC/GPA 向 NSF 负责人提供咨询和建议。

　　AC/GPA 对 NSF 资助的科研、教育及科研设施项目成果进行评估。评估指标考虑到支持具有变革性潜能的研究，激励创新，开发成功的教学和学习培养模式，赢取参与研究项目的本科生及研究生们的积极支持，并促进那些如没有 NSF 支持就难以进行的需要大型设备或先进仪器配备的研究。

---

① http://www.nsf.gov/about/performance/acgpa

除了 AC/GPA，还有多个机构可以评估 NSF 的绩效和责任。访问者委员会（Committees of Visitors，COV）每三年审阅一次 NSF 各部门的规划文件，并就规划实施和决策的质量与完整性，以及 NSF 的使命与战略目标如何通过资助研究项目而实现等方面，给出外部专家意见，如始于 2009 年 5 月 19 日至 21 日的关于 NSF 计算机信息科学与工程中心（Computer and Information Science and Engineering，CISE）理事会信息与智能系统（Information & Intelligent Systems，IIS）部的 COV 报告[1]。COV 此次共审阅了 5163 个方案，其中包括 1256 个已获批方案和 3097 个被拒方案。COV 的成员来自谷歌、微软等公司，以及斯坦福大学、多伦多大学、华盛顿大学等高校。

2009 年，COV 特别关注了 NSF 的 IIS 部如何能在全球化的经济、社会与气候大背景下支持当前的创新，并为新一代的创新做准备。COV 发现，虽然目前提供的经费难以与 IIS 部门研究日益重要的地位相匹配，但是该部门在遴选与资助创新的、有深远影响的研究项目方面，表现出良好的质量和高度的完整性。COV 报告解决的问题之一是：该部门的规划文件对变革性研究项目与潜在变革性研究项目的资助是否保持适度的平衡，COV 指出 IIS 部门是通过以下四个步骤来进行这方面的平衡。

（1）为使评审小组考虑研究方案的变革性而提供明确指示。
（2）推动研究前沿的意见征求。
（3）评审小组避免隐含偏见的建议。
（4）创建潜在变革性研究的项目。

针对 COV 报告，IIS 部管理人员承认，总体而言，低成功率仍是 CISE 各部门和 NSF 关注的问题[2]。NSF 打算为增加计算机领域的研究预算而提出强有力的理由。

NSF 的朱莉娅·莱恩主管的科学政策和创新研究（the science of science policy and innovation，SciSIP）项目与科研绩效评估的相关问题密切相关，尤其是在国家和学科的层面上。SciSIP 规划资助的各种关于科研绩效评估实证研究的技术性和基础性问题的创新性研究项目日益增加[3]。例如，一个名为 CREA[4] 的 SciSIP 项目，旨在为分析美国和欧洲的具有高度创造性的研究项目设立标准。

---

[1] http://www.nsf.gov/od/oia/activities/cov/cise/2009/IIS%20COV%20Report.pdf
[2] http://www.nsf.gov/od/oia/activities/cov/cise/2009/IIS_Management_Response_to_the_COV_Report.pdf
[3] http://www.nsf.gov/about/performance/SciencePolicyWrkshp_Presentations/Tsuchitani.pdf
[4] http://www.nsf.gov/about/performance/SciencePolicyWrkshp_Presentations/Tsuchitani.pdf

网络支撑的发现与创新（cyber-enabled discovery and innovation，CDI）计划是 NSF 领域内的首个关于应用计算思维进行创新的多学科研究项目。正如我们将在本书中看到的一样，有充分的理由证明，跨学科的工作将会是推进创新性研究的有效机制。

1.5 科学与社会

很好地理解各种关于科学与社会关系本质的观点，有助于我们讨论本书中的许多问题。例如，我们将知道前沿探索活动中的一些最基本的思想和附值链（value-added chain）模型的观点从何而来。我们将能判断自己是否忽略了一些重要的东西，以及换一个方式看到的事物是什么样的。如同科学的本质是一个基本问题一样，科学知识的生产者和应用者之间的关系是怎样的呢？

人们对科学与社会之间关系本质的讨论由来已久。两个思想流派对于人们认识这种关系起着至关重要的作用：内在论和外在论（Schuster，2010）。内在论更加关注科学的认知方面；而外在论，则更加侧重于科学的社会经济视角。内在论者认为科学之所以是自发的，是因为科学史是纯粹的思想发展史，而且科学发展更多地取决于天才，而不是外在环境的影响。与此相反，外在论者认为无论是科学知识的内容还是发展方向都最终取决于经济社会需求的技术推动。内在论和外在论之间的各种争论主要集中在科学的内在认知和外在社会环境关系的本质。对于内在论而言，每种行为都是理性的——只要认为环境因素是理性的而非社会性的，那么这个外在环境就是好的。而对于外在论而言，每种都是社会性的——只要科学的内在认知是由社会环境因素塑造的，那么这种内在的认知就是对的。

最具影响力的内在论者之一是亚历山大·柯瓦雷（Alexandre Koyre，1892～1964 年）。对柯瓦雷而言，现代科学的发展依靠的是观点或理论的革命性转变。他创造了一种以内在论方式解释现代科学革命性源头的经典方法，并且强调了科学进步唯一切实可行的框架——形而上框架的重要作用。

1931 年，鲍里斯·赫森（Boris Hessen）在 1931 年伦敦举办的第二届科学史国际大会上报告的文章通常被认为是外在论的早期代表作。当时，阿尔伯特·爱因斯坦（Albert Einstein）的相对论在苏联饱受抨击。苏联的哲学家们认为,爱因斯坦的研究是受资产阶级价值观驱动的,因此应当被禁止。赫森的《牛顿定律的社会经济根源》是参会的苏联代表团递交的几篇文章之一。他声称牛顿的研究是受到他所处的经济地位和社会环境激发而产生的,牛顿定律也只是资产阶级技术问题的解决方案。赫森证明科学有效性与动机来源无关。在赫森看来,(那个)时代最伟大的成就——牛顿力学是根基于当时的社会经济环境。

科学历史学家与科学社会学家罗伯特·金·默顿(Robert K. Merton)极大地完善并进一步发展了赫森的理论。默顿对能够展现外在因素如何影响科学发展的实验与定量研究方法的发展进行了研究,因而被认为是科学计量学(对科学进行定量研究)的先驱。默顿质疑了"科学家的兴趣最终取决于科学的内在历史"这一观点。换言之,默顿的研究显示了内在论与外在论之间的矛盾能够得以解决的早期迹象。

正如夏平(Shapin)在1992年指出的,默顿的研究不仅仅是对外在论的完善与拓展——他是在认知和社会两大壁垒间建立联系。

对于一部分人,20世纪70年代,后库恩科学社会学和情景科学史(contextual history of science)已经解决了内在论者和外在论者之间的争论,一种新的内在论与一种新的外在论相互融合并发展。而对于其他人,争论尚未结束,问题还有待讨论。

1.6　本章小结

在美国,有关这些危机的本质、程度,以及采取措施的优先顺序的争论都产生了深刻的影响。这些争论是自"珍珠港事件"、斯普特尼克1号人造卫星发射及"9·11"事件以来最具有积极意义和最有回应的自我评估。这些评估对于维持竞争优势是至关重要的。汤浅现象以及它潜在的成因在此就显得很有趣。宏观层面上涌现出的趋势和模式需要微观层面的解释。

在科学发现和创新中,创造力发挥着什么样的作用,以及如何提升我们的创造力呢?无论我们如何看待这些具体的争论,也无论我们如何诠释《风雨欲来》所提供的证据,维持并提升国家的竞争地位、学科的发展动力和我们自身的创造力都是非常重要的。很显然,如何实现这样一个目标是多方利益相关者在议事日程中应该优先考虑的。

参 考 文 献

Augustine N R. 2007. Is America falling off the flat earth? : National Academies Press.

Benderly B L. 2010. Does the U.S. produce too many scientists? Scientific American, http://www.scientificamerican.com/article.cfm?id=does-the-us-produce-too-m&offset=6.

Collins R. 1998. The Sociology of Philosophies: A Global Theory of Intellectual Change. Cambridge, MA: Harvard University Press.

COSEPUP. 1993. Science, Technology, and the Federal Government: National Goals for a New Era. Washington, DC: National Academy Press.

Eysenck H J. 1993. Creativity and Personality: Suggestions for a Theory. Psychological Inquiry, 4(3): 147-178.

Lowell B L., & Salzman, H. 2007. Into the Eye of the Storm: Assessing the evidence on science and engineering education, quality, and workforce demand: The Urban Institute.

National Academy of Sciences, National Academy of Engineering, & Institute of Medicine of the National Academies. 2007. Rising above the gathering storm: energizing and employing America for a brighter economic future. National Academies Press.

NSF. 2007. Important Notice No. 130: Transformative Research. Retrieved August 14, 2010, 2010, from http://www.nsf.gov/pubs/2007/in130/in130.txt.

Pellegrino D A., & Chen, C. 2011.Data repository mapping for influenza protein sequence analysis. Proceedings of 2011 Visualization and Data Analysis (VDA). SPIE.

Schubert A. 1987. Quantitative studies of science a current bibliography. Scientometrics, 12 (5-6): 395-412.

Schuster J A. 2010. Internalist/Externalist Historiography, Encyclopedia of the Scientific Revolution from Copernicus to Newton.

Shapin S. 1992. Discipline and Bounding: The History and Sociology of Science as Seen Through the Externalism-Internalism Debate. History of Science, 30, 333-369.

Yuasa M. 1962. Center of Scientific Activity: its Shift from the 16th to the 20th Century. Japanese Studies in the History of Science, 1, 57-75.

Zhao H., & Jiang, G. 1985. Shifting of world's scientific center and scientists' social ages. Scientometrics, 8(1-2): 59-80.

2

创造性思维

对于创造，我们了解多少？那些深刻而闪光的瞬间从何而来？是否存在一座通往创造性思维和问题最终解决的桥梁？

关于创造性思维，人们似乎都有一个共识，即当面对一个需要解决的问题时，我们都应该尽最大可能地保持开放的思维，以摆脱原有的思维桎梏。尽管我们身临一个存在大量潜在发现和布满解决之路的广阔空间中，然而现实的问题是我们究竟怎样才能够使自己在这广阔的空间中快速地找到那个正确的位置。在本书的第 3 章我们将一起来审视这种暗藏的通往创造的路径或者方法，本章将集中探讨是否存在有形且有意义的多样化心智模式能对我们在通往创造性思维的路上有所帮助。

2.1 超越意外发现

大家都知道艾萨克·牛顿通过苹果落地现象而发现引力理论的故事，也知道亨利·庞加莱（Henry Poincare）在踏上公共汽车的一刹那突然意识到，他一直想定义的富克斯函数转换与非欧几何是完全一致的。意外发现是创造本身最引人入胜、最神秘的特征之一。透过意外惊喜的镜头，我们发现所有问题都会瞬间魔力般地尘埃落定，不费吹灰之力却毫无迹象可循。意外发现的惊喜总是以各种有趣故事的形式呈现在我们面前，然而却没有人知道它们究竟是如何发生的。事实上，惊喜之后我们往往忽略了对于创造性思维的理性追求。

PloS Biology 杂志在 2004 年 4 月刊载了一篇研究有关大脑活动的文章，题为"啊哈瞬间——灵感的瞬间"(*Aha Moments—the Moments of Inspiration*)[1]。研究人员给每位被试一组需要解答的测试题目，并通过脑成像技术来研究他们的大脑活动。研究发现当被试探寻到具有创造性的发现时，他们的脑部活动强度在大脑右叶部分中一个叫"颞叶"（temporal lobe）的区域明显增加。相反，如果被试没有任何创造性发现，该区域几乎不呈现任何脑部活动。因此，研究者们认为大脑中的颞叶区域在连接远缘信息方面发挥着至关重要的作用。那么，究竟是什么类型的创造力将那些不相关的信息联结到一起呢？

现有的文献中存在着大量与创造性思维研究相关的理论、模型乃至工具，尽管这些内容很少被提及。其中，大部分的文献阐述了创造性的本质，这些阐

---

[1] http://men.webmd.com/news/20040413/scientists-explain-aha-moments

述大都是根据创造性活动自身所具有的不同特点或者在某些特殊情况下所产生的具体表现而展开的。相形之下，在前人的研究中，学者们最关注的问题为究竟是什么想法将先前那些不经意的点点滴滴穿连起来，并最终引发了"灵光一现"时刻的产生。本章的剩余部分将回顾并梳理一些具有代表性的研究，并集中探讨在表面看起来互不相关的理论与方法的实质。

对于缺失连接的探索常常是在潜意识下进行的，在这个探寻的过程中，意外发现是否已经是最后一个环节？在人们的想法变得清晰之前，或者头脑中那些清晰的想法最终促使了重要发现形成之前，我们常常并不清楚究竟错失了哪些关键的部分。

2.2 有关创造性研究的研究回顾

亨尼西（Hennessey）和阿玛比尔（Amabile）在 2010 年的一项关于创造性研究的综述中发现，该类研究的分布是极其零落的，然而在心理学视角下的创造性研究却急剧地增长。他们认为，某一研究领域中的研究人员通常会忽视其他领域的研究进展，然而基于系统视角的跨学科创造性研究是十分必要的，这种研究能从不同层面来识别有关创造性活动中所蕴含的各种内在联系与相互作用。

亨尼西和阿玛比尔还针对在创造性研究领域具有重要贡献的专家进行了调查研究，他们让 26 位专家列出 2000 年以来该领域中 10 篇必读的重要文献，其中 20 位专家给予了回复，回复中共给出了 110 篇文献，这些文献的类型覆盖了期刊论文、著作章节、著作及特辑。令人惊讶的是，在专家提名的这 110 项研究工作中，仅有非常小的一部分的研究提名是重叠的。其中，有 7 篇文献同时被 2 位专家提名，1 篇文献同时被 3 位专家提名，其余提名的文献则完全不同。

英国社会心理学家华莱士（Graham Wallas，1858～1932 年）是最早提出创造过程模型的学者之一，他在于 1926 年发表的著作《思维的艺术》中，对创造过程模型进行了阐释，他认为创造过程应当经历以下五个时期。

（1）准备期；

（2）酝酿期；

（3）暗示期[①]；

[①] 也有人认为暗示只是这个阶段的特征之一

（4）豁朗期；

（5）验证期。

首先是准备期，这是问题的界定和规划阶段，相关的前期工作也在该阶段完成；其次是问题的酝酿期，该阶段或许没有关于问题解决的明显进展，但重要的是，该阶段所经历的"中断"对于在未来解决问题的过程中能够不被误导起到了十分必要的作用；再次是暗示期，在这一阶段我们可以明显感到问题的解决方案正在逐渐形成；然后是豁朗期，任何具有创造性的见解或者思维的火花，此时正由前意识阶段的模糊变得明朗，创造性的发现总是具有突然性和直觉性的；最终，想法会被验证并评价。在经历这一过程之后，许多人都想要知道，究竟如何能够到达豁朗期，并最终获得那些振奋人心的创造性发现呢？

研究者和实践者总是重复提到这样一个问题，即创造性思维到底是人类与生俱来的一种能力，还是可以被训练或者学习的。实践清楚地表明，人们在团队合作中，常常被期望能够更加富有创造力。斯科特（Scott）和他的同事们在2004年发表了一项元分析研究论文，他们回顾了关于创造性思维训练效果的70项研究工作，结果发现，精心设计的训练项目能够明显提高人们的创造性思维能力。相反，贝内德克（Benedek）和他的同事们则根据想法产生的流畅性和原创性这两个特点，研究了重复性训练是否能够提高成人创造性能力。研究发现，训练能够提高想法产生的流畅性，但是对于想法的原创性则没有任何作用。

美国心理学家、创造性心理研究的开拓者格鲁伯（Howard E. Gruber，1922～2005年）则质疑实验室实验研究的有效性。他认为，由于创造性工作的产生往往要经历比实验室研究更长的时间，这种以实验室实验为基础的研究对于创造性研究来说并不现实。因而，格鲁伯在1992年发表的一篇论文里（Gruber, 1992）认为，应该采取与之不同的系统演化方法来研究创造性活动，他提出创造性理论应该能够解释创造性活动的独特性和不可重复性特征，而不是常规科学所具有的预测性和重复性特征。

格鲁伯认为针对伟人的研究是最有意义的，而非运用一些定量方法来对一群普通人进行研究。《达尔文论人：科学创造性的心理学研究》是他的一部经典著作，该著作能够反映他的系统演化方法观点。格鲁伯提出的想法与阿尔伯特·爱因斯坦的著名格言相似，即"凡事应尽可能简单，而不是比较简单"。他相信一项真正的创造性工作所具有的特点是不可能同理延伸到其他人的工作当中的（Gruber，1992）。因此，他认为应当选择那些具有创造力的伟人进行研究，如查尔斯·达尔文，研究他们是如何取得伟大发现的。他认为应当针对这些案例进行深入研究，而不是仅仅进行一些基于实验室实验的研究。

创造工作是一种目的性工作。格鲁伯研究了一些著名发现者的生活，并发现了他们普遍所具有的共同特点：①他们都在自己的领域内从事着丰富多样的活动；②他们都对于自己的工作具有强烈的目的意识；③他们都对自己的工作抱有强烈的感情；④他们都倾向于概念化所有包括图形在内的问题。

格鲁伯所提出的方法非常关注个体在企业网络中的位置，他的方法运用了非常明显的存在主义视角，来研究那些运用知识、目的和影响来进行工作的创造性个体。拉韦吕（Lavery，1993）对格鲁伯的方法论进行了如下总结：

"那些看似随机并列的想法产生了新的想法或许是一种很好的解释，但是这种并列产生于一个人的头脑，是他激活了相关问题想法的产生，是他发现了那些偶发奇想的重要意义并将它们形成新的结构，也是他第一时间将头脑中这些关系紧密的千丝万缕联系到一起，因为他自己，所有的一切才有可能发生。"

那么，究竟是什么因素影响了创造性的产生呢？大量的研究都在关注这一问题的答案。特别是，信息多样化的程度越高，其创造性的程度也越高。实际上，迈德克斯（Maddux）、亚当（Adam）和加林斯基（Galinsky）在2010年的研究中发现，多元化的文化学习经历能够明显改善问题解决的创造能力，以及发现头脑中多种潜在想法之间的联系能力。另外一项研究表明单一的知识结构只能提高解决问题的数量，但是运用多元知识结构，尤其结合图解或者案例分析的手段则能够提高问题解决的质量和原创性（Hunter et al.，2008）。而Friedrich 和 Mumford（2009）认为，对于市场营销问题来说，早期产生的相互矛盾的信息则会对创造性产生负面影响。

关于疯狂与创造之间可能存在的联系一直是心理学、精神病学及其他学科领域所关注的研究主题，但是至今也没有一个整体上清晰的认识。沃德尔（Waddell）于1998年展开的一项元研究综合分析了精神病学领域与创造学领域的29项研究成果及34篇综述性文章，他发现尽管很多学者认为二者之间存在正相关的因果关系，但与此同时，来自科学的证据却显得尤为有限（Waddell，1998）。2004年，另一项有关疯狂与创造之间的联系研究清楚地表明了二者之间正相关性的有力证据，但是并没有给出任何因果关系的证据（Lauronen et al.，2004）。2006年，匈牙利研究人员进一步对精神病理学和创造学之间的联系进行了研究。与前人的研究相反，目前的研究文献认为突出的社会创造力和艺术创造力主要与情感有关，尤其是双向情感疾病，富有激情是促进创造力产生的必要因素。正如诺贝尔奖得主普朗克（Max Planck）曾说过："具有创造力的科学家需要艺术的想象力。"

2.3 发散性思维

英国心理学家亚姆·哈德森（Liam Hudson）的 *Contrary Imaginations*（1966年）刊登在1980年10月期的 *Current Content* 上，被认为是经典的文献。哈德森认为男生处理集中性思维和发散性思维问题的能力是不同的。给测试者提供多种可能的回答选项是典型的集中思维问题，例如，砖块之于房租，相当于木板之于：

a. 橘子

b. 草地

c. 鸡蛋

d. 船只

e. 鸵鸟

相反，一个发散性思维问题是开放性的，它可能有无数种可能的答案，例如，你觉得一个砖块可能有多少种用途？

有趣的是，根据每个人所能想出的答案数量，个体间差异是很大的。有些人能够想出很多种砖块的用途，而有些人则只能想出一两种用途。基于个人回答这种类型问题的能力，哈德森根据智力类型将个体分为两种：一种是集中型学习者；另一种是发散型学习者。集中型学习者擅长专攻数学和物理科学，而发散型学习者则更可能擅长艺术类工作，能够给人们带来令人惊讶的认知上的飞跃。

罗杰·斯佩里（Roger Sperry）因其在脑裂研究领域中突出的创造性工作而获得了1981年的诺贝尔医学奖，他的研究揭示了大脑皮层中不同半球之间的差别，以及两个半球之间是如何相互作用的。两个脑半球是相互连接的，每个半球也都有其不同的功能。因此，两个脑半球之间在整体上的沟通与作用是十分重要的，如果这种连接被破坏，所导致的结果就被称为"脑裂"。对于脑裂患者的研究表明，人的左脑负责分析、逻辑及抽象思维，如说、写及其他语言工作；

而右脑则负责直观和全面思维，如空间和非语言任务，右脑也被认为用来进行发散性思维。

发散性思维是创造性的主要标志，美国心理学家、创造力的心理测量研究开拓者之一乔伊·保罗·吉尔福德（Joy Paul Guilford，1897～1987年）首次研究了发散性思维与集中性思维之间的区别。他认为创造力的主要部分是发散性思维（Guilford，1967）。最初用的术语是收敛和发散指数（convergent and divergent production）。

吉尔福德的研究认为，发散性思维在四种类型的认知能力方面具有以下特征（Guilford，1967）。

（1）流畅性能力特征，即产生大量想法或者迅速解决问题的能力。
（2）弹性能力特征，即针对一个问题能够给出各种方法的能力。
（3）独创性能力特征，即能够想出不同于其他大部分人想法的能力。
（4）精细性能力特征，即仔细并且全面地考虑细节并付诸实施的能力。

相比之下，集中性思维则是一种将所有不同的选择集中起来用于解决一个问题的能力。当我们回答多项选择问题时，通常使用集中性思维。

吉尔福德的研究表明，发散性思维对于创造力来说是十分重要的，因为它能够将不同层面的想法结合在一起来深刻认识某一现象的本质。较高程度的多样化及独创性想法的产生便是发散性思维作用的结果。为了定量分析发散性思维的能力，吉尔福德做了大量的测验。其中，"另有用意"（alternate uses）测验是让被试针对普通的物体，如曲别针或者砖块，来想出它们多种不同的用途。研究表明，在对这种类型测验的结果阐释方面应当相对小心，因为这种测量方式并没有充分考虑创造力这一背景。所以，将创造力置于一个合适的情境下进行考量是十分重要的。毕竟，类似曲别针之类问题的发散性思维能力测验不会告诉我们一个人在音乐方面的天赋。

发散性思维是创造力研究的一个中心议题。从图2-1中可以看出主题词短语"divergent thinking"在与创造力有关的研究文献中的地位。该图展示了从1990～2010年发表的5656篇创造力研究文献摘要中提取出来的主题词共现网络。这些文献是于2010年从Web of Science数据库中检索出来的，检索词为"creativity"。网络中的连线表示两个主题词在同一摘要中共现的相对强度，根据主题词的中心度大小，排名靠前的主题词显示出词标签，这表明这些主题词在与其他词的共现中扮演了十分重要的角色。从网络中可以看出，主题词

"divergent thinking"是所有高中心度主题词之一，这表明发散性思维的作用在创造力中是十分重要的，也是被广泛承认的。

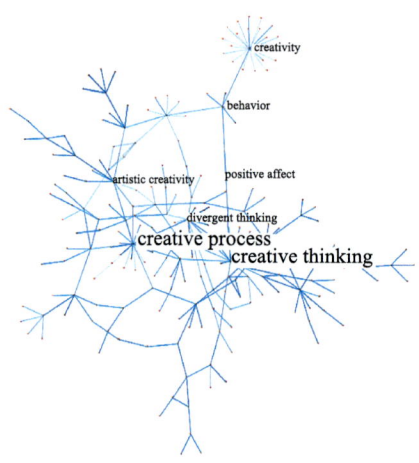

图 2-1　1990～2010 年 5656 篇创造性研究论文摘要中的常用主题词（名词短语）共现网络

那么在科学发现中，我们究竟要怎样面对和利用发散性思维与集中性思维呢？库恩在他的著作《必要的张力》中阐释了他的观点（Kuhn，1977），该书是库恩根据他在 1959 年所做的一个有关发现科学天赋的大会讲话而写成的。他认为在强调发散性思维对于科学发现的重要性的同时，人们还应该同时考虑集中性思维，因为这两种思维方式之间的动态影响促进了科学创造力的产生。对于库恩科学革命的一个常见误解是，科学革命是非常少见的，它们被持续而平淡的常规科学间隔着。尽管库恩先前早已指出这种理解是不准确的，但它至今仍然存在。除了那些具有里程碑式的令世界震惊的科学革命以外，科学家们在小范围内还经历了大量的概念革命。因为发散性思维在改变世界观方面起着主导作用，而集中性思维则在巩固新方向层面扮演重要的角色，两种思维形式之间的张力是十分重要的。如果说发散性思维是中国太极中的"阴"，集中性思维是"阳"，那么科学的发展就是阴阳对立且统一的过程。本章接下来的部分将继续回顾关于发散性思维和集中性思维相互影响的研究。

2.4　盲目变异和选择性保留

许多研究者都对进化论中试错性解决和自然选择之间的类比有着极大的兴

趣。这种类比仅仅是表面上的比较，还是具有更深层的意义？美国社会学家唐纳德·坎贝尔（Donald Campbell，1916～1996年）是创造过程研究的创始人之一，他（Campbell，1960）认为创造性思维的过程是盲目变异和选择性保留（blind variation and selective retention），他在随后的研究中提出了著名的人类创造力的"自然选择论者"理论。

坎贝尔的观点受达尔文的影响很深。他的"进化认识论"观点认为，我们永远无法判断一项没有任何先验知识的候选解决方案是否应该被最终采用。他特别使用了"盲目"一词，而不是"随机"，来强调先见在产生变异过程中的缺失。坎贝尔认为有关创造性过程的归纳性结论取决于以下三个条件。

（1）必须要有一种机制来引入变异；
（2）必须要有持续选择过程；
（3）必须要有一种机制来保留和再生选择变异。

无论是支持性研究还是批判性观点，坎贝尔的研究都被大量引用。截至2010年7月，他的论文被引量在Web of Science数据库中达到373次，在Google学术搜索中超过了1000次。

西蒙顿（Dean Simonton）的《天才的起源：达尔文关于创造力的观点》可能是对于坎贝尔观点的拓展研究中最著名的。他的主要观点为，达尔文模型包括了在进化论框架下的所有创造力相关理论。西蒙顿指出，达尔文学说有两种形式，最主要的形式为著名的生物进化论，而另一种形式则为盲目变异和选择性保留发展或历史过程提供的通用模型，坎贝尔的进化认识论则属于第二种形式。和坎贝尔持有相同观点的学者认为，科学知识的文化历史是由与生物适应自然的同一规律所支配的。西蒙顿还从实验学、心理计量学和历史计量学三个方法研究领域找到了支持性的证据。

坎贝尔的批评者大部分都在质疑其盲目变异的观点。如果不给出具体的限定条件，某一常见的物体会具有很多不同的特点。被试面对大量不同的选择会感到不知所措，而可保留的并具有价值的选择却少之又少，纽厄尔（Newell）等提出的大英博物馆算法所隐含的情境能够说明这种概率（Newell et al.，1958）。在时间充足条件下，一群训练有素的黑猩猩随机在电脑中敲打生成大英博物馆所有藏书的概率是多大呢？

坎贝尔利用以下三点来为自己的观点辩护，他认为他的方法，与纽厄尔等（Newell et al.，1958）提出的创造性思维过程之间的区别只是一个小问题。

（1）没有无所不知的保证，总有问题不能解决，总有一些优秀的解决方式不能存档。

（2）永远不要低估不能带来任何结果的思维过程，已经发表的文献只是智力群体全部努力的一小部分，而被引用的部分则是这一小部分中更小的一部分。

（3）如果过于强调选择的标准，则会极大地限制对于变异的开发。

解决问题的过程中偏离原来的目标和可能导致意想不到的结果，如可以解决一个新问题。坎贝尔认为他的工作只是创造性思维研究的一个角度，而不是理论。角度仅仅指向问题本身，而理论则要阐述机制问题，乃至进行预测研究。虽然如此，我们也应该弄清楚创造性思维过程在本质上是否是可预测的。库恩曾辩证地阐述了发散性思维与集中性思维之间的重要关系，他认为前者对于创造性思维过程中的盲目变异阶段是十分重要的，而后者则在选择性保留阶段起着重要作用。

对坎贝尔的研究持反对意见的学者认为他的模型不够全面，不能反映出创造性活动的所有方面；坎贝尔的支持者则认为尽管他的研究没有涵盖人类行为与思维的所有方面，但是他的过程模型仍然阐释了人类创造与发明活动中的所有重要形式，而这项工作是令人瞩目的（Cziko，1998）。

我的朋友艾伊克（Stephen Eick）是一名企业家，也是信息可视化和可视化分析领域的研究人员。他曾跟我描述过一个非常生动的商业模型。每个商业构想就像一个西红柿，把它扔向一堵富有想象力的墙，即市场，我们一直将它扔过去直到所有的西红柿都堆积起来。在这个西红柿模型中，企业家启动了盲目变异，而这些变异则会根据市场的反应被选择和保留下来。根据达尔文的自然选择理论，一位能够在多个学科领域发表论文的多产科学家，其影响力要远远高于成果数量较少或者只在有限的专业期刊发表论文的科学家。根据引文理论，能够持续不断发表多篇论文的作者会比那些鲜有论文发表的作者具有更多的影响力。

"科学计量学之父"——普赖斯（Derek de Solla Price，1922～1983年）注意到，最常被引用的论文通常是引文网络中最新发表的论文（Price，1965）。这种即时性说明科学家的学术关注度是相对较短的，他们常常更加关注最近产生的研究工作，而不是很多年以前的。已经发表的学术观点会很快被遗忘，除非有的科学家将这些观点重新提出或继续使用，以此能够让学术共同体对它有新的认识。保留是一个长期的过程。

普赖斯还提到了波顿（Burton）和凯博勒（Kebler）的猜想（Burton &

Kebler，1960），文献可以分为经典文献和过渡文献两种类型，它们的半衰期截然不同。普赖斯指出，"新近发表的论文形成了研究前沿，而且网络也变得非常紧密"（Burton，1960）。对于一篇施引文献来说，邻近它发表之前的 30～40 篇文献构成了研究前沿。该研究挑选了几个研究领域，并计算了这些研究领域中每篇论文引用文献数量的平均值，计算结果为 31（表 2-1），这也表明了一篇论文引用其所在研究领域中前沿论文的合理性。

表 2-1　每篇论文参考文献数量的平均值

研究主题	论文数量	篇均论文的参考文献数量	单篇论文参考文献的最大数量
脉冲星	1048	13	200
知识组织	4444	14	331
恐怖主义	1732	21	168
弦理论	7983	38	182
生物大灭绝	1847	67	1078
平均值		31	

普赖斯还考察了 N 射线（N-rays）假象，他将这一领域的 200 篇论文按照年代顺序排列，并通过建立一个引文矩阵（行向量为被引文献，列向量为施引文献）来标出研究前沿的界限，结果显示该界限的包容数量是一篇文章发表前的大约 50 篇文章，这表明研究者很少去关注在这 50 篇左右文章发表之前的文献。因此，为了能够保持研究的及时性和可见度，科学家们需要不停地发表论文。那么，一篇文章从发表到淘汰，这个过程大概需要多久？这取决于它所从属的研究领域。当一个研究领域开始兴起时，其研究前沿的发展是很快的，如在首次发现脉冲星之后，紧随而来的是大量论文的迅速发表。在发现脉冲星最初的 18 个月中，该领域研究论文的半衰期以星期为单位来计算，而不是月或者年，正所谓"不发表，即淘汰"。

2.5　游离知识单元的重组

盲目变异和选择性保留在中国学者赵红州的研究中也有所体现，尽管我们并不清楚他的研究是否受到了坎贝尔的影响。在国际上，赵红州因其世界科学活动中心的转移研究（Zhao & Jiang，1985）而得名。与其物理专业的教育背景相关，赵红州将知识单元定义为量化的科学概念，如牛顿提出的"$F=ma$"中的力与加速度的概念，或者爱因斯坦"$E=mc^2$"中能量的概念。科学发现中的变异机制即为在一个巨大想象空间中的那些先前互不相连的知识元之间的创造性重组，方程式的复杂性是可以根据其每个变量所占的权重来量化的。

知识单元的空间包含了所有未曾发现的知识，而那些具有潜在价值的知识单元的数量是巨大的。然而，在这些游离知识单元的重组中，只有一小部分是具有潜在意义并令人满意的。比如说，假设在牛顿发现第二条力学定律之前有 N 个相关的知识单元，那么用于重组的候选知识单元的数量即为能够将 F、m 和 a 从中挑选出来的方法的数量。如果有 Q 种方式能将知识单元以各种运算方式连接起来，如加法和减法，那么牛顿可以在 $W=A_N^3 A_Q^1$ 的可能变量中找到答案，也就是说，有 $W=A_N^3 A_Q^1$ 个方法来进行探索。在这里，N 是相关知识单元的数量，Q 是运算方式的数量。进一步来说，知识的熵值 S 可以被界定为 $\ln(A_N^e A_Q^{e-2})$，创造性思维可以通过重组某些知识单元来减少熵值 S。

熵值 S 还可以有不同的解释，即它可以用来计量创造的潜能。候选知识单元数量会随着年龄及专业变化。为了获得一个新的知识单元，我们需要去透彻地理解一个概念。一个可能与其他知识单元进行重组的知识单元可以被定义为"游离知识单元"。初级的研究者只能用很少的知识单元来进行研究，所以他们的创造性潜能是很低的。相反，已经有相当成果的科学家则拥有大量的知识单元，但是他们很可能会偏执于现有的思维模式，而考虑不到新的以及可能的知识单元的重组，这些科学家倾向于根据旧有的观点或者理论来解读新内容。因此，真正可以用于重组的游离知识单元的数量对于这些成果丰硕的科学家们来说是非常有限的。赵红州运用该框架论证了当熵值 S 达到最大时，科学创造的年龄达到最佳。在最佳年龄阶段，科学家们可能没有足够的游离知识单元来进行研究，但在该阶段，科学家们也最不会偏执于那些会阻碍他们利用新的方式来重组游离知识单元的旧理论与观点。

在广阔的知识空间中，游离知识单元的数量要远远大于它们之间存在的有意义的连接，前面所介绍的赵红州的模型便能够识别出这些连接所在。他在研究中所使用的例子包括天文学中关于宇宙起源的研究、在化学药物领域的探索中寻找生物化学受限的化合物研究，以及在基于文献的知识探索中，对于那些表面看起来互不相干的知识主体之间联系的探寻。坎贝尔是对的，在广阔的空间中去搜寻有限的可行解决方式是很普遍的现象。其实，赵红州的重组模型和坎贝尔的科学创造发现理论，即盲目变异和选择性保留过程，二者在本质上是一样的。

赵红州还进一步探究了究竟是什么让世界科学活动中心发生转移。比如说科学家的最佳创造年龄如何影响知识单元之间的重组。科学活动中心是指那些所做出的令人瞩目的贡献超过世界总量 25% 的国家。最佳年龄理论认为绝大多数科学家在他们的最佳年龄时期是最具有创造性的。从知识单元重组的视角来看，尚未达到最佳年龄的科学家可能具有最好的记忆，但是他们缺乏经验，还没有接触过足够多的研究。因此，他们对于知识单元重组的选择和方式的判断能力要比处于最佳年龄期的科学家们弱。赵红州发现，当一个国家的社会平均年龄和科学家的最佳年龄分布相近时，便是该国科学发展的上升期，反之则处于下降期。如果一个国家要成为科学活动中心，该国的科学队伍必须要处于能够运用最有效和最有创造力的方式将知识单元重组在一起的发展态势。

赵红州的知识单元理论与方法的优势就在于可以用来识别世界范围内科学活动的宏观发展，它是对一般重组机制的深层描述，这对于一个国家的科技政策制定具有现实意义。然而，赵红州的方法相对于很多统计学方法来说也具有一定的局限性。该方法无法展现科学家个体每天的科学活动的循序渐进的具体过程，也没能给出如何构思一个具体的重组过程，产生新变异的机制是完全盲目的，每个变异不会让下一个变异的产生变得更加容易，这就是问题所在。

接下来我们会发现，只有当创造性思维的理论与模型能够提供具体的原则与标准，而且这些原则与标准能够提高问题解决与决策制定的质量与效率时，这些理论与模型才具有更高的价值。多面共存的思考、边界融合与中介建构机制、发明问题的解决理论是所有富有建设性的理论中最为杰出的代表，它们提供了如何识别或者创造潜在的富有成效的路径来实现我们的目标，同时还为拓宽视野提供了具体的机制。

2.6　多面共存思考

多面共存思考（janusian thinking）是发散性思维的一种特殊形式，莎士比亚笔下的哈姆雷特在面对理想与现实矛盾的折磨下，不得不做出两难的选择：生存还是毁灭？相比之下，多面共存思考试图从一个新的角度来解决两难式选择的困境。

多面共存思考是由罗滕博格（Albert Rothenberg）于 1979 年提出的，旨在积极地同时构思出多种对立或矛盾的想法、概念或图像，这一思维模式的名称是根据古罗马两面神雅努斯的名字来命名的，他拥有分别朝向相反方向的面孔（图 2-2）。多面共存思考可以被视作发散性思维的一种特殊形式，一种可以从多角度构思解决问题的方式。此外，社会学家戴维斯（Murray S. Davis）探讨了为什么关于新理论的探寻是如此的有趣，而在本书的第 4 章，我们将探讨多面共存思考与戴维斯研究之间的联系。

图 2-2 古罗马的两面神雅努斯
资料来源：The Delphian Society，1913

　　罗滕博格专门研究了诺贝尔奖获得者，以及一些具有创造力的科学家和艺术家。他意识到像爱因斯坦、玻尔、莫扎特、毕加索，以及其他一些在其领域内做出具有创造性工作的科学家或者艺术家都利用这种思维模式进行思考（图 2-3）。例如，对称的概念一直在很多科学或者数学发现中的变异机制方面扮演着重要角色，如爱因斯坦的相对论和玻尔的互补原理。罗滕博格相信，重要的科学突破及艺术杰作都是多面共存思考思维模式的结晶。

　　多面共存思考的过程应当经历四个阶段：①激发和创造；②偏差或分析；③相反或对立的同时存在；④理论、发现或实验的构建。这种思考方式通常会始于这样一个问题：一种概念、阐释或者现象的反面是什么？接下来，科学家们会脱离现有研究的禁锢而去探寻这个问题的答案。偏差一般不会突然发生，但是会被视为前思考中的一个演化过程形式。在第三阶段，很多关于同一概念的相反或对立的想法会被同时提出，这种概念会在第四阶段进一步被构建，并最终直接导致创造性的结果。第四阶段为理论或者发现的全面构建。从事创造性工作的科学家们从根本上将对立的想法结合在一起，并利用它们来形成一个知识

图 2-3　希尔（W. E. Hill）的名画《我的妻子与我的岳母》（1915 年）

领域或者进行关系阐述。新概念的性质与格式塔转换或者视角变化理论是相似的，探寻正确的视角或者层面是创造性活动的关键。

在关键性概念已经形成以后，依然还有大量的工作需要去完成，这是很正常的（Rothenberg，1996）。构建阶段包括想法的衔接、修改乃至一些转变，这些都是用以整合最终的理论与发现不可缺少的工作。衔接是为了能够让各个知识单元保持相对独立但又彼此相连。从这个意义上来说，多面共存思考是一种中介或者跨边界机制，来使所有相反或者相对立的想法彼此互相联系。创造性发现的中介理论最初是由 Chen 等（Chen et al.，2009）提出的，本书将在接下来的部分对基于中介理论的创造性发现进行较为详细的探讨。

研究者发现那些做出重大发现的科学家在其得出最终结论之前，都可能会经历体验这些发现及解决办法的阶段。比如说达尔文在阅读了马尔萨斯的《人口论》后茅塞顿开，马尔萨斯的主要观点是，在一个封闭的环境中，一个物种的过度繁殖会由于其种内的生存斗争而最终导致该物种毁灭性的摧毁。达尔文此前已经多次阅读过马尔萨斯的理论，他能够清楚地看到在同一环境中种内斗争能够日益增强该物种生存的可能性。我们必须要同时考虑到物种的有利变异与不利变异，并以此形成同时存在的对立想法。达尔文认为在进化过程中，每个已知物种都是相对独立而又相互联系的。马尔萨斯的研究同样也启发了华莱士独立发展出自然选择原则。达尔文与华莱士各自独立发展出的进化论与自然选择原则证明了将相对立的想法、有利和不利变异、数量的增加和减少同时联系到一起考虑并运用是十分重要的。

多面共存思考的作用在丹麦物理学家玻尔所发现的互补原理中也体现得淋漓尽致。玻尔的思维经历了从一致原则向共存对立概念原则的突破性转变，他

的互补原理解释了光既是一种波也是一种粒子，人们只有把看起来互相排斥的所有方面全都考虑在内，才能够得到事物的完备描述，玻尔认为波和粒子这两个概念可以同时为光的现象提供互补性的描述。

罗滕博格在1996年采访了22位欧洲和美国的诺贝尔奖得主，他们的研究涉及了化学、物理及药物生理学领域。采访依据一份创造性工作研究方案系统地展开。罗滕博格（Rothenberg，1987）的《爱因斯坦，波尔和科学中的创造性思维》（*Einstein, Bohr, and Creative-Thinking in Science*）一文还对像玻尔、达尔文、迪拉克、爱因斯坦、普朗克及汤川秀树等取得重大创造性发现的杰出科学家们的自传性描述材料和研究过程中的书稿进行了分析。他将爱因斯坦的广义相对论作为一个案例来揭示爱因斯坦的初始观点作为对立观点的本质。正如爱因斯坦本人所说，这个想法来自"一个处于自由下落状态的观察者在其近处是感受不到重力场的存在，但是如果这时他丢掉任何一个物体，那么这个物体相对于他来说将会保持一种静止状态"。问题是重力如何能既存在又不存在。

罗滕博格采访的所有科学家都特别提到了新观点对于新领域的好处，而研究不应该被这个领域的一些偏见和假设所桎梏，脱离现有看法的枷锁对于创造性思维来说是至关重要的。最常用的创造性想象的机制是运用远缘类比来脱离我们固有思维模式的限制，尤其是在创造过程的早期阶段。研究显示，很多科学家在其革命性发现的初级阶段常常使用远缘类比，而且当他们的研究进行到能够更好地把握问题的本质时，这些远缘类比会逐渐被更接近眼前问题的类比所取代。在第4章，我们将讨论另一种相关的现象——普罗透斯现象。

罗滕博格指出，具有创造力的人在思考时可能不会总是意识到自己所采取的步骤，但是采取这些步骤的轨迹是可以追溯的。他认为多面共存思考之所以行之有效，是因为对立的想法体现了事物极端的情况。在发现过程中，将这些情况纳入考虑范围内，能够为积累和扩展知识提供基础（Rothenberg，1996）。换句话说，极端情况的作用就像是科学家在寻找通往具有潜在价值的变异之路中的路标，并对其进行约束。这些路标之所以具有价值和意义，是因为它们能够明确中介因素的内容和本质，更重要的是，能够明确那些潜在的和以前不为所知的类别。

戴维斯从哲学的角度提出了一个很有趣的框架，该框架用于解释为什么我们能够从纷繁的现象中找到那些更加有意义的理论（Davis，1971）。本质上来说，如果一个新的理论可以开启我们灵感的按钮，让我们怀疑平常理所当然相信的那些想法，那么这个理论就会被认为是有意义的。但是这个新理论却不能与现实脱离得太远，如果太远，我们就会失去对它的兴趣。戴维斯的框架与多面共存思考之间的区别是很小的，然而这一区别却很有意义。在他的框架中，当我们面对两种对立的观点时，我们理应去选择其中的一个。相反，多面共存思考不是让我们从现有的观点中去选择其中一个，丢弃另外一个，而是要让我们能够提出一个创新的观点以便能够同时解释所有对立的矛盾。这些矛盾在新思维的层面将不再是一悬而未决的问题，而是一种能够让发现者创建能使对立共存的矛盾同时具有意义的概念和认知上的转换。

多角度思考以及使矛盾相互适应的能力是辩证思维的核心。辩证逻辑的初衷就是持有不同观点的两个或多个人希望能够找出共同的解决办法。苏格拉底、黑格尔和马克思是辩证思维发展过程中最具有影响力的人物。

根据黑格尔的理论，辩证过程包含了三个阶段，分别是观点的提出、对立的出现，以及最后矛盾体的综合。观点与对立矛盾之间的张力最终会由矛盾的综合来解决。辩证思维过程中的每个阶段能够使潜在的矛盾提前显现。黑格尔理论中很重要的一个辩证原则是从量到质的改变。俗语说："骆驼负载过重时，最后一根稻草也会压断其脊梁。"这最后一根稻草就是量的改变，而将骆驼压倒则是质的改变。否定的否定则是黑格尔所提出的另一个重要原则，他认为人类历史就是一个辩证的发展过程。

很多唯物主义者或者马克思辩证法都与黑格尔持反对观点。用马克思自己的话来说，他的辩证方法与黑格尔的截然相反。他认为物质世界决定了人的意识，马克思主义将矛盾认为是发展的源泉。从这个角度来说阶级斗争就是在社会和政治生活中扮演重要角色的矛盾。在本书的第1章，我们从科学的本质和在社会中扮演的角色角度阐述了内在主义和形式主义的不同。辩证思维在各种不同的环境下都有其独特的立足之地。

在多面共存思维中的对立想法，以及矛盾与辩证思维从整体上来说都是整体或者长期过程中的一个部分。如果不能调节矛盾的部分，那么矛盾之间的冲突就不能得到解决；如果不能将对立的想法结合在一起考虑，那么问题就都不能得到解决（Rothenberg，1996）。我们必须要超越矛盾之间不和谐的张力来寻找一个创造性的解决方法，才能够消除对立的矛盾。

多面共存思考中最具创造力和最重要的方面就是创造过程的四阶段模型中，

第三阶段到第四阶段的转变，也就是说，从共存的对立想法向构建全新观点的转变。坎贝尔的盲目变异和选择性保留观点和多面共存思考理论都能够主动地去探寻对照想法作为变异的机制，并运用保留性的标准来筛选这些变异以完成研究命题和对立之间的整合。

2.7 发明问题的解决理论

发明问题的解决理论（TRIZ）是一种创新性解决问题的方法。TRIZ 是俄语首字母的缩写，在英文中被翻译为发明问题的解决理论（theory of inventive problem solving，TIPS）。该理论最初是由苏联工程师和研究人员阿特休勒（Genrich Altshuller，1926～1998 年）提出的，他早期在海军专利局的工作经验对 TRIZ 的发展起到了重要的影响作用。《创新算法》（*The Innovation Algorithm*）（Altshuller，1999）一书是 TRIZ 中一部具有重要影响力的著作，该著作于 1969 年出版，其英文版于 1999 年出版。

《创新算法》一书主要有三个部分，分别为技术创造、发明的辩证法，以及人类与算法。阿特休勒分析了关于技术创造的不同方法，他认为人的创造力是可以被训练的。他研究出 40 种用于解决技术矛盾的原则。阿特休勒认为影响创造力的主要障碍源于心理上的屏障。这些障碍是可以通过更高的创造意识来克服的，即发明问题的解决理论意识。

TRIZ 主要建立在创造力是可以被训练的观点之上（Altshuller，1999）。创造活动的过程是可以侦测的，同时可以为那些需要创造性解决问题的人们提供需要，关于发明的法则或者秘诀是可以提供的。阿特休勒阐述了一个发明家如何能够遵循试错搜索路径："最终，一个想法产生了：'假使我们这样做会怎么样？'然后，他会把这个想法置于理论和实践中进行测试。每个成功的想法都会被另一个所取代，以此类推。"其实这与坎贝尔的盲目变异与选择性保留观点如出一辙。

阿特休勒用图例解释了一个发明家所面临的挑战，如图 2-4 所示。一个发明家需要从问题节点到达解决节点。而解决节点的最终位置是未知的，图中的每个箭头代表每次尝试。图 2-4 显示还没有任何一次尝试能够为最终的解决提供可行的路径。其实，这种失败尝试的次数是成千上万的。

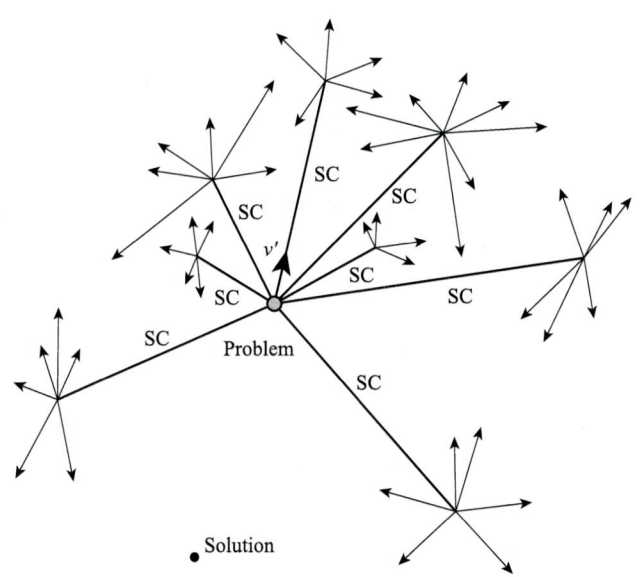

图 2-4　解决路径的试错法搜索
资料来源：Altshuller，1999

阿特休勒核心观点的精华就在于，人们可以遵循这 40 种原则来寻找通往发明创造的路径。这些原则为最终发明的形成提供了系统解决问题的新方案，并改进了现有的方案。他提出的 40 种原则与多面共存思维在帮助发明者解决问题的方式上惊人的相似。简单地说，TRIZ 是创造性思维中的一个具有建设性的方法。

TRIZ 主要关注的是技术矛盾以及如何解决它们。从这个方面来说，一项发明其实是技术矛盾的解决。以下是一些基于 40 种原则所给出的创新算法举例。

分割：

（1）将目标划分为独立的部分；

（2）整理各细分目标以使其在接下来的步骤中可以进行组合或者进一步拆分；

（3）提高目标的可分割度。

提取：（提取、检索、消除）

（1）将目标中的噪声部分或者性质提出；

（2）提取目标中的必要部分或者性质。

逆向操作：

（1）对于研究问题实施逆向操作，而不是由问题所决定的正向操作；

（2）让目标中的可移动部分或者外部环境固定，并使得固定部分可移动；

（3）颠倒目标。

将不利变为有利：

（1）利用不利因素，特别是环境因素，来获得积极的效果；

（2）通过整合不利因素来减少其数量；

（3）增加不利作用的程度来停止其负面作用。

电灯泡的发明能够说明 TRIZ 的作用[①]。早在 1801 年，人们就发现当电流通过金属细丝时，细丝可以亮起，但问题是细丝在这个过程中总是会被烧坏。在这个案例中，矛盾问题是金属细丝能够达到足够热而使其发光，却又不会因为太热而烧毁。直到 70 年以后，威尔森·斯旺（Wilson Swan）和爱迪生（Thomas Alva Edison）通过将金属细丝放置于真空灯泡中的方法解决了这一矛盾。

另一个经典案例是通过托卡马克技术来达成此约束聚变。托卡马克装置是由苏联物理学家塔姆（Igor Tamm）和萨哈罗夫（Andrei Sakharov）于 20 世纪 50 年代发明的，问题在于解决如何限制热聚变燃料等离子体，该等离子体的温度是很高的，以至于任何固体材料所制成的容器都会被融化，他们通过利用磁场将等离子体约束在一个环形容器中解决了这个矛盾。矛盾的消除对于创造性思维以及问题的解决来说是十分有价值的。聚焦于矛盾可能有助于我们提出正确的问题。

2.8 本章小结

发散性思维被公认为是创造力的一个重要特征。因此，我们如何准确地获得发散性思维能力成为了理论和现实的问题。套用阿特休勒的观点，我们仅仅需要发散性思维是不够的，而是应当跳出平常思维的局限去思考问题。

本章回顾了很多理论和方法，它们都为创造性地解决问题提供了详细的论述和策略。与常见的分而治之的解决问题策略形成对照，创造性思维和解决问题策略的运用应当遵循共同的原则，即解决矛盾。这意味着我们需要同时考虑

---

① http://www.salon.com/tech/feature/2000/06/29/altshuller/index.html

矛盾双方或者问题的对立面，有时观点的变化就能够将一个棘手的问题变得简单化。

托马斯·库恩在《必要的张力》一书中认为科学的进步仅仅依靠发散性思维是不够的（Kuhn，1977），他强调集中性思维在常规科学阶段中的角色作用也是很重要的。矛盾解决的本质是综合的，现有的知识达到了一个新的层面是令人振奋的，正如在旧有观点局限下的矛盾，到了新视角的层面之后，将不再是矛盾。很明显，发散性思维和集中性思维之间的互动是创造性思维以及问题解决过程中不可分割的一部分。

关于发散性思维和集中性思维之间的重要张力，达尔文主义中的一般形式与库恩的观点相互呼应，多面共存思维和 TRIZ 之间的共同点就在于它们在关于论题与对立想法之间、矛盾与和谐之间的动态变化的观点是一致的。辩证性思维提供了涵括众多变异性和创造性机制的最根本以及最一致的框架，这为能够在创造性地探求未知过程中始终保持开放的意识提供了一般性的原则。

参 考 文 献

Altshuller G. 1999. Innovation Algorithm: TRIZ, systematic innovation and technical creativity (1st ed.). Worcester, MA: Technical Innovation Center, Inc.

Benedek M., Fink, A., & Neubauer, A C. 2006. Enhancement of ideational fluency by means of computer-based training. Creativity Research Journal, 18: 317-328.

Burton R E., & Kebler, R W. 1960. The 'half-life' of some scientific and technical literatures. American Documentation, 11: 18-22.

Campbell D T. 1960. Blind variation and selective retentions in creative thought as in other knowledge processes. Psychological Review, 67(6): 380-400.

Chen C., Chen, Y., Horowitz, M., Hou, H., Liu, Z., & Pellegrino, D. 2009. Towards an explanatory and computational theory of scientific discovery. Journal of Informetrics, 3(3): 191-209.

Cziko G A. 1998. From blind to creative: In defense of Donald Campbell's selectionist theory of human creativity. Journal of Creative Behavior, 32(3): 192-209.

Davis M S. 1971. That's Interesting! Towards a Phenomenology of Sociology and a Sociology of Phenomenology. Philosophy of the Social Sciences, 1(2): 309-344.

Friedrich T L., & Mumford, M D. 2009. The Effects of Conflicting Information on Creative Thought: A Source of Performance Improvements or Decrements? Creativity Research Journal, 21(2-3): 265-281.

Gruber H E. 1992. The evolving systems approach to creative work. In D.B. Wallace & H E. Gruber (Eds.), Creative People at Work: Twelve Cognitive Case Studies (pp. 3-24): Oxford, England: Oxford University Press.

Guilford J P. 1967. The Nature of Human Intelligence. New York: McGraw-Hill.

Hennessey B A., & Amabile, T.M. 2010. Creativity. Annual Review of Psychology, 61: 569-598.

Hill W E. 1915. My Wife and My Mother-in-Law. Puck, 16: 11.

Hudson L. 1966. Contrary imaginations: A psychological study of the English schoolboy. New York: Schocken.

Hunter S T., Bedell-Avers, K.E., Hunsicker, C.M., Mumford, M.D., & Ligon, G S. 2008. Applying multiple knowledge structures in creative thought: Effects on idea generation and problem-solving. Creativity Research Journal, 20(2): 137-154.

Kuhn T S. 1977. The Essential Tension: Selected Studies in Scientific Tradition and Change. Chicago and London: University of Chicago Press.

Lauronen E., Veijola, J., Isohanni, I., Jones, P.B., Nieminen, P., & Isohanni, M. 2004. Links between creativity and mental disorder. Psychiatry, 67(1): 81-98.

Lavery D. 1993. Creative Work: On the Method of Howard Gruber. Journal of Humanistic Psychology, 33(2): 101-121.

Maddux W W., Adam, H., & Galinsky, A D. 2010. When in Rome ... Learn why the Romans do what they do: how multicultural learning experiences facilitate creativity. Pers Soc Psychol Bull, 36(6): 731-741.

Newell A., Shaw, J C., & Simon, H A. 1958. Elements of a theory of human problem-solving. Psychological Review, 65(3): 151-166.

Price D D. 1965. Networks of scientific papers. Science, 149: 510-515.

Rothenberg A. 1987. Einstein, bohr, and creative-thinking in science. History of Science, 25(68): 147-166.

Rothenberg A. 1996. The Janusian process in scientific creativity. Creativity Research Journal, 9(2-3): 207-231.

Scott G M., Leritz, L E., & Mumford, M D. 2004. The effectiveness of creative training: a quantitative review. Creativity Research Journal, 16: 361-388.

Simonton D K. 1999. Origins of Genius: Darwinian Perspectives on Creativity. New York: Oxford University Press.

The Delphian Society. 1913. The World's Progress, Part III. Hammond: W. B. Conkey Company.

Waddell C. 1998. Creativity and mental illness: is there a link? Can J Psychiatry. Mar; 43(2): 166-172.

Zhao H., & Jiang, G. 1985. Shifting of world's scientific center and scientists' social ages. Scientometrics, 8(1-2): 59-80.

3

认知偏见和缺陷

3.1 草中寻针

由于线索的缺乏，在草堆中找一根针是件极具挑战性的事情，中国俗语中喜欢用"大海捞针"这一更夸张的说法来比喻这类事情的难度。

科学家、情报分析专家以及其他决策者经常需要处理类似的问题。例如，天文学家在太空中寻找一颗类地行星，药物研发人员在实验室中寻找合适的化合物。同样的，情报分析专家需要在众多的可能性中将孤立的线索正确地连接起来。

如果用草堆中针的数量与草的数量之比来衡量这类问题的难度，那么类似地，我们也可以用宇宙中类地行星的数量与行星总数量之比，或者化学世界中我们感兴趣的化合物数量与化合物总数的比值来定义一个难度系数。通常，我们用抽象空间（abstract space）的概念来表示求解问题（problem solving）的所有文献，我们在其中寻找问题解决的最终方案。解决问题的合理方案占抽象空间（即我们考虑的全部备选方案）的比例可以用来表示挑战性的大小。在最坏的情况下，为了找到满意的解决方案，我们可能不得不检查空间的每一个位置。

当科学家们寻找能带来科学新突破、新理论和新见解的路径时，他们需要面对的也是这样一个抽象空间。只不过，科学家们面对的是一个未知的空间，是一个开放的而不是封闭的空间，甚至是一个变化和演变中的空间，因此挑战性更大。在这样的空间中求解问题或者做出新发现，比在草堆中寻针要困难得多。我们甚至无法确定针是否在草堆中。在不知道能否在草堆中找到最好的针的情况下，我们也就无法确定何时停止搜索。我们甚至可能不知道我们要找到的最好的针是什么样子。然而，科学发现和创造性思维一般都发生在这种开放的、动态的、充满不确定性的空间中。

3.1.1 化学空间中的化合物

药物发现是"草中寻针"的一个典型案例。这里，"针"指的是具有理想药效的化合物；"草堆"指的是医药研究人员需要探索的广阔的化学 - 生物空间。

一般认为，现代药物发现开始于保罗·埃尔利希（Paul Ehrilich）对肿凡纳明（撒尔佛散，一种治疗梅毒的特效剂）的发现，肿凡纳明的发现大大地提高了梅毒这一性病的治愈率。他是在对6000多种合成化合物进行了系统筛选后才发现这一药物。今天，研究人员往往需要对数以百万计的化合物进行排查以发现具有特定生物活性的化合物。

辉瑞公司（Pfizer Global）研发实验室的研究人员里宾斯基（Lipinski）和霍普金斯（Hopkins）用在宇宙中导航来比喻药物发现所面临的挑战。只不过药物发现过程中的抽象空间由化学化合物组成，而不是浩瀚的星云。

化学空间是广袤而多样的。化学摄影术（chemograph）是在化学空间中对化合物进行定位的一种技术，它就像街道和城市的全球定位系统（GPS）。化学生物学家和药物发现人员要寻找的是发现那些有可能包含生物活性化合物的领域的有效方法。其目标是发现与生物学有关的化学空间。就像在天文学上，要寻找的目标是宇宙中与地球大气环境类似的行星。

在化学空间中，化合物之间的距离是定义好的，就像在宇宙中恒星和星系之间的距离已经通过万有引力定义好了一样。同样地，在化学空间中，相似的化合物离得近，而不太相似的化合物离得远。测量两种化合物之间相似性的方法有许多，包括生物学的、物理化学的、基于拓扑特征的，还包括它们在文献空间中的临近程度——两个化合物名称在化学家、生物学家和其他科学家的文献中共同出现的次数。每一种相似性的测量方法都定义了一种化合物的位置空间。这些空间是否有不同的结构？它们相互兼容吗？是否能够顺利地从一个空间映射到另一个空间？根据里宾斯基和霍普金斯的观点，如果按照化合物的物理化学性质将其在化学空间中进行定位，那么临床上有用的化合物会聚类在一起构成一个庞大的化合物集群。然而，我们想知道的是，这一特征对新药物的发现有何作用，以及这种化合物相似度测量的分布具有怎样的普遍性。

一个更为重要的问题是，这些化合物星系的分布是否是均匀的和稀疏的。因为在均匀和稀疏的分布空间中进行搜寻无疑更为困难。我们知道，在宇宙中星系的分布是不均匀且非常稀疏的。如果在化学空间中也是如此，那么有临床价值的化合物集群就会因它们之间巨大的空白空间而离得很远。

大量的高通量筛选（high-throughout screening，HTS）程序显示，属于同一类中的化合物往往集中在抽象化学空间中的某个具体区域内。这些区域可以用特别的化学描述来定义。

大型制药公司通常储存着数十万种化合物的资料。这是一个非常庞大的化学空间，无法进行系统的逐一扫描。目前制药行业识别生物活性因子的主要策略中，高通量筛选通常是最开始的一步。

高通量筛选是药物发现的一个新概念。大量的假设靶点同时暴露于大量的化合物中。这些化合物反过来代表高通量筛选配置中几个化学主题的众多变化，或众多主题的更少的变化。我们期望高通量筛选过程中有生物活性的化合物（hits）成为先导化合物（leads），即在随后更复杂的模型中仍然是有效的。数据点是在特定检验中与某一浓度的化合物相关联的筛选结果。数据点的个数迅速增长，从20世纪90年代初期的20万，增长到20世纪90年代中期的500万～600万，到2000年时已经超过5000万。

这一跨越式的增长并没有给药物发现的研制带来同等的增长。虽然高通量筛选导致了大量的"有生物活性的化合物"，但是一些行业领导者对这种新的药物发现模式感到失望，因为真正可以归功于这种模式的范例和化合物很少（Drews，2000）。正如尤尔根·祖斯（Drews，2000）所指："化学家和生物学家之间的质疑和辩论，以及有质量的科学推理，有时候被大数字的魔力所取代。"其他人（Lipinski & Hopkins，2004）也给出了类似的评价，行业外的人并不清楚这些数据的质量一般较差。药物发现使用高通量筛选作为大规模过滤机制，也需要其他方法来提高药物发现的效率。

药物发现是一个漫长的过程，从最初的基础研究到商业应用，可能花费10年甚至更长的时间。有些发现是渐进性的，有些发现是突破性的。有些人发现了之前没有发现过的重要化合物，而有些人发现了利用已知化合物的新方法。当发现过程从最初的基础研究阶段转移到临床试验阶段时，研究费用会变得越来越昂贵。Sternitzke（2010）的研究表明，突破性创新比渐进性创新更有可能来源于基础研究。平均而言，每19篇期刊论文和23个专利伴随着1种新药物的诞生。当药物的商业应用要开始的时候，离相关的专利申请的高峰的到来就为期不远了。

克内勒（Kneller，2010）调查了美国食品药品监督管理局（FDA）在1998～2007年批准的252种新药的起源。他发现，有七个因素对发现创新药物有重要作用，如生物医学研究的基金资助水平、严谨的同行评审制度和职业流动机制等。高度开放的公共科学基金对于在学术研究、生物技术应用和制药公司开发过程中科学人员的培养具有重要价值。政府资助机构［如美国国立卫生研究院（NIH）］的同行评审制度被指责没有很好地为年轻研究员和非传统项目提供资助。然而，成功的申请书越来越注重其本身的竞争力，这有助于提高研究的质量，并减少像日本等一些地方所出现的资深教授的垄断现象。职业流动性越大和专业灵活性越高，可能会带来更多的交叉视点和主动性。

就药物发现而言，提高该过程的效率是一个亟待解决的问题。在辽阔的化学空间中进行巡航，需要更有效地寻找新路径的标志和线索。当前使用的高通量筛选是一种真正盲选的变异机制。到目前为止，这一机制并不使用化学空间中结构属性的有关知识。

3.1.2 变化盲视

我们正面临着从充满了证据、数据、猜想、假设、谜团和谜题的"草堆"中、"海洋"中和"宇宙"中寻找答案的巨大挑战。然而，我们的感知和认知系统却是非常脆弱的，容易受到各种偏见和陷阱的误导。有些思维偏见和思维陷阱深深植根于我们的推理和决策中，以至于我们经常将它们视为理所当然的而深信不疑。

有些模式我们的感知系统能够毫不费力地捕捉，比如我们可以毫不费力地感知对象的移动。在我们集中精力之前就能捕捉到视觉特性的能力被称为前注意感知。前注意感知实现的任务包括目标检测、边界检测、区域追踪、计数和评估。一般来说，我们可以迅速准确地完成这些任务，只需有 200～250 毫秒。而单是眨眼就需要至少 200 毫秒。视觉特征，比如颜色、形状、方向和运动，是最适合前注意感知的目标。我们容易注意到黑暗夜空中的一颗璀璨的明星；我们容易发现被绿色植被覆盖的土地上的红玫瑰；我们也容易注意到那些形状和大小与其他的不一致的东西。但是，我们的感知系统不善于察觉和识别场景中的变化，尤其是我们的注意力被打断后。这种现象被称为变化盲视（change blindness）。

关于变化盲视最著名的研究之一是西蒙斯（Simons，2000）的一项实验。在这项实验中，实验人员在大街上向行人问路。在他们刚开始交谈的时候，实验人员手里抱着一个篮球。然后，一群学生从旁边走过，并且打断了他们的谈话和视觉接触。在中断过程中，实验人员手里的篮球被拿走。短暂的中断后，谈话继续。很少有行人发现实验人员手里丢了什么东西，超过一半的行人在被特别问到篮球的时候才开始意识到篮球不见了。

专业人员和非专业人员身上都会发生变化盲视的现象。研究人员提出了很多理论试图解释变化盲视是如何发生的以及其发生的原因。例如，侧重于刺激作用的一些理论认为，变化盲视起因于不同时间的刺激。有些理论认为，我们只记住先前所看到的或后来所看到的，但是不能同时记住它们，因此我们没有办法比较和识别先前和后来的差异。认为我们记住场景之前的理论被称为第一印象理论，而认为我们记住场景之后的理论被称为覆盖解释（overwriting explanation）理论。

3.1.3 显而不见

除了变化盲视，我们还倾向于高估我们的感知和认知能力。科林·韦尔（Colin Ware）于 2008 年指出，看一眼就能记住只是我们的一种错觉。我们记住的画面细节远远少于我们自认为记住的。虽然我们都同意一图胜万言，但事实是，我们看到的大部分信息都会从感知记忆中迅速消失，并且不会留下任何印迹。我们无法回忆起那些最初就没有被记住的细节。然而，为什么我们会以为我们看清了图中的一切呢？

我们可以很容易地，甚至是不费吹灰之力地，注意到图片的任何部分，但是，在任何情况下，吸引我们注意力的部分都是相当有限的。我们以为我们对画面上的所有细节都一目了然，其原因是只要我们愿意，我们确实可以毫不费力地注意到画面上的任意细节。

目击者证词的可靠性如何？我们描述意外场景中看见的一件事情的可靠性如何？目击证词的准确性是一个很受关注的话题。研究人员研究了于 1963 年 11 月 23 日在迪利广场见证了肯尼迪总统的出现的 400～500 个目击者的陈述[①]。目击者在描述他们的所见所闻时的准确度引起了研究人员的兴趣。当时迪利广场有多少凶手？听见了几声枪响？枪声来自哪里？研究发现目击者对这些问题的回答完全不同。

各种记录实验都表明，目击者证词在细节上的准确性值得商榷。在一项实验中，在 141 个不知情的目击者面前发生了一起袭击教授的行为。录像带记录了这一事件。事件发生后，要求现场的每个人立即详细地对此进行描述，结果发现，相比录像带，大多数描述都不准确，多数人将袭击的时间长度高估了 2 倍多。目击者高估了袭击者的体重，但是低估了他的年龄。7 周后，让目击者和教授从一组照片中辨认袭击者，结果 60% 的目击者都选错了人，25% 将无辜的旁观者误认为是袭击者。

多德森曲线（Yerkes-Dodson curve）描绘了记忆力的效力，当我们在既不太

[①] http://mcadams.posc.mu.edu/zaid.htm

紧张又不太放松的时候，即正好处于这两种极端情绪之间的时候，记忆力表现最好。可能影响我们的记忆甚至扭曲我们记忆的因素有很多。侦探总是愿意在目击者听到其他不同渠道的不同版本的故事之前就同他们进行交谈。

长期以来，研究人员对于研究高手和新手在记忆力方面的区别，以及其专业能力在解释这种区别上的作用很感兴趣。蔡司（Chase）和西蒙（Simon）在1973年做了一个有名的实验，来研究象棋高手和新手之间的区别[1]。在这项研究中，高手指的是象棋大师，在象棋大师和象棋新手之间的是中等棋手。首先，按照真实的比赛中盘摆好棋子的位置，棋手有5秒钟的时间观察棋子的位置。然后盖上棋盘，要求棋手按照记忆在一个不同的棋盘上重新摆放棋子的位置。结果，大师级棋手的表现最好，其次是中等水平的棋手。大师级棋手准确放置的棋子数量是中等棋手的2倍多，中等棋手准确放置的棋子数量又是新手的2倍多。

蔡司和西蒙象棋实验的第二部分与第一部分不同，旗子在棋盘上随意摆放，而不是按照真正象棋比赛的规则。这次所有棋手的表现水平相同——回忆起正确位置的数量远远少于真实比赛设定中高手所能记起的。

一般来说，高手在专业知识领域内总是有更卓越的记忆力表现。正如象棋实验所示，高手的卓越表现不可能与他们是否有记忆更多细节的能力有关。否则，不管设定是随意的还是现实的，他们的表现都会相同。既然如此，区分高手和新手的依据究竟是什么？

研究人员已经注意到，与新手相比，高手是在更复杂的结构中构建他们的知识。具体地，就是将知识或其他类型的信息构建成不同抽象层次的组块，这个组块的大小是关键。例如，可以在国家、州和市的不同层面上构建世界地理知识。在国家层面上，我们不需要有关州和市的详细地址信息。在州的层面上，我们不需要有关市的详细地址信息。通过这种方式，我们发现更易于把地理知识作为一个整体。1988年，一个关于记忆技巧的研究中分析了一个能同时记住20个晚餐订单的服务员[2]。这个服务员使用的记忆策略是对不同分类（如肉的温度和沙拉酱）项目进行编码。对于每一个订单，他都使用相同的分类方法对项目进行编码。如果订单包括蓝芝士酱，他会连同先前订单的首字母一起来编码沙拉酱的首字母。于是蓝芝士 - 醋油汁 - 醋油汁的订单就是 BOO（取 blue

---

[1] http://newton.nap.edu/html/howpeople1/ch2.html
[2] Ericsson, K. A. & Polson, P. G.（1988）.An experimental analysis of the mechanisms of a memory skill. *Journal of Experimental Psychology: Learning, Memory, and Cognition*, 14, 305-316

cheese、oil vinegar 和 oil vinegar 的首字母）。检索机制反映了编码和检索的方式。古希腊最伟大的演说家之一西塞罗（Cicero，106-43 B.C.），以极好的记忆力著称。他使用被称为记忆宫殿的策略来组织信息，以备以后检索。有人可能会把一项内容看作是真正宫殿中的一个房间，但是一般来说，每种结构都可以同样有效地为目的服务。组块策略与使用记忆宫殿的效果是等同的。

3.2 心智模式和偏见

当我们试图提出新想法或是探索新路径时，容易遇到一些常见的陷阱。这些陷阱可能会影响我们决策的效果或使我们完全地偏离目标。

一种陷阱是，我们倾向于更关注身边的事物，而不是离我们较远的事物。用兴趣度可以描述这种倾向性，即我们对某一话题的兴趣度随着它与我们熟悉的话题之间的距离而减小。这种倾向可能导致的问题是，我们倾向于进行就近搜索，而真正解决问题的方案可能需要更大范围上的搜索才能找到。

另一种常见的陷阱是，我们倾向于选择阻力最小的路径，而不是可能带来最佳答案或最好结果的路径。我们经过同一路径的次数越多，这条路径的阻力就越小。当同时存在新路径与老路径两种方案时，我们倾向于选择更熟悉可靠的路径。我们讨厌不确定性，喜欢避免不可预知的风险。这种偏好可能会导致严重的不良后果。

心智模式（mental models）或认知模式，可以很好地解释这个问题。心智模式是对现象、现实或世界如何运作的简化抽象。心智模式可以用来描述、解释和预测事物的运行方式和状态的演变方向。不过，我们的心智模式也使我们心存偏见。

心智模式容易形成且难以改变。心智模式一旦建立，我们就依赖于通过它来认识世界，并用新证据来不断强化它。当我们被迫面对与心智模式明显矛盾的现象时，我们的本能是找出矛盾的解释，而不是质疑该模式。一旦我们找到合情合理的理由来说服自己为什么某个现象不适合这一模式，我们就可以继续保持对原有心智模式的坚信不疑。图 3-1 展现了从一个男人的脸到一个坐着的女人的一系列绘图。如果我们从左到右开始逐个观察这些图片，我们看到除了最后几幅图外，图片显示出的是一个男人的脸。相反，如果我们从右下开始向前逐一查看，我们看到的更多的是一个女人坐在那里。

图 3-1 心智模式易形成难以改变

我们的感知能力使我们能够从所看见的事物中形成心智模式。由于它很容易就可以形成，我们就会认为它的有效性是理所当然的。但有时候，这个模式会过早地限制我们后面对其他方案的探索，我们可能就会不自觉地错过最终的解决方案。可以用一个简单的连接点游戏来说明了这一点。

在该游戏中，9 个点排列成三行散列（图 3-2）。要求读者找出一种用四条线段把这些点全部连接起来的方法。每条线段的终点必须是下一条线段的起点。

• • •
• • •
• • •

图 3-2 用不多于四条相连线段连接图中的九个点

如果你几次尝试之后仍然没有解决问题的方案，问问自己是否添加了某种内在的假设，是否把不必要的限制加在了解决方案上。这一问题的产生是因为我们基于格式塔模型而做出的不必要的内在，这种假设甚至在我们还没有意识到它的时候就形成了。这些内在假设限定了我们后续搜索的范围。在这种情况下，除非删除内在假设，否则我们就无法找到解决问题的方案。这种类型的盲点普遍存在于我们的思维中。有时候，这样的盲点是突发事件的直接来源。

查尔斯·培洛（Charles Perrow）于 1984 年出版了《常态性意外：生活在高风险科技中》(*Normal Accidents: Living with High-Risk Technologies*)一书。他通过一系列曾引起很大关注的事件来论证一个核心结论——许多突发事件是由人为因素造成的。其中一件事情与 1978 年切萨皮克湾发生的事故有关。一天晚上，海岸警卫队训练舰的舰长看见前面有一艘船，他看到那艘船上有两个灯，因此他认为这艘船与自己船的行驶方向一致。他不知道的是,那艘船实际上有三个灯,这表明船正在驶向他们。舰长由于没有看到第三盏灯而做出了错误的判断。又由于舰长误认为那是一艘行驶缓慢的渔船,所以准备超越它。而其实这艘船是一艘大型货轮。当时两艘船都接近波托马克河。海岸警卫队的舰长突然想起,仍然是基于他的错误的心智模式,为了使他以为的这艘小型慢速渔船能够转向港口,他必须得左转。结果不幸的是,这一转弯导致与迎面驶来的货轮直接对撞,船上 11 名海卫队队员在此事故中丧命。

在这个案例中,舰长的心智模式决定了他对当时情形的感知、解释和反应。他一开始就建立了错误的心智模式,在没有得到质疑的情况下,他做出了一系列错误的决定。从宏观层次上来说,认知现实的心智模式除了单独形成的,还有群体共同形成的。人们能共享认知的心智模式。科学家群体可以共享同一个科学理论,思想者群体可以共享同一个思想派别。在库恩的《科学革命的结构》(*Structure of Scientific Revolutions*)一书中,科学共同体接受同一范式。范式的作用就像共同体内科学家的心智模式。对于在一个行之有效的范式内开展研究的科学家而言,采用一个别的替代性范式并尝试用另一种视角看世界会变得越来越难。库恩使用格式塔转换的概念来解释视角变化的难度。

我们如何判断哪些模式或范式更优?这些范式是否如我们所愿的进行改变并且变得更优?即使很多聪明的人都相信同一种心智模式,它仍然可能是对现实不尽如人意的解释。托勒密的地心说就是一个经典例子[①]。哥白尼模型不仅更精确地展现了实际情况,而且还更简单[②]。当你同时审视两个模型(图 3-3)时,简易性显而易见。简易性是我们期望在一个好的理论中看到的为数不多的标准之一。

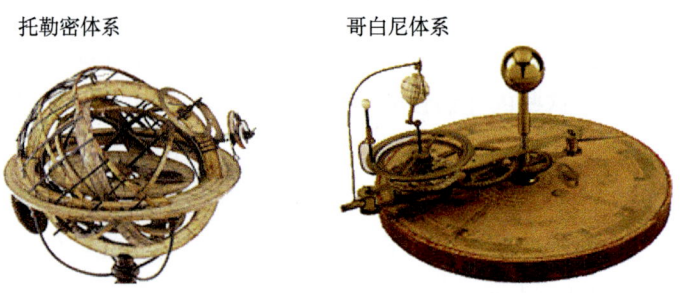

图 3-3　托勒密的地心说体系模型(左)和哥白尼日心说体系模型(右)

---

① http://microcosmos.uchicago.edu/microcosmos_new/ptolemy.html
② http://microcosmos.uchicago.edu/microcosmos_new/copernicus.html

心智模式和理论通常是有关某个事物如何运行或某个现象如何产生的，它也可以用来进行预测。这些预测会直接影响到我们所做的决定和所采取的行动。评价一个心智模式或理论的优劣，有两种主要的方式。我们可以研究这个理论的内在一致性和完整性，即这一理论是否可以以一致的方式来解释现象及其机制。我们也可以研究这个理论的外部效用。它可以替代别的理论吗？对同一现象，它能比其他的理论解释得更简单吗？

人机交互的先驱唐·诺曼（Don Norman）建议通过一个动作周期的七个关键阶段来对事实进行检验。诺曼的行动周期以预定目标为起点，接着执行实现目标的一系列行动，最后参照最初目标对行动的效果进行评估。诺曼把执行和评估作为两个最关键的阶段。他的这一建议对人机交互而言是非常重要的，尤其是，在设备或系统的终端用户在不清楚系统的具体设计的情况下，怎么去了解系统对他的操作给出的反馈。根据系统中各种控件的外观、布局，以及点击几个控件时的初步试验结果，用户可能会理解系统是如何运转的。这种理解就构成了用户的心智模式。心智模式关注的不仅仅是一个系统，也可以是一种情形。"9·11"事件和大规模杀伤性武器是关于情形的错误心智模式的两个比较大的案例（Betts，2007）。

来自系统的反馈对于用户或分析者评估他们的心智模式非常重要。对于某些系统，分析者不得不深入探索以找出系统如何对具体的输入做出反应。用户收到系统反馈的时间长度也非常重要，尤其是对交互式系统而言。如果用户需要过多的时间才能收到反馈，那么用户不可能很好地利用反馈，也就不可能调整自己的心智模式。然而，在现实世界的很多系统中，用户是得不到任何反馈的，如转基因食品对人类的长期影响，或者人类活动对气候变化的长期影响。

我们的心智模式可能会导致不同的变化盲视。稳定的心智模式也被称为思维定势。思维定势有利有弊。思维定势的优点在于它能为我们提供熟悉的思维框架或者重复应用同样的方法来解决常规问题。随着对框架的逐渐熟悉，我们也就逐渐成为专家，即专门致力于某个特定知识领域的研究，我们的绩效也会随之越来越好。但是，思维定势不容易改变。我们会不假思索地相信我们的心智模式。接受一个全新的视角、质疑现有心智模式的有效性会变得越来越难，我们会更愿意去修订和完善现有的心智模式。思维定势最糟糕的地方在于，我们会变得越来越有偏见，丧失掉开放性的思维。我们习惯于用同一个视角看待事物，而且几乎不再质疑心智模式是否真的合适。

专家尤其是已成名的专家可能会因为思维定势的蒙蔽而在新观点出现之前意识不到一些明显发生的现象。因为他们太了解他们所研究的现象了，以至于他们无法注意到那些意料之外的特点。正如库恩所说，引入新范式的科学家通常要么是刚刚进入一个新领域的资深科学家，要么是还处在他的职业生涯早期阶段的年轻研究人员。而反对新范式的科学家最可能是那些知名的专家们。例如，美国中央情报局（CIA）的许多老专家对东德和西德的统一感到非常吃惊（Heuer，1999）。我们的感知和认知系统可以高效地执行许多复杂的任务，然而我们应该牢记，它们同时也是守旧的，尤其是在这些方案可能会影响我们的决策和问题解决的效果的时候。

霍耶尔（Heuer）在1999年识别出了一些会制约分析人员心智机制的内在因素。他敦促中央情报局必须重视这些限制分析人员的技术和工具。他建议中央情报局应采取如下几个步骤：促进和奖励批判性思维；加快研究头脑是如何工作的；尽快推动开发协助分析人员进行信息评估的工具。

3.2.1　连接正确的节点

为什么我们喜欢直接下结论？一个可能的原因是，我们往往低估了自然界或世界的复杂性。如果两个事件接连发生，我们往往假定是第一个事件导致了第二个事件的发生。当我们需要解释发生了一件事时，我们常常用我们所能找到的第一个差不多可以的理由。可以说，在这两种情况下，我们实际上都选择了错误的一方。

有这样一则社会新闻[①]，有一家人向通用汽车旁蒂克车型的销售部门抱怨新车的发动机有问题。这家人有一个习惯，就是每天晚餐后吃冰淇淋作为餐后甜点。全家人投票选择何种口味的冰淇淋，然后父亲驾驶他们新买的旁蒂克到商店购买。奇怪的是，每次购买香草味的冰淇淋都会出现问题——返程的时候车子无法发动，但是如果他换其他口味的冰淇淋，车子就可以正常发动了。

旁蒂克部门派了一名工程师来检查。工程师试车的时候，也买了一些冰淇淋放在车上。结果发现，正如投诉的一样，当有香草冰淇淋时，车子就无法发动，但是换成其他的口味的冰激凌，车子就能正常启动。是不是汽车对香草味冰淇淋过敏呢？

[①] http://www.snopes.com/autos/techno/icecream.asp

工程师记录了行驶中的一些细节，如使用的汽油类型和驾驶返程的时间。然后他有了线索：买香草口味的冰激凌比其他口味的冰淇淋花费的时间要少。因为香草味冰淇淋很受欢迎，所以店家就将它放在商店前面，很方便拿取。而买其他口味的冰淇淋花费的时间要长得多，因为它们位于商店的后面。现在工程师面临的难题是，为什么花费时间更少的时候汽车无法发动。最终，工程师找到了问题的所在——蒸汽锁。发动机需要足够的时间来冷却。

理查德·贝茨（Richard Betts）原来是中央情报局军事顾问小组和国家反恐委员会的一名成员。他比较研究了两个搜集情报失败的案件——"9·11"事件和伊拉克大规模杀伤性武器事件。在第一个案例中，情报部门没有发出包含足够信息的警告；而第二个案例中，情报部门发出了包含过多信息的警告（Betts，2007）。

人们普遍认为，"9·11"恐怖袭击中美国的情报机构输得很惨。然而，贝茨指出事情并不那么简单。情报系统在"9·11"袭击前的几周检测到一个巨大的袭击可能要发生。情报系统清楚地警告袭击即将发生，但是不能给出发生的时间、地点或者形式。警告缺失的是其最重要的组成部分，即可实施性，它太过含糊，以致无法采取行动。

贝茨指出，9月11日前的两个月，一份官方简报曾发出警告，指出本·拉登（Bin Laden）"将在未来几周内针对美国和/或以色列发起一场大的恐怖袭击。袭击的规模将是空前绝后的，目的是造成大量伤亡"。中央情报局局长乔治·特尼特（George Tenet）后来在他的回忆录中写到，"我们通常无法给出恐怖袭击的具体时间和地点的警告"。另外，根据截获的恐怖袭击情报而发出的警告，很多并没有实际发生。在9月11日之前，已截获30多条消息，但没有发生恐怖袭击。另外，由于涉及诸多不确定性，对发出的警告不采取行动也是很正常的。2005年，在卡特里娜飓风到来之前，联邦紧急事务管理署（FEMA）就已经确定新奥尔良会有极端恶劣的飓风。但要消除新奥尔良灾害的隐患估计将花费140亿美元。根据在灾难发生之前预计的成本效益进行投资是有风险的，因为真实收益很难估计。问题在于我们有时不是根据对威胁或潜在灾难的评估而行事，而是谨慎考虑成本收益后决定是否应该行动。赌博有时候会赢，但有时候也会失败，尤其是在事后看来。在第4章中，我们将在最佳觅食框架下来探讨几乎所有决策都会包含的赌博本质。

导致失败的另一个因素是，搜集范围扩大化倾向导致搜索重点的迷失。问题在于怎样在搜集更多的节点和连接这些节点之间找到一个平衡。担心错过可能有用的节点获知害怕承担责任，都会导致搜集节点的范围最大化。但是，搜集太多的节点就会导致连接这些节点变得越发困难。事实上，在阅读9/11调查委员会的报告后，理查德·波斯纳（Richard Posner）得出结论，即采取有效措施来防止以前从未发生过的事情几乎是不可能的。在许多方面，其实科学家也面临着同样的问题，即寻找有意义的信息节点并找到连接这些信息节点的方法，正如我们将在后面的章节中看到的那样，在处理这种问题时，解决方案和陷阱往往同时并存。

9/11调查委员会建议，节点之间的连接应该更富创造性，"找到一个常规化的、甚至程序化的方法，锻炼想象力是至关重要的"。正如霍耶尔在1999年提出的"应该提倡和奖励跳出窠臼的思考机制"。

如果美国情报部在"9·11"事件中输在没有进行有效的信息节点连接，那么在伊拉克问题上则犯了相反的错误，他们连接了太多的信息节点。贝茨指出，具有讽刺意味的是决策者不关注文化和政治方面的情报，却对大规模杀伤性武器这样的技术情报很感兴趣，事实证明这是错误的。

众所周知，第一次海湾战争后伊拉克曾试图发展大规模杀伤性武器。由于缺乏足够的证据证明他们确实摧毁了发展大规模杀伤性武器的基础设施，这被解读为他们在躲藏西方国家检查的标志。就像在第一次海湾战争之前伊拉克隐藏了化学武器和生物武器一样，情报和决策者的思维定势是，伊拉克隐瞒了大规模杀伤性武器的存在。缺乏直接存在的证据不仅没有让他们怀疑自己的假设，反而强化了他们的心智模式。毕竟，缺乏存在的证据与萨达姆将其隐藏起来的假设并不矛盾。此外，支持相反假设的反面证据却没有得到足够的重视。心理学告诉我们，当人们面对新证据时，倾向于维持现在的心智模式，而不是改变模式。若使人们改变他们的心智模式，就需要更为强有力的证据，如唤醒警告。因此，在当时的情况下，分析者并没有质疑伊拉克是否有大规模杀伤性武器；相反，他们想要伊拉克没有大规模杀伤性武器的证据。

这种思维定势就是从伊拉克过去的行为，而不是从当前存在的直接证据中推导出的结论。例如，联合国核查人员获得的文件显示，一份伊拉克政府委员会文件曾指示向核查人员隐瞒大规模杀伤性武器活动。第一次海湾战争结束前，伊拉克承认拥有化学武器和生物武器，并声称他们后来销毁了这些武器，但没有任何证据表明这些武器都得到了销毁。在事后看来，所有对现有证据的故意曲解以及直接证据的缺乏都那么显而易见。信息节点就在毋庸置疑的情况下进行了错误的连接，而正确的连接则在我们的分析中漏掉了。

事后，贝茨指出了情报部门在当时已经知道和有可能知道信息的情况下，可以质疑而没有质疑的事情。他们相信伊拉克可能隐瞒了有大规模杀伤性武器，但是得出这一结论的方式是从过去的历史中推导而来的，而且几乎没有直接证据支持该推导结论。从这两个相反的案例中，我们得到的一个教训就是要谨慎，人们不应该从过去的失败中得到太多的教训。

沃尔斯泰德（Roberta Wohlstetter）1962年的著作《珍珠港：警告与决策》（*Pearl Harbor: Warning and Decisions*）被视为与以往的突袭研究有显著不同的首次情报分析。虽然沃尔斯泰德关注的是珍珠港事件，但他的见解远超于此。与在他之前的其他突袭研究相比，他以更广阔的视野对珍珠港事件进行了研究。他提出的一个重要观点是，处于珍珠港事件这类危机形势下的分析者和决策者，会由于他们自己的观点甚或是误解而导致严重的偏见。珍珠港事件的意外发生并不归因于相关情报数据的缺乏，而是对已知的误解。

亚伯拉罕（Abraham Ben-Zvi，1976）进一步扩展了对突袭的情报分析，并特别关注了战略层面和战术层面。他分析了5个没有预测到突袭的失败的情报案例，他发现，只要对袭击的战略假设和战术指标趋同的时候，人们就一定可以察觉到接下来的威胁，并采取适当的预防措施。而当二者出现差异时，人们就会选择相信战略假设，并把战术上的指标摒弃为噪声。

正如霍耶尔所说，能够认识到心智模式何时变化至关重要。各式各样的案例已经清楚地指出人类感知和认识的缺陷。尽管如此，我们仍然需要增强对这些缺陷的认识，并时刻提醒自己，不和谐的信息可能是一个早期的信号，告诉我们重新评估自己所了解的情况。

3.2.2 拒绝可以获得诺贝尔奖的发现

诺贝尔奖被视为对一个人在物理、化学、医学、文学与和平领域做出杰出成就的最大荣誉和认可。根据诺贝尔（Alfred Nobel）的遗嘱，获奖人不受国籍的影响，该奖应授予那些做出重大发现或杰出贡献的人，或者是为促进和平事业做出了卓越贡献的人。

"一份给在物理方面做出最重要发现或发明的人；一份给做出过最重要的化学发现或改进的人；一份给在生理和医学领域做出过最重要发现的人；一份给在文学方面曾创作出有理想主义倾向的最杰出作品的人；一份给曾为促进国家之间的友好、为废除或裁减常备军队以及为举行和平会议做出过最大或最好工作的人。"[1]

毫无疑问，该奖应该考虑最重要的发现和最出色的工作，但对于哪一个是最重要的以及哪一个是最出色的，总有一些异议。尽管有些诺贝尔奖成果的重要性一直以来都受到承认，但也有些诺贝尔奖成果的重要性则被低估了或误解了。专家们有多大概率可以认识到一项重大成功的获奖潜力？又有多大概率会错过它呢？这是为什么？又是如何发生的呢？

同行评议是一个由来已久的科学传统。科学家需要发表论文，需要寻求资金支持他们的工作，需要向基金部门提交资助申请书。同行评议在科学出版和基金拨款中起最为关键的作用。至少在科学界有一个共识，即同行评议过的出版物或基金申请书比没经过同行评议的有更好的排名和质量。在同行评议系统中，科学家为了发表而提交研究成果。他们的研究成果能否发表取决于同行科学家的评审结果。评审人员对论文初稿是否可发表及发表前是否需要修改提出建议。评审人员和作者彼此之间可能匿名，也可能不匿名。匿名可以是单向的也可以是双向的，这又被称为单盲评议或双盲评议。一般认为，双盲评议比其他方式的同行评议要严格得多。基金申请书的同行评议工作原理与此类似。

可以想象，同行评议中可能会出现两种方式的错误：弃优和择劣。美国计算机协会（ACM）的一次超文本会议曾拒绝了蒂姆·伯纳斯·李（Tim Berners-Lee）的一篇论文，认为它按照学术界的标准太过简单，而这篇文章后来促使了万维网的出现。基金评审书的评审人员则被批评在评议革命性的研究计划或者高风险也高回报的申请时过于保守。

拒绝未来有望获得诺贝尔奖的发现将是一个引人注目的重大失误。如果一项成就最终可以被诺贝尔奖承认，那么之前的那些专家们是如何误判了它早期的潜能呢？

一般来说，误判的最常见原因之一是这项工作开展得太早。西班牙学者胡安·米格尔·坎帕纳里奥（Juan Miguel Campanario）注意到社会学家、哲学家

---

[1] http://nobelprize.org/alfred_nobel/will/will-full.html

和科学史家往往对一些重要科学发现是如何被拒绝、抵制或者被同行科学家忽略的问题缺乏兴趣。而保持开放的心态却是科学家应该坚持的最基本的价值观之一。但是，评审专家又不得不考虑风险和不确定性。为了更好地理解变革性研究成果以及如何及时识别变革性研究，我们不仅要了解如何及时识别科学突破，还要了解变革性研究是如何被拒绝、抵制或忽略的。坎帕纳里奥确立了以下抵制科学发现的常见模式。

（1）论文被拒绝录用；

（2）科学发现被同行科学家忽视；

（3）发表的论文未被引用；

（4）反对新发现的评论。

坎帕纳里奥分析了高被引作者所著的评论，发现很多高被引论文都遭遇过最初的拒绝录用。一些被拒绝的论文后来变成高被引文献是一个有趣的现象。随后，坎帕纳里奥研究了曾被拒绝的获诺贝尔奖的 36 篇论文和曾被抵制的获诺贝尔奖的 27 个科学发现案例，发现结果出人意料[①]。他查阅了诺贝获奖者的自传，调查了 1980～2000 年的诺贝尔奖得主，获得了 37 个其成果曾被抵制的个人陈述。研究发现抵制主要分为两类：一类是对最终获得诺贝尔奖的科学发现的质疑；另一类是拒绝录用包含有后来获得诺贝尔奖的发现或贡献的论文。为了描述拒绝或抵制的特征，坎帕纳里奥从自传和个人陈述中寻找答案。以下是坎帕纳里奥在研究中得到的一些例子，为了清晰起见，我为这些例子增加了简短的背景信息。

1958 年度诺贝尔生理学奖或医学奖被同时授予乔治·韦尔斯·比德尔（George Wells Beadle）和爱德华·劳里·塔特姆（Edward Lawrie Tatum），"以表彰他们发现了基因通过调节特定的化学事件而起作用"。该奖项同时也授予乔舒亚·莱德伯格（Joshua Lederberg），"以表彰他发现了细菌遗传物质及基因重组现象"。在比德尔 1974 年的回忆录中，他谈到"几乎没有人愿意接受这个在我们看来是令人信服的结论"（Beadle，1974）。

1964 年度诺贝尔物理学奖被共同授予查尔斯·哈德·汤斯（Charles Hard Townes）、巴索夫（Nicolay Gennadiyevich Basov）和普罗科洛夫（Aleksandr Mikhailovich Prokhorov），"以表彰他们在量子电子学方面的基础性研究工作，

---

① http://www2.uah.es/jmc/nobel/nobel.html

他们的工作导致了基于微波激射－激光（Maser-Laser）原理的振荡器和放大器的建成"。汤斯回忆了来自之前获得诺贝尔奖的同行们的压力，"有一天，雷比（Raby）和库施（Kusch），他们曾因分子束（molecular beans）和许多重要工作而荣获诺贝尔奖，来到我的办公室坐了下来。他们曾很担心，因为他们的研究资助来源与我的相同。'看'，他们说，'你应该停止正在进行的工作，你在浪费金钱。停下来吧！'"（Lamb et al., 1999）。

坎帕纳里奥认为第二类抵制是拒绝诺贝尔奖级别的论文。他承认，一些拒绝确实合理，并且在一些案例中，他发现获得诺贝尔奖论文的最终版本不同于其最初的版本。

诺贝尔获奖者考马克（Allan Cormack）分别于 1963 年和 1964 年发表在著名期刊《应用物理杂志》（Journal of Applied Physics）上的论文就是所谓"睡美人"（即延迟承认的论文或著作）的例子。这两篇文章介绍了计算机断层扫描（CT）的基础理论。然而，它们几乎没有引起他人的兴趣——前 10 年只被引 7 次——直到 1971 年，豪恩斯菲尔德（Hounsfield）使用考马克的理论计算并建立第一个计算机断层扫描机，考马克的论文才被普遍认可。考马克和豪恩斯菲尔德一起获得了 1979 年度的诺贝尔生理学或医学奖。

诺贝尔获奖者史坦利·布鲁希纳（Stanley Prusiner）写道[①]，"虽然科学家对不符合公认的科学知识领域内的新理念持怀疑态度是很合理的，但是最好的科学发现通常来自并不符合公认范式的实验结果"。布鲁希纳的评论与我们之前讨论的潜在思维偏见一致。研究人员和评审人员也会受到这种偏见的局限。虽然一些早期拒绝的成果后来获得了认可，但很难查明有多少潜在的重要发现因其价值没有得到及时认可而不得不中断。

3.3　创造性的挑战

本章的前半部分主要阐述了人类的感知和认知是存在偏见的。我们倾向于保守，不擅长接受一个新视角，即使已经出现了一些有意义的迹象。在本章的后半部分，我们要阐述的是，我们的想象力其实是相当有限的。虽然研究表明假设越多假设的质量就会越高，但是分析者更倾向于从所有可行的方案中选择

---

① http://www.nobel.se

第一个还不错的，而不是所有方案中最好的。为了能够显著拓展我们的想象力，我们需要另外的方法。

3.3.1 类比推理

在好莱坞电影中，外星人通常是类似人类的生物，或者是由计算机变形而来的地球动物，抑或是上述两者的组合。当要求大学生创造他们期望在陌生的星球上偶遇的想象中的生物时，他们大多是根据已知的地球生物特征进行重新组合或组装。

类比推理是科学中一种常用的策略，这种策略是对先前成功路径的复制。一个例子是大灭绝问题的研究。在 6500 万年前曾发生了一次生物大灭绝，即白垩纪–第三纪大灭绝，这次大灭绝事件导致了恐龙灭绝。关于这次灭绝，有一个很有影响的理论叫撞击理论，该理论于 20 世纪 80 年代最早被提出。撞击理论认为，小行星撞击了地球，撞击的灰尘覆盖地球的大气层长达数年之久，这导致了生物大灭绝的发生。20 世纪 90 年代，在墨西哥湾发现了一个巨大的陨石坑，该陨石坑被认为是撞击理论的直接证据。2001 年，受撞击理论成功地解释白垩纪–第三纪生物大灭绝的启发，研究人员提出了一个新的研究思路，遵循了与撞击理论相同的范式，不同的地方在于它的目的是解释 2.5 亿年前甚至更早的一次大灭绝。但是，这个类比的有效性受到了越来越多的质疑。截止到 2010 年，该类比似乎还没有可以支持它的证据。我们在 2006 年发表的论文中能够从相关文献的引文样式中检测到这一类比路径（Chen, 2006）。在 2010 年的一篇综述文献中，该领域的专家也得出了相同的结论（French & Koeberl, 2010）。我们将在本书后面的章节中再次提到这个例子。

3.3.2 竞争假设

我们常常饱受竞争假设的折磨。每一个竞争假设本身都是非常有说服力的，但它们彼此之间又相互冲突。我们发现很难处理这种情况的原因之一是，我们大多数人无法处理认知负担（cognitive load），即同时处理多个互相冲突的假设。我们一次只能专注于一个假设、一个选项或一个观点。在相关文献中，7（±2）被普遍认为是一个神奇数字，也就是说，如果一个问题涉及 5~9 个方面，那么我们能很好地处理。如果我们要处理的更多，我们就需要将信息外化，就像我们需要一个计算器或一张纸来做超出个位数的乘法运算一样。

说服人们使用生动具体和人性化的信息比使用抽象的、逻辑的信息要简单得多。即使对于很了解统计数据意义的医生来说，生动的个人经历也要比严谨的统计数据更具说服力。每天检查肺部 X- 射线的放射科人员吸烟率最低。同样，诊断和治疗肺癌患者的医生一般也不抽烟。

竞争性假设分析（analysis of competing hypotheses，ACH）是一个用来在复杂的形势下诊断出最重要问题的程序。它是一个专门用来解决争议问题的决策支持系统，通过追踪分析者考虑什么问题，以及他们如何判断。也就是说，ACH 提供了决策过程的来源。

一个 ACH 程序分为以下 8 个步骤。

（1）确定所有需要考虑的可能假设。持不同观点的分析者对这些可能的假设进行头脑风暴。

（2）列出所有支持或反对每个假设的主要证据和论点。

（3）准备一个各列表示假设、各行表示证据的矩阵。分析各证据和论点的"诊断性"（diagnosticity），即确定哪些在判断假设的可能性时相对更为有用。

（4）精炼矩阵。重新思考假设，并删除没有诊断价值的证据和论点。

（5）得出每种假设的相对可能性的初步结论。继续试着对假设进行反驳，而不是进行证明。

（6）分析你的结论有多依赖于某些关键的证据。考虑如果这些证据是错误的、误导性的或具有不同的解释，其后果是什么。

（7）撰写结论报告。讨论所有假设的相对可能性，而不是只给出可能性最大的假设。

（8）指出对于将来的研究来说重要的路径节点，因为将来的研究可能采取不同的路径。

诊断性证据的概念是非常重要的。诊断性证据的出现消除了对立假设选择上的不确定性。与所有假设都吻合的证据不具有诊断价值。许多疾病可能都有发烧的症状，所以发烧本身并不是诊断证据。在生物大灭绝的例子中，白垩纪 - 第三纪大灭绝的类比假设并没有充分的诊断性证据来说服科学界。我们正是利用诊断性的证据以帮助我们估计一个假设的可信度。

3.4 边界对象

边界对象（boundry object）的概念对于理解和展现不同视角之间的沟通非常有用（Star，1989；Bowker & Star，2000；Wenger，1998）。边界对象一方面是不同群体的人员之间的共同使用的事物；另一方面它又是足够灵活的，每个群体都可以对这一事物进行阐释和发展。

边界对象是外化的思想，它们由交流双方一致使用的语境组成。在交流过程中，人们用边界对象作为他们之间一个确切的参考点。边界对象的真正价值是它可以有效地促进思想的沟通和交流，从而给沟通的另一方带去一些其之前所不具有的新思想。

我们看到的都是我们想看到的东西。不同的人，在同一幅图中，可能看到不同的事物。同一个人，在不同的时间，在同一幅图中，可能看到不同的东西。对于科学家和公众来说，哈勃太空望远镜拍摄的图像分别意味着不同的事物。常见的做法是，在这些图像呈现给公众之前，科学家会美化或修饰原始图片，以方便公众理解。但是，对于天文学家来说，大众眼中的"美图"并不是纯粹的"科学图片"，虽然对于公众来说，他们把"美图"当作科学而不是审美。《众生之柱》（*Pillars of Creation*）[①] 就是这样一幅著名的科学图片，公众非常喜爱这张图片，不仅把它当作科学图片，而且还增加了原始科学图片中所没有的额外阐释（Greenberg，2004）。

位于巨蟹座东南角的鹰状星云，是一个巨大的星际气体云。亚利桑那州立大学的杰夫·海丝特（Jeff Hester）和保罗·斯考恩（Paul Scowen）使用哈勃太空望远镜拍摄了鹰状星云的图片。当看到气体的三个垂直列图像时，他们异常兴奋。海斯特回忆说，"我们是在正要放弃的时候看到的它们"。他们注意力立即被图中那些"令人心旷神怡的科学事实"所吸引，如云后面所"显露出来的星星"或"燃烧中的物质"。

格林伯格（Greenberg）描述了公众对于鹰状星云的图片的反应。公众是在美国有线新闻网（CNN）的晚间新闻节目中第一次看到了这一图片。CNN 随后收到了数百名观众的来电，他们说自己在鹰状星云图像中看到了耶稣基督的圣灵。在第二天的 CNN 电话在线访谈节目中，根据观众的描述，他们又看到了更多的东西：一头牛、一只猫、一只狗、耶稣基督、自由女神像甚至著名影评人

[①] http://apod.nasa.gov/apod/ap070218.html

杰恩·萨里特（Gene Shalit）。

对鹰状星云图片的不同解读，阐明了边界对象的概念，对于边界对象来说，不同的群体有着不同的解读。边界对象一方面要足够模糊，以用于各群体的局部需要；另一方面要足够强大，以维护所有局部的共同需要。不同的群体，天文学家、宗教团体和公众，赋予鹰状星云图片以不同的含义。更有趣的是，非科学群体也能够让该图片及其背后毋庸置疑的科学权威性为自己所用，只要他们加进去的内涵与原始科学的内涵不冲突。格林伯格的分析强调，科学过程越是黑箱，科学知识中就越容易加入一些科学外部的解释。

3.5　前兆信号

只要我们有检测和观测的合适仪器，要证明某物确实存在通常上是容易的，但是要证明某物不存在就几乎不可能了。前者的例子是撞击陨石坑的发现用来作为证明 6500 万年前大灭绝的撞击理论成立的诊断性证据。后者的例子是情报部门找不到证据表明萨达姆没有大规模杀伤性武器。

《黑天鹅效应》(*The Black Swan*) 是纳西姆·尼古拉斯·塔勒布（Nassim Nicholas Taleb）的一本畅销书。他对那些极不可能发生也不可预知，但影响力极大的一些事件非常感兴趣，并将此类事件称为黑天鹅。在 17 世纪，那时欧洲人所见的天鹅都是白色的，在澳大利亚发现黑天鹅之前，没有人知道黑天鹅是否真的存在。塔勒布认为，我们过多地专注于过去的事件将会重复发生的概率（这是预测未来的基础），而真正重要的事件都是稀少的和不可预测的。黑天鹅效应的主要神奇之处在于未来是无法预测的：假如我们所见的全是白天鹅，我们就能得出所有天鹅都是白色的结论吗？

在地质学上，大约 3400 万年前，在维持几百万年的高温气候之后，地球忽然由热变冷，这被称为温室－冰室过渡（greenhouse-icehouse transition）。在医学上，癫痫症是一种过渡性症状，通常与一组肌肉的突然收缩有关。我们也可以在许多复杂的动态系统中发现从一种状态向另一种状态的突然转换。而关键的问题是，在如此突然和激进的变化发生之前，是否有早期迹象？

生态系统、金融市场和气候都是复杂的动态系统。哮喘和癫痫发作是自组织失败的例子；人口过多造成一种文明的突然衰败是另一种类型的例子。这种类型的系统变化通常的特点是状态转移。在系统进行状态转移时，通常更容易从一种状态转变到另一种状态。全球变化可能合人意，也可能不合人意。有些转变还是不可逆的。例如，许多人担心目前的气候变化是否可能会导致整个生态系统的不可逆的灾难性后果。"状态突变"的担心归结为如下问题：经济变化和政治变化是否可能引发拖垮整个系统的危机。有意思的是，金融市场的可预见性是想消除金融体系，而不是增强金融体系。另外，前兆信号的一个例子是测量增加的贸易波动。相比之下，正如人们从高风险和高回报的变革性研究中所预料的一样，科学革命是预期的，而且也是符合人意的。

《自然》杂志最近发表了一篇关于复杂动态系统中临界状态转移时前兆信号的一篇综述文章（Scheffer et al., 2009），是由来自德国、荷兰、西班牙和美国的 10 名从事不同专业（如环境科学、经济学、海洋学和气候影响研究）的作者合作完成的。

临界状态转移可以用分岔理论来解释。分岔意味着当一个小的平缓的参数变化时引起系统行为上的突然质变。临界点、蝴蝶效应和相变等都是与此相关的概念。提前预测这种临界状态转移是非常困难的，因为系统在突然转移到不同状态之前，可能不会出现任何微小的变化。这就像白天鹅不会告诉我们任何黑天鹅的消息。

这种临界状态转移的基本问题是，系统在接近这些临界点时是否有早期迹象。《自然》杂志的综述文章发现，尽管提前预测这种重要关节点是非常困难的，但不同科学领域的研究已表明这种前兆信号确实是存在的。正如那 10 个作者在综述中所总结的那样，在动态系统临近临界节点时，都具有一些共同的特征，尽管在细节上会有差异。这是一个意义深远的发现。

判断系统是否正在接近临界阈值的最重要线索与动态系统理论中的临界慢化（critical slowing down）有关。为了理解临界慢化，我们需要解释几个概念，如不动点、分岔和 Fold 分岔。不动点，也称为函数中的不变点，是函数映射到自身的一个点。对于不动点而言，它不受函数或映射的影响。不动点用来描述系统的稳定性。在动态系统中，分岔代表某些参数变化时非线性系统不同定量解决方案的突变。分叉是指一个结构分离成两个分支。

在 Fold 分岔点（如一个稳定点和一个不稳定的不动点）上，系统从扰动中恢复的过程变得日益缓慢。研究表明：①这样的慢化通常开始于远离分岔点的地方；②接近临界点时，恢复率平稳下降到零。恢复率的变化为系统距离临界点有多近提供了重要线索。事实上，临界慢化现象表明动态系统正在临近一个状态转变时的三个可能的前兆信号：扰动的恢复变慢、自相关性增大，以及方差增大。

该评论文章的作者强调，简单模型中前兆信号的工作是很强的，并期望在高度复杂的系统中可能出现类似的信号。他们还指出，在某些领域还需要更多的工作，尤其是在检测实际数据中的范式或解决处理假的阳性信号和假的阴性信号相关的挑战。另外，系统中的突变也可能不遵循阈值的渐近方法。

3.6 本章小结

在本章中，我们已经看到了许多常见的认知缺陷，这些缺陷可能会破坏我们的创造力。特别是，这些缺陷可能会阻碍我们检测早期迹象、重新审视现有的心智模式、减少分析推理中可能出现的偏差，以及从多种互相冲突的观点中找到真正解决问题的方案的能力。

一方面，心智模式是有价值的，因为它们为我们提供了一个框架以便对某种情形或系统状态的理解。心智模式也使得复杂现象的沟通成为可能。另一方面，对于已经建立起来的心智模式，我们往往不愿意做出根本性的改变。我们不仅拒绝承认对即有的心智模式构成威胁的现象，而且还无视这样的现象来强化自己的心智模式。心智模式就像眼镜：它们帮助我们看世界，也剥夺了我们看世界的其他方式。

许多科学突破和极富创造性的发现，其实没有任何可以让人们提前发现或利用的早期迹象。尽管如此，许多预测分析系统还是建立在"过去发生的事件将会在未来重现"的假设的基础上。有关早期迹象的问题，以及如何在研究项目的开始时期测量变革潜力的问题，是科学政策和研究评估中最具挑战性也最为重要的问题。"9·11"恐怖袭击和伊拉克大规模杀伤性武器都强调了我们面对未知事物挑战时的特点。我们所处的自然界和这个世界从来没有停止给我们惊喜。

我们可能需要更多的愿意承担风险的评审人员，以便在维护科学的整体性的同时也能识别出新研究的变革性潜力。更重要的是，我们必须注意到文献的多样化主题似乎已经表明，最有创造性的作品最可能出现或闪现的地方，就是对同一现象存在不同甚至相互冲突的观点的地方。我们需要新的思维方式和新的工具手段，以便更有效地来处理这一情况。

参 考 文 献

Beadle G W. 1974. Recollections. Annual Review of Genetics, 43: 1-13.

Ben-Zvi A. 1976. Hindsight and Foresight: A Conceptual Framework for the Analysis of Surprise Attacks. World Politics, 28(3): 381-395.

Betts R K. 2007. Two faces of intelligence failure: September 11 and Iraq's Missing WMD. Political Science Quarterly, 122(4): 585-606.

Bowker G C., & Star, S.L. 2000. Sorting Things Out —Classification and Its Consequences Cambridge, MA.: MIT Press.

Chen C. 2006. CiteSpace II: Detecting and visualizing emerging trends and transient patterns in scientific literature. Journal of the American Society for Information Science and Technology, 57(3): 359-377.

Drews J. 2000. Drug discovery: A historical perspective. Science, 287(5460): 1960-1964.

French B M., & Koeberl, C. 2010. The convincing identification of terrestrial meteorite impact structures: What works, what doesn't, and why. Earth-Science Reviews, 98: 123-170.

Greenberg J M. 2004. Creating the "Pillars": Multiple Meanings of a Hubble image. Public Understanding of Science, 13: 83-95.

Heuer R J. 1999. Psychology of Intelligence Analysis: Central Intelligence Agency.

Kneller R. 2010. The importance of new companies for drug discovery: origins of a decade of new drugs. Nature Reviews Drug Discovery, 9: 867-882.

Lamb W E., Schleich, W.P., Scully, M.O., & Townes, C H. 1999. Laser Physics: Quantum controversy in action. Reviews of Modern Physics, 71: S263-S273.

Lipinski C., & Hopkins, A. 2004. Navigating chemical space for biology and medicine. Nature, 432(7019): 855-861.

Perrow C. 1984. Normal Accidents: Living with High-Risk Technologies Princeton University Press.

Scheffer M., Bascompte, J., Brock, W.A., Brovkin, V., Carpenter, S.R., Dakos, V., et al. (2009). Early-warning signals for critical transitions. Nature, 461(7260): 53-59.

Star S L. 1989. The Structure of Ill-structured Solutions: Boundary Objects and Heterogeneous Distributed Problem Solving. In M. Huhs& L. Gasser (Eds.), Readings in distributed artificial intelligence 3 (pp. 37-54). Menlo Park, CA: Kaufmann.

Sternitzke C. 2010. Knowledge sources, patent protection, and commercialization of pharmaceutical innovations. Research Policy, 39(6): 810-821.

Ware C. 2008. Visual thinking for design: Morgan Kaufmann.

Wenger E. 1998. Communities of Practice —Learning, Meaning, and Identity. Cambridge, UK: Cambridge University Press.

Wohlstetter R. 1962. Pearl Harbor: Warning and Decisions: Stanford University Press.

4 研究潜能的再认识

我们往往很难在基础研究的早期就能判断其实际应用价值。大量研究表明，很多科学突破发生在多个研究领域会聚交叉之处。这就引出一个问题，即我们能否事先识别出卓有成效的研究路径。这一章我们就是要讨论人们在关于识别和认识重要发现和创新的回溯性研究和展望性研究中学到了什么？

4.1 回溯性研究

我们能从过去的事件中学到什么？科学突破是如何发生的？

4.1.1 冬眠熊

黑熊有 5～7 个月的冬眠期。当醒来时，它们仍像以往一样强壮。然而，我们人类若在短短的几天内不活动就会日渐虚弱。我们的骨量和骨强度也会随之下降。人类在无法维持正常的活动能力时需要小心翼翼。例如，宇航员必须要执行特殊的训练计划以确保他能在太空中安全度过几日。

人类和黑熊之间为什么会有如此的不同？虽然还没有答案，但这是一个对所有人都有价值的问题。密西根科技大学的赛斯·唐纳修（Seth Donahue）和他的同事们已经开始寻找这个问题的答案。他们在黑熊的血液中提取出一个骨骼生物标志物（bone-building biomarker）。该项研究对骨质疏松症的治疗和预防有着巨大的商业价值。

他们于 2004 年发表的《黑熊（美洲黑熊）皮质骨的弯曲性、孔隙度和灰度即使在每年都存在停用期的情况下也不会老化》一文在 2010 年之前共被引用 13 次，而他们于 2006 年发表的另一篇题为"预防废用性骨质疏松症的冬眠熊模式"的文章则被引用 3 次，这篇论文使得该研究的实用价值更加明确。唐纳修的这项技术授权给成立于 2007 年的 Aursos 公司，该公司专门为骨质疏松症患者制造治疗性药物。这项研究的成功被纳入 2010 年联邦政府资助基础研究和创造就业机会的 100 个成功案例之中（The Science Coalition，2010）。

这个案例体现了基础研究及其应用价值之间的关联。成功的商业化使得投资机构在基础研究还处于萌芽状态时就能较早的进行投资决策。

科学家、社会学家和政治家们往往会把技术创新及经济增长归功于科学。有大量研究表明"科学 - 技术 - 经济"之间存在着关联，但对这种关联的形成机制进行实证研究的并不多见。有学者从出版规范化而导致知识加速扩散的角度来探讨能否在某种程度上解释这种关联机制（Sorenson & Fleming，2004）。他们通过比较新增专利引用三种专利的引文模式来判别文献的重要性，这三种专利是指：①引用同行评议产生的科学文献；②引用商业性（非科学）文献；③其他。他们的分析强有力地证明了出版是加速技术创新的一种重要机制：那些引用了公开发表文献的专利，无论是否经过同行评议，都获得了更多的引用，这主要是因为它们的影响会更快地在时间和空间中扩散。

同科学革命建模及可视化分析中的引文数据一样，专利引文模式在知识扩散模型建构中也发挥着重要的作用（Jaffe & Trajtenberg，2002）。

在知识扩散或知识溢出方面已有着大量的研究案例，如液晶显示器（LCD）、纳米技术（Braun et al.，1997；Meyer，2000）和生物组织工程（Chen & Hicks，2004）。

此外，基础研究和技术创新之间的知识扩散（Meyer，2000；Narin & Olivastro，1992）也密切相关。

实证研究显示出知识溢出具有地理位置倾向性（Jaffe & Trajtenberg，2002）。进一步的研究已揭示出蕴涵其中的社会动力学机制。阿格拉沃尔（Agrawal）、科伯恩（Cockburn）和麦克海尔（McHale）在2003年的研究中表明，在知识扩散过程中，合作发明家之间的社会关系要比地理位置的邻近性发挥更强大的作用：发明者的专利不断地被以前所在机构的同事引用。

2004年，辛格（Singh）提取出美国专利局索引的专利数据（1975～1995年），据此构建了发明者团队网络，他的研究不仅考虑到网络中的直接社会关系，也考虑到了间接的社会关系。如果两个团队中存在一个共同的发明家，那这两个团队是有关联的。他通过由超过50万项专利（1986～1995年）的专利引文形成的网络分析了团队间的知识流动。团队之间的社会关系与知识流动的概率密切相关。知识流动概率随着社会距离的增加而减少。他发现了一个很有意思的现象，即社会关系进一步解释了为什么知识溢出效应似乎具有本地化倾向。他还发现无论在地理位置上的距离多远，紧密的社会关系能够很好地预测知识的流动。在社会网络分析中，这种"专利-发明家"网络被称为隶属网络（affiliation network）（Wasserman & Faust，1994）。这个隶属网络包括发明家（行动者）和专利（事件）两种类型的节点。

液晶技术首先出现在1968年，随后在1969～2003年几经改进。纳米技术在自我复制纳米机器人和智能材料等方面有着广泛的应用前景，如人工药物和自修复材料。组织工程是将细胞、工程材料和适用于改善或替代生物功能的生物化学要素组合起来以推进医药技术的进步。科学与技术之间的关联对于资助机构评价投资效率，对于科技政策研究者分析科技指标，甚至对于投资管理者进行公司创新竞争力评价都是非常有价值的。

4.1.2 风险与收益

美国科技政策的转折点发生在 1967～1968 年。在此之前，科技政策一直受"冷战"主导。直到 1963 年，国家 R&D 投资接近 GDP 的 3%，达到峰值，是第二次世界大战结束前的 2.5 倍。超过 70% 的资助来自联邦政府。93% 的资助都出自三个联邦机构，即美国国防部（DOD）、美国原子能委员会（AEC）和美国国家航空航天局（NASA）。联邦机构投资的目的就是要确保已开发的技术知识能实现商业化。大部分 R&D 经费都用来资助生物医学领域。大学基础研究的联邦资助经费在 1967 年达到了顶峰，随后，直到 1976 年之前一直在下降。

由于预算紧缩和研究人员需求日益增加，当前的融资环境极不乐观。另外，科学要服务于社会的观点意味着投资方和科学家要根据经济发展、社会福利，以及国家安全与竞争力来综合考虑科学如何满足社会需求。有两种方法用来评价科学活动的质量和影响，以及识别战略规划中的优先领域。一种是定性的，主要是依据专家的观点和评判，包括科学专家、相关的应用专家和最终使用者。另一种是定量的，主要包括用于评估和决策的计量和指标的开发与使用。用来对科学家、研究机构、国家、论文及期刊进行评价的计量和指标日益盛行。*Nature* 最近发表了一组关于评价的专栏推荐文章和观点论文（Editorial，2010）。

资助机构批评同行评议系统过于保守，不愿支持高风险和非传统的研究。楚宾（Chubin）和哈科特（Hackett）在 1990 年发现，60.8% 的研究人员支持以上观点，17.7% 的人对此持否定态度。同行评议已经成为一种用于支持研究申请和资助出版的官方选择机制。楚宾和哈科特将同行评议描述为一个高度个人化的流程：评议首先源自于科学家头脑之中，经过官僚程序形成文件，然后走进资助机构大门而结束。

兰戴尔（Laudel）研究了德国和澳大利亚研究者如何应对外部资助经常性短缺的状况（Laudel，2006）。她还证实了一个观点，即主流研究是关键。一位科学家说，除非他已经在这个领域至少发表了 2 篇文章，否则他是不会递交资助申请的。兰戴尔也注意到从基础研究向应用研究的转换。跨学科研究也面临着资助减少的情况。

这种背景下的深层次问题与一直困扰信息情报界的问题密切相关,即需要处理的信息太多,真正有价值的又太少。另外,数据本身不能说明什么问题。我们需要理论和思维模型解读数据和数据中显现出来的规律。用于诠释科学是如何演进的理论有很多,尤其是科学哲学中的理论,但这些不同的理论是从完全不同的视角来解释同一事件。

大量发明是基于已有的技术特征而实现的。谢(Hsieh)在2010年提出一种有趣的观点,即将新发明视作一对矛盾双方的妥协,矛盾的双方是指一项发明的有效性和与之前发明的相关性。他指出之前的这些发明是具有技术特征的。如果这些技术特征是紧密相关的,那么发明家就需要努力区分它们;如果这些特征毫不相关,发明家们则需要想办法让它们有关联。最佳解决方案介于这两种极端情况,即特征之间的关联既不要太强也不要太弱。对于发明者而言,最经济高效的策略是降低非关联特征的连接成本,同时也要减少紧密相关特征的组合成本。谢利用1975～1999年的授权专利进行了检验,证实了他的假说。一项发明的有效性可以通过其被引情况得以测度。他还发现在发明的有效性和技术特征相关性之间存在显著的反向U形关系。一项发明的有效性在技术特征相关性太强或太弱的时候是相对较低的。反之,当技术相关性介于两个极端时达到最高值。

变革性研究往往具有高风险性和潜在的高收益性。革命性和突破性发现是很困难的。将公共资金用于变革性研究资助的权衡策略究竟是什么?众所周知,科学发现和技术创新的应用价值需要很长一段时间才能逐渐明晰。诺贝尔奖往往是奖励获奖者几十年之前的研究。我们也知道诺贝尔奖级别的发现也可以被驳回。问题是,我们能在多大程度上预见科学突破?

4.1.3 回顾计划

科学突破和技术创新的价值需要多长时间才能被社会充分认识呢?美国国防部为从最具有革新性的武器系统开发中吸取经验,专门实施了一项回顾这些创新的回顾计划(Project Hindsight)[①]。该计划执行的初步结论是,高校基础研究似乎并没有在极具创造性的武器开发中起到多大的作用。相比之下,有着特定目标的项目更富有成效。

---

① 译者注:Project Hindsight是美国国防部20世纪60年代所做的研究,用于分析其R&D的投资收益

1966 年，Project Hindsight 发布了初级报告①。一组科学家和工程师对 20 个重要的军事武器开发做了回溯性分析，包括"北极星和民兵"导弹（Polaris and Minuteman missiles）、核弹头（nuclear warheads）、C-141 飞机、MK46 型鱼雷（Mark 46 torpedo）和 M102 榴炮弹（M 102 Howitzer）。研究者确定了对武器开发最重要的 686 个"研究型或探索性开发事件"。被认为是"科学研究"（scientific research）的仅占 9%，其中 0.3% 是"基础研究"（base research）。9% 的研究是在大学中进行的。

Project Hindsight 发现，就有效事件的发生效率而言，有明确国防目的的科技投资和管理要比没有特定国防目的的高出一个数量级。

（1）大学科研的贡献是最小的；

（2）当科学家的研究是任务导向时，其研究是最有效的；

（3）当科学家研究的领域正是资助者资助的目标时，最初发现与最终应用的距离是最短的。

就科技政策实施而言，Project Hindsight 强调任务导向研究（mission-oriented research）、合约研究（contract research）和委托研究（commission-initiated research）。尽管这些结论都是基于对军事武器开发进行研究而得出的，但其中一些结论也适用于诸如生物医学等科学领域的评价。

这些初步研究结论的应用已经引起了相当多的批评。考姆让（Comroe）和德瑞珀斯（Dripps）在 2002 年批评 Project Hindsight 证据不足和有偏见，尤其是因为它是基于一组专家的判断。与 Project Hindsight 不同，他们对自 20 世纪 40 年代早期以来的临床发展进行了研究，这些临床进展已经直接改善了心血管或肺部疾病的诊断、预防或治疗，有效地控制了疾病恶化，减少了病痛或延长了有效生命。他们要求 40 位医生列出最重要的医疗进展。医生的回答分成两组，一组与心血管疾病相关，另一组与肺部疾病相关。然后每个列表被送到 40～50 位相关领域的专家手中。专家们被要求给出相关领域的重要论文，重要论文需要满足以下两个条件。

（1）它对随后的研究和发展方向起到了重要的作用，而这个研究方向对于他们正在研究的十大医疗进步中的一项或多项是重要的。

（2）它记录了新的数据、看待数据的新视角、新的概念或假说、新的方法、

---

① Science，1976，192，pp. 105-111

新的技术，这些新的信息对医疗进步的一个或多个领域的全面发展起着基础性的或是极大促进性的作用。

在生物医学的 10 个医疗进步领域中识别出了 529 篇重要论文，以下为十大医疗进步领域。

（1）心脏手术；

（2）血管手术；

（3）高血压；

（4）冠状动脉机能不全；

（5）心脏复苏术；

（6）口服脊髓灰质炎；

（7）利尿剂重症监护；

（8）抗生素；

（9）新的诊断方法；

（10）脊髓灰质炎。

研究发现，其中 41% 的生物医学进步被认为是对后来临床医学发展必不可缺的，这些生物医学进步并不是源于临床实践。这些重要论文的研究者是为了追求真知而探寻知识。529 篇重要论文中有 61.7% 的文章属基础研究；21.2% 的属其他类型的研究；15.3% 的关注新医疗设备的开发、医疗技术、临床手术或医疗流程；1.8% 的是综述性文章或他人数据的综合。

考姆让和德瑞珀斯探讨了研究的研究，这类似于科学学的概念。他们指出，关于探索科学发现本质和了解为何发现与应用之间存在时滞的回溯性研究和展望性研究，都需要历史大跨度和长期的支持才能进行。他们的建议与 NSF 在回应 Project Hindsight 的一项早期研究的结论是相似的。NSF 实施的 TRACES 项目就是要搞清楚基础研究的潜在应用价值究竟需要多长时间才能变得明朗。然而，莫厄里（Mowery）和罗森博格（Rosenberg）在 1982 的研究中指出，研究事件（research events）的界定过于简单化，Project Hindsight 和 TRACES 都使用了一种不足以实现其初衷的方法。

4.1.4　TRACES

TRACES 是 Technology in Retrospect and Critical Events in Science（技术回顾与科学中的关键事件）的首字母缩写，同样也是被 NSF 资助的项目。Hindsight

项目回顾了 20 年，而 TRACES 回顾了 5 个发明的历史，并追溯到了 1850 年。这 5 项发明是口服避孕药、基质隔离（matrix isolation）、视频磁带录音机、铁氧体（ferrites）和电子显微镜。TRACES 确定了 340 个和这些发明相关的重要事件，把它们分成了三个主要类别：非任务导向研究、任务导向研究，以及应用开发研究。70% 像基础研究这样的事件是非任务导向的；20% 是任务导向的；10% 是应用开发。大学承担了 70% 非任务导向研究和 1/3 任务导向研究。对于大多数发明，75% 的重要事件先于最终发明的概念出现的时间（图 4-1）。

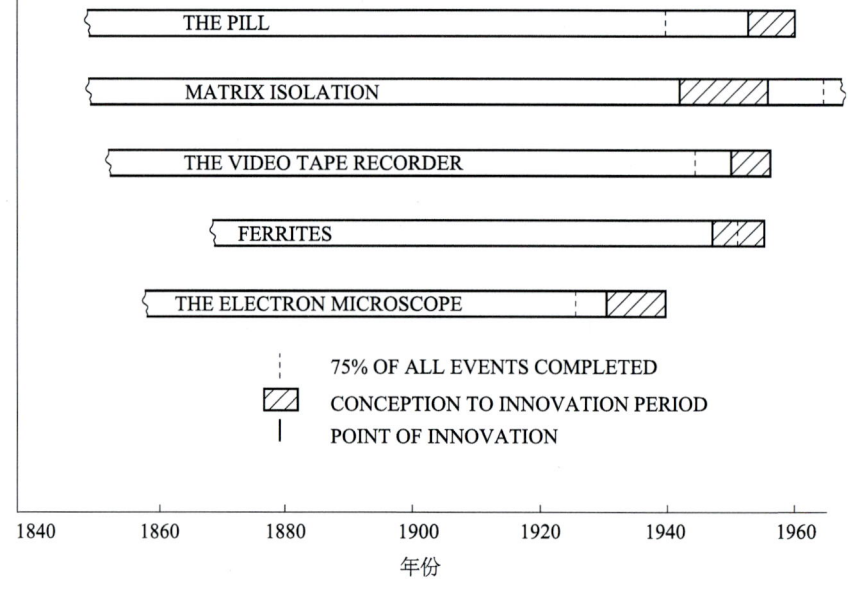

图 4-1 被 TRACES 工程确定的发现阶段。对于大多数发明，
75% 的事件先于最终发明的概念出现的时间
资料来源：Illinois Institute of Technology, 1969

曾鸿（Hong Tseng）是 NIH 的一个项目经理，能够非常熟练地使用 CiteSpace 软件，是他引起了我对 TRACES 的注意。出于许多原因，基金机构需要评估他们的研究档案。他们需要向国会、大众和科学家证明他们的项目资助决定的正确与合理性。在战略上，有两组需求：长期（10～20 年）、短期（3～5 年）和近期（1～2 年）。一方面，基金机构收到的项目申请书数量快速增长；另一方面，人们逐渐意识到快速变化的、高风险高回报研究在保持科学技术长期发展中的基础性作用。对于决策制定来说，这是一个两难困境。在第 5 章中，我们将根据最大化期望回报风险率的原则，从最优觅食理论的角度讨论这个问题。

视频磁带录音机的发明是在 20 世纪 50 年代中期。前期的 75% 的相关事件几乎花了 100 年的时间，但是最后的 25% 只用了 10 年便会聚到一起。特别要注意的是，这项发明的概念是在最后的 5 年出现的（图 4-2）。

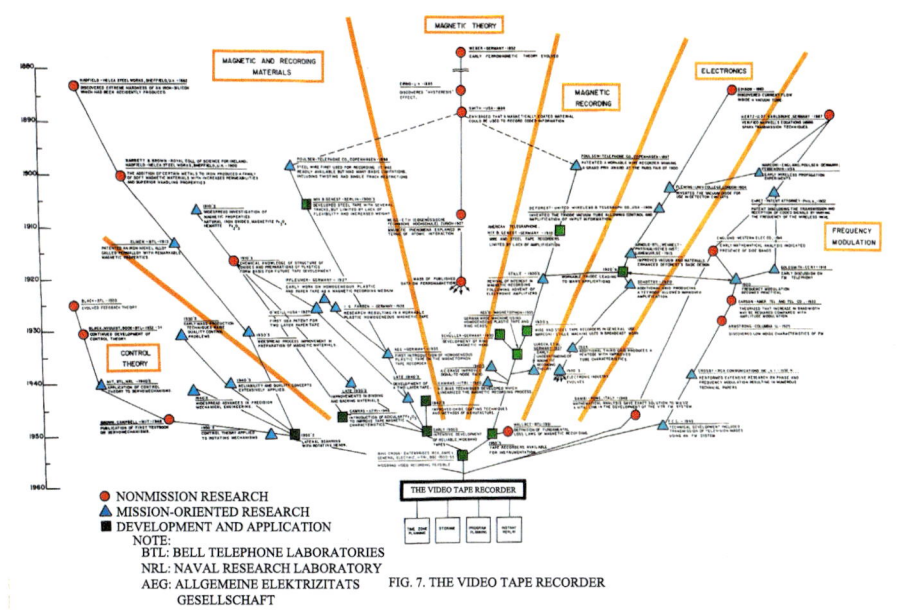

图 4-2　视频磁带录音机发明的路径
资料来源：Illinois Institute of Technology, 1969

这项发明涉及 6 个领域，如图 4-2 顺时针所示，分别为控制理论、磁性和记录材料、磁场理论、磁带记录、电子和调频理论。最早的非任务导向研究是在磁场理论中出现的，即韦伯在 1952 年提出的早期铁磁铁理论。最早的任务导向研究是普尔森（Poulsew）在 1898 年第一次使用钢丝记录声音。根据 TRACES 项目的结论，这项技术"非常有用，但是有很多限制，包括旋转和单轨道的限制等"。如图 4-2 所示，在普尔森工作之后的漏斗形状被标记为磁性和记录材料，米克斯（Mix）和格内斯特（Genest）在 20 世纪初期能够把钢丝用在多个轨道上，但是重量增加了，并且缺少灵活性。这项发明得以继续发展，1935 年，首次提出用同质的塑料磁带在磁带录音机上使用。在 20 世纪 40 年代，双层磁带被发明出来。可靠的宽带磁带在 20 世纪 50 年代早期出现，而第一个商业视频磁带录音机出现在 20 世纪 50 年代末期。

电子显微镜的发明和视频磁带录音机有相似的轨迹（图 4-3）。在发明的时间节点之前和从概念到创新的转化时期内，完成了最初 75% 的研究。

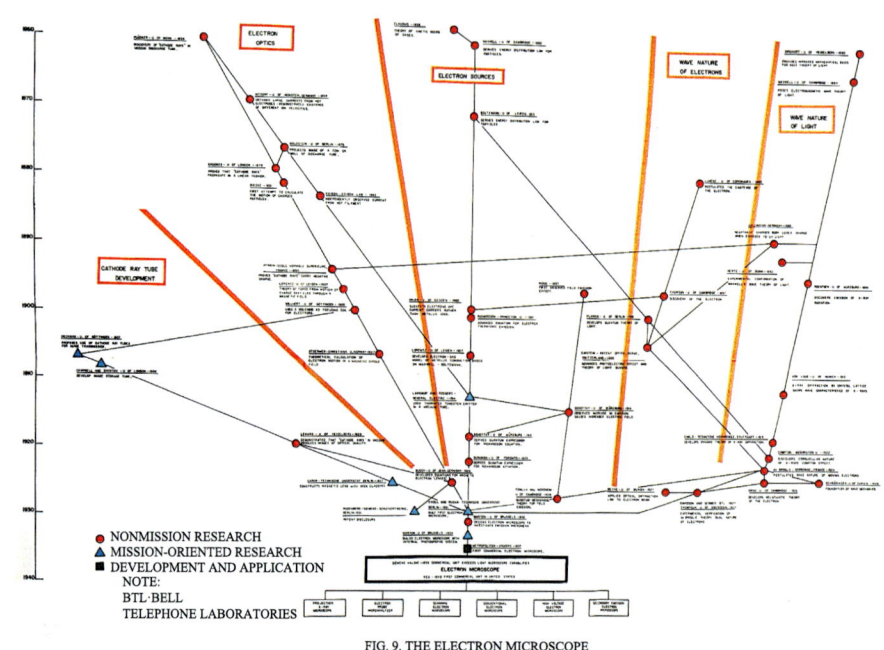

FIG. 9. THE ELECTRON MICROSCOPE

图 4-3　电子显微镜的发明轨迹。最终发明用黑色矩形框标出
资料来源：Illinois Institute of Technology, 1969

电子显微镜的发明基于 5 个领域，即阴极射线管、电子光学、电子源、电子波动性质，以及光的波动性质。每一个领域都可以追溯到数十年之前的非任务导向研究。例如，麦克斯韦（Maxwell）1864 年的光学电子磁波理论，伦琴（Roentgen）在 1893 年对于 X- 射线辐射的发现，以及薛定谔（Schrodinger）在 1926 年对波动机制的发现，都属于非任务导向研究，这些研究最终导致电子显微镜的发明。正如图 4-3 中所示，在 1860～1900 年，非任务导向研究的领域之间几乎没有任何联系。视频磁带录音机的发明展示了在非任务导向研究、任务导向研究和应用研发活动间存在着更具多样化的互动关系。

TRACES 项目揭示出来的观点在今天对于同行评议和变革性研究的讨论和相关政策都有很重要的意义。也许最宝贵的经验是关于基础研究或者非任务导向研究的重要性。如图 4-2 和图 4-3 所示，在 TRACES 研究的所有发明中，一项终极发明，表现为多条研究主线会聚的形式。每一条研究主线通常由几年甚至几十年的非任务导向研究所主导，然后转换成任务导向研究和应用开发研究。换句话说，非常明显，对于非任务导向研究来说，预测它们的工作如何发展几乎是不可能的。在一个子领域中能够识别出相关子领域的发展则更加困难。综上所述，我们可以注意到变革性研究是否可以在研究的鸿沟中起到连接作用。

4.2 预见

"预见"这一术语指的是识别战略性研究领域和形成通用技术的系统过程，这些战略研究领域和通用技术未来有可能在科学、技术、社会产生最大的经济效益和社会效益（Anderson，1997；Grupp & Linstone，1999；Martin，1995；Martin，2010；Miles，2010）。

4.2.1 展望未来

自 1970 年以来，日本科学和技术局（STA）进行了一系列的长期预测，即预测未来 30 年的科学、技术、创新。这些预测是一个最为系统和形式广泛的预见过程。20 世纪 90 年代早期预测识别的优先主题包括 HIV 疫苗的开发和预防阿尔茨海默病的有效方法。图 4-4 是基于 Web of Science 检索的文献题录数据，由 CiteSpace 绘制。右边的列表显示共被引文献聚类的标签。红色的圆圈代表引起研究者关注的文章，代表它们的被引次数快速增长。例如，包含高速环境（high-speed environment）、平衡（balance）、德尔菲调查（Delphi investigation）等关键词的论文会引用这些文章。

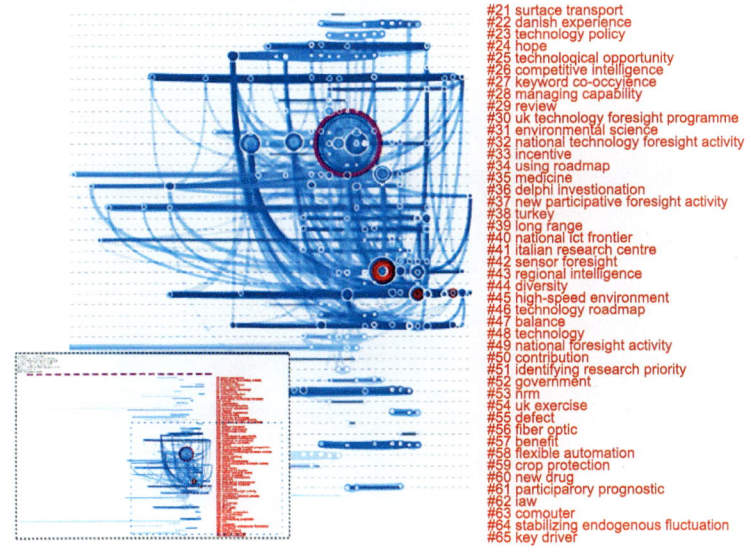

图 4-4　展望未来的研究主题

经历第一次德尔菲调查的 20 年之后，日本国家科技政策研究所（NISTEP）对其预测的准确性进行重新审查，发现 64% 的主题在某种程度上实现，28% 完全实现。这样的精确率对于第一次德尔菲调查的实验性质来说，总体上是相当令人鼓舞的。不准确的结果往往是由于政治或社会变化比科技发展的变化更为频繁。从这个独立的预测分析中吸取的教训是，在专家小组中开展这样的调查应该利用广泛的专业知识，因为专家往往对自己的研究领域过于乐观。有趣的是，发现在相邻领域的专家能够更好地预见相关领域的潜在发展障碍。这一发现突显出本书的中心前提：变革性发现可能会出现在边界不明显的多个研究领域。

专家对他们的专业领域主题的预测更有可能产生偏差，这多少有些讽刺意味，但这也提醒我们，人类的认知能力有多么脆弱，这点非常重要。NISTEP 利用一个有趣的方法使用科学地图将热门的研究领域描绘为山峰。虽然景观性的隐喻被用于各种可视化领域已经有很长一段时间了，但仍然很少看到在官方报告中使用这样的科学预见方法。在 NISTEP 的科学地图中，将热门研究领域定义为文献总量超过一个阈值的领域（图 4-5）。

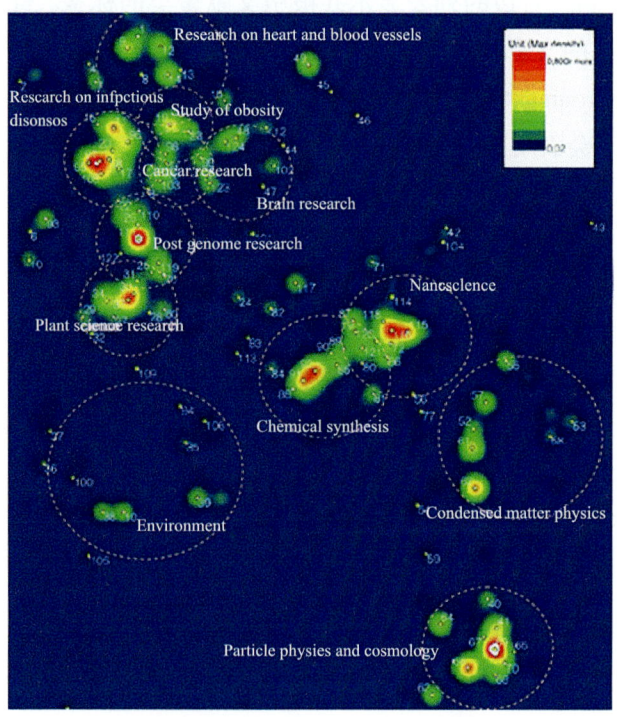

图 4-5　2006 年科学热点研究领域图谱
资料来源：Saka et al., 2008

NISTEP认为科学地图的有力作用是可以作为促进领域专家和其他相关政策制定者之间的交流边界:"在交谈中,科学地图可以用来作为讨论的基础,这一点令我们感到震惊……与科学共享数据如科学地图一样,来自不同领域的研究者可以从事更有意义的科学发展研究。通过共享相同的'舞台',研究人员可以相互调整距离,促进研究人员互相之间或研究人员与政策制定者之间的交流。在未来,我们想将科学地图作为讨论的平台。"(Saka et al., 2008)

对于分析者来说,收集科学家们关于科学领域未来发展方向的意见当然是很有意义的,但问题是这种结果有多可靠。预见科学发展方向一般基于以下四个原则(Martin, 1995)。

(1)必须考虑经济和社会需要;

(2)必须涵盖所有科技领域;

(3)应对不同科研任务的重要性进行评估,并确定哪些任务应该优先给予政策支持;

(4)应该是预言式的(应指出可能发生的事)和标准化的(指出可能达到的程度)。

众所周知,日本、英国和澳大利亚等国家一直致力于对科技发展的预见。那么,美国对于预见科技的未来发展都做了什么呢?在20世纪60年代,美国科学院下属的科学和公共政策委员会(Committee on Science and Public Policy)曾进行了一系列的实地调查,试图深入到每一个单独的学科以找出各学科的研究前沿(Westheimer, 1965)。1980年,这一调查由美国国家研究委员会(National Research Council)重新开展。另一个被认为是非常成功的实地调查报告,是1985年发表的题为"化学的机会"(*Opportunities in Chemistry*)的皮门特尔报告。皮门特尔报告是由皮门特尔教授所主持的一个委员会做出的,这一委员会成立于1982年,旨在调查化学学科的研究前沿。他们访谈了数百位化学家,让他们识别在化学领域将来可能的研究主题。

作为科学研究的资助机构,美国国会却对实地调查的结果进行了诸多质疑。特别是,在1980年开展的这一系列调查中,几乎所有的调查结果都给出了不切实际的资金需求,即对被调查领域在未来5年中资金资助应该增加1倍;平均每项研究需要的50万~100万美元,并需要3年时间完成。最终的调查报告通常过于冗长,以至于无法被外行读懂。它们也没有尝试指出那些优先需要资助的领域。实地调查非常依赖于专家的见识,但同时也受制于其判断的主观性。

更重要的是，实地调查研究没有考虑到公共资金的稀缺性，从而给出科技政策决策时所需要的优先资助领域。在某种程度上，不愿意指出那些重要程度存在下降趋势的领域，是科学共同体和美国科学院出于自身利益的考虑。此后开展的预见调查，吸取了这一教训，更加重视利益相关方和独立第三方之间的平衡。另外一些国家如澳大利亚、德国、新西兰、荷兰和英国的科技预见史，在本·马丁（Ben Martin）的综述中进行了详尽的描述。

4.2.2　确定优先资助领域

古德温（Goodwin）和赖特（Wright）回顾了各种旨在识别出那些具有重要影响的不平常事件的预测方法，确定了以下六种类型的问题，这些问题可能会损害预测方法的准确性。

（1）参考基数不够多；

（2）参考基数是过时的，或不包含极端事件；

（3）使用不恰当的统计模型；

（4）因果错位的危险；

（5）认知偏见；

（6）框架混乱。

古德温和赖特识别出三种可能导致系统性偏差的启发方法：①可忆性；②代表性；③锚定且调整不足。可忆性偏见是指，一些事件比其他事件更容易被人们所记起，但这些更容易被记起的事件通常并不一定比其他不容易被记起的事件发生的概率更高。代表性偏差是指人们低估大概率事件的发生概率的倾向。锚定且调整不足是指预测者没有根据未来的情况进行调整，他们只锁定在当前的情况上。正如这里我们所看到的，这些认知偏差表明了人类认知的本能在估计事件发生的概率时是多么的不可靠。专家判断的方法很可能受到认知偏差的影响。研究人员认为，在许多实际任务中，良好的专业知识与真正的判断能力之间或许并没有什么关系。

有很多因素导致了人们开始越来越重视科学和科学政策。其中最有影响、争论最多的两个因素是，公共资金的缺乏和政府资助的研究应该基于社会需求（MacLean et al.，1998）。这些问题在十几年前就已经出现了。增值链（value-added chain）的概念有助于解释这些讨论背后的含义。早期的增值链，特别是20世纪40年代和60年代之间的增值链很简单。研究人员和最终用户在这一增值链中弱耦合。研究人员的主要作用被看作是生产知识，最终用户的主要作用是被动地应用生产出来的知识，当且仅当它们可供应用的时候。如何分配科研资金在很大程度上是基于同行评议的结果。这里的同行是科学家同行，最终用户不参与这个游戏。科学关注的焦点是明确的，甚至常常是排外的。

而认为科学应该服务于社会需要的观点则意味着科学和最终用户之间的联系，变成科学政策、战略和中长期规划，包括确定资助重点和科研影响力评价中的一个组成部分。因此，新的增值链除了包括科学家和最终用户外，还包括中间用户。例如，在麦克莱恩等1998年的一项研究（MacLean et al., 1998）中，一个简单的增值链包括了来自大气化学领域的研究人员，来自气象办公室和顾问公司的中间用户，以及来自连锁超市的最终用户。有很多方法可以用来区分用户，包括积极用户和消极用户，最终用户和中间用户，也包括用户的长期需求和短期需求，一般需求和特殊需求。中间用户的作用是进行科学知识的转化，并为知识链的下游用户们在这些知识中加入更多的价值。在麦克莱恩等给出的另外一个增值链例子中，增值链包括三种类别的利益相关者：研究人员、中间用户和最终用户。水污染的研究人员可能会与中间用户如传感器开发公司、信息公司及污染监管部门进行沟通。中间用户彼此之间也有他们自己的沟通渠道。中间用户再进一步与自来水公司和污染严重行业建立联系。如果征求广大用户的意见，尤其是来自科学家的意见，会发现他们往往关注于那些短期和迫切的问题，而不是那种长达10～20年的战略时间表。鼓励用户表达他们的长期科研需要的一种方法是问用户一些开放式的问题。下面是关于环境领域的重点研究领域的长期规划的一些开放式问题的例子（MacLean et al., 1998）。

（1）如果有人能准确地告诉你环境问题在10～20年后会影响到你的业务，你最想问他什么问题？

（2）为了提高你所在组织的业务前景，什么是你目前还不了解但在未来的5～20年需要了解的？

（3）如果不考虑各种限制条件，不管是财务上的还是其他方面的，那么，除了已经提到过的，你还会建议资助哪些环境方面的研究？

在对科技预见进行评估时，确定优先领域的一种方法是，向专家和用户征求建议，并从以下两个维度进行评估：可行性和吸引力。研究人员和用户之间的对话，越来越被视为是确定科技发展的优先领域的一种必要和有效的方法。科学家和研究人员或许能准确地判断什么研究是可行的，而用户则对什么领域是有吸引力的用户更有发言权。在麦克莱恩等 1998 年的研究（MacLean et al., 1998）中，他们采用了这种方法来确定在增值链中如何把科学成果与用户需求结合起来。他们进行了两轮的德尔菲调查，每一轮中都收到了超过 100 位专家的意见。两轮专家意见分别被标注在一个由可行性和吸引力两个维度构成的坐标图中。

图 4-6 显示了对各研究课题的评价在坐标图中对应的坐标及其移动，其中，横坐标代表作者的观点，纵坐标代表用户的观点。以课题"远程数据采集"（remote data acquisition）为例，在第一轮德尔菲调查后，它处在一个高可行性和高吸引力的坐标上，在第二轮德尔菲调查后，它进一步移动到一个更高的可行性和更高的吸引力的坐标上。相比之下，对课题"海洋资源的可持续利用"（sustainable use of marine resources）的可行性和吸引力评价则在第二轮德尔菲调查之后都减少了。不过，也可能存在一方利益相关者改变了他们的评价但另一方的评价保持不变的情况。例如，虽然用户并没有改变对研究课题"淡水资源管理"（management of freshwater resource）和"极端气候预测"（prediction of extreme atmospheric events）的评价，科学家们更新了对应的对可行性的评估：其中一个上升了，另一个下降了。

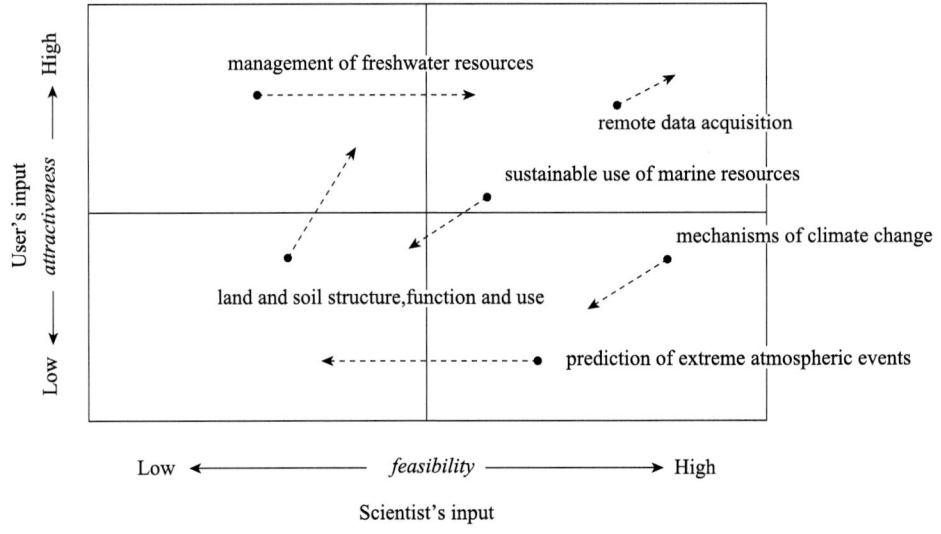

图 4-6　研究课题的可行性和吸引力评价
资料来源：MacLean et al., 1998

值得注意的是，除了当今社会中所充斥的科学的社会契约论观点，还有一种观点坚信思想是自由的以及科学是偶然的。这两种观点都面临着许多的尖锐问题。但问题是，对科技预见方法得到的优先领域与科技真正实现突破的领域的回顾和比较评估研究，这样的证据够不够充分？对于德尔菲调查中不同轮里专家共识的不断变化，导致这种变化的因素是什么？

4.2.3 德尔菲法

德尔菲法是在预见时最常用的方法之一。兰德公司最早采用德尔菲法进行了相关研究（Dalkey，1969；Kaplan et al.，1950）。1972年，日本科技厅也采用德尔菲法进行科技预见。他们利用多轮迭代的方法来发放和回收专家建议调查问卷。每次迭代被称为一个回合。前面各轮的调查结果会在新一轮的调查中告知各位专家，以便他们可以知道哪些意见开始趋同，或者哪些问题还存在不

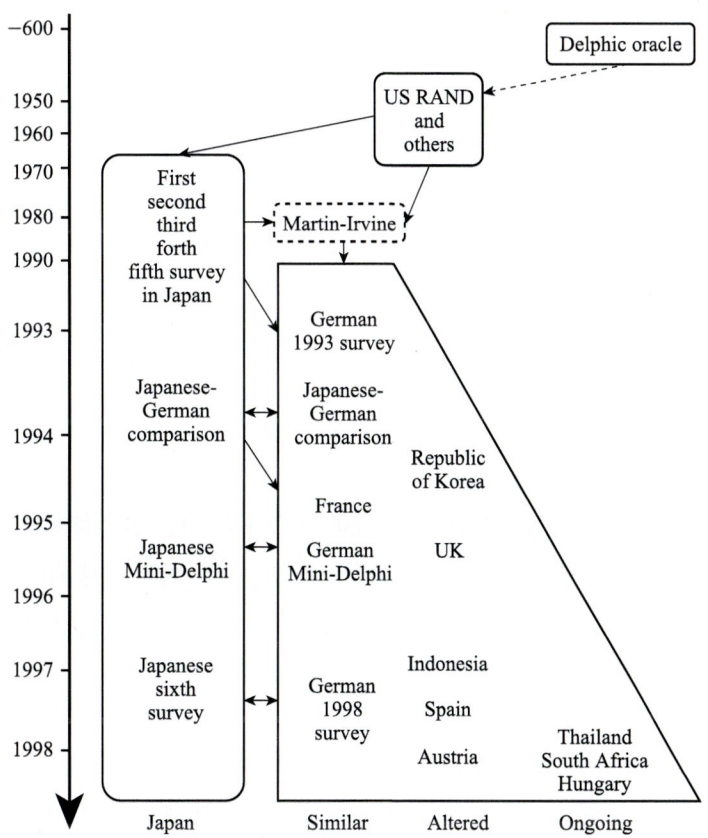

图 4-7　政府层面应用德尔菲法的一个系谱树形图
资料来源：Grupp & Linstone，1999

同意见（Grupp & Linstone，1999）。德尔菲法对于那种20～30年的长期预见尤其适用，因为在这种情况下，除了专家意见没有其他信息可以借助。与专家委员会方法不同，德尔菲法不是为了牟取共识。德尔菲法允许专家基于上一轮的调查结果，在下一轮中改变他们的意见。图4-7中显示了政府层面应用德尔菲法的一个系谱树形图（Grupp & Linstone，1999）。

德尔菲法在日本的使用经验的系统回顾可以参看Cuhls的博士论文，这一论文发表于1998年，具有很高的被引次数。Cuhls发现，日本的德尔菲法研究甚至可以让那些悬而未决的问题，如早期地震检测一直存在于国家的科技政策议程中，即便在没有地震发生而且公众和决策者也不怎么关注地震的年份。

4.2.4　对预见的事后评估

在科技预见中，专家意见是否是可实现的或可靠的呢？关于德尔菲法这一相关问题的讨论，学术界存在着大量的文献。例如，专家个人意见的改变和专家判断的准确性（Rowe et al.，2005）、德尔菲法的陷阱和可能忽视的方面（Geels & Smit，2000）等。在最近的研究中，费利克斯·布兰德斯（Brandes，2009）讨论了这一问题，他调查了在英国一项技术预见项目中，有多少专家预测最终得以实现。这一技术预见项目是在著名的1993年的白皮书《实现我们的潜能》中所倡导的。这是一个全国性的大规模德尔菲调查，共有15个专家小组构成。1994年，项目组向8384位专家发放调查问卷，对2015年之后的技术进行预测。2585位专家回应了这一调查。2/3的预测在1995～2004年实现了。因此，布兰德斯肯定了预测的可实现性，即1994年的专家是可能预测2004年也就是10年后的技术发展的。

从1994年这次英国技术预见项目的15个小组中，布兰德斯选三个小组，即化工、能源和零售分销业，对它们的预见结果进行调查。这项网上调查将预见结果按照"已经实现""部分实现""未实现"和"不清楚"四个选项进行评价，38%的调查对象填写了调查问卷。

布兰德斯的"预测回顾"（hindsight on foresight）发现，在化工领域和零售分销领域分别只有5%和6%的预测被认为是已经实现了，而能源领域则有15%的预测已经实现。如果评价标准放宽至"部分实现"的话，也就是"毛实现率"，化工领域的实现率是28%，能源领域的实现率是34%，零售分销领域是43%。

总的来看，1994 年的专家预测是过于乐观了。这其实是一个被众多研究充分证明了的问题。很多研究者发现，顶尖专家的预测常常比其他调查对象更乐观（Tichy，2004）。蒂奇 2004 年的研究认为，顶尖专家由于其身处其中，且对实现难度和研究领域的扩散存在低估，往往会做出偏乐观的估计和预测。而且，在企业高层工作的专家比在学术界或管理部门工作的专家的乐观程度更高，虽然导致这种乐观偏见的原因还不完全清楚。不得不指出，这种对预见的优势领域的回顾性评估也存在着不足，因为它没有给出对那些完全错过的或没有预测到的研究主题和研究突破的评估。

4.3　本章小结

一方面，许多科学突破和创造性的发现在早期根本就没有任何可以提前用来进行探测的迹象。另一方面，许多预见分析系统建立的假设是，未来会继续重复过去发生过的事。如何在早期识别出预警信号，如何在初露端倪的时候就能对一项研究的潜力进行评测，是一个极具挑战性但对科学政策和科研评价至关重要的问题。TRACES 的经验告诉了我们非任务导向研究在科学发现中的作用，在现实中，很多有潜力的研究在早期并无法看出迹象。对优先领域预见的评估，说明专家在判断技术开发的可实现性和可行性时的难度，但同时也指出在价值增值链中利益相关者进行互动的益处。

我们可能需要更多喜欢冒险的专家，以便在维护科学整体性的同时，识别那些具有革命性潜力的研究主题。更重要的是，我们需要认识到存在着不同观点的文献，这表明创造性研究最可能出现或发生的地方，也是对同一现象专家意见最有分歧和最有矛盾的地方。我们需要新的思维方式和新的研究工具，以增强我们更有效地处理这种情况的能力！

参 考 文 献

Agrawal A., Cockburn, I., & McHale, J. 2003. Gone but not forgotten: Labor flows, knowledge spillovers, and enduring social capital: NBER Working Paper No. 9950.

Anderson J. 1997. Technology foresight for competitive advantage. Long Range Planning, 30(5): 665-677.

Brandes F. 2009. The UK technology foresight programme: An assessment of expert estimates. Technological Forecasting and Social Change, 76(7): 869-879.

Braun T., Schubert, A., & Zsindely, S. 1997. Nanoscience and nanotechnology on the balance. Scientometrics, 38: 321-325.

Chen C., & Hicks, D. 2004. Tracking knowledge diffusion. Scientometrics, 59(2).

Chubin D E., & Hackett, E J. 1990. Paperless science: peer review and U.S. science policy.

Comroe J H., & Dripps, R D. 2002. Scientific basis for the support of biomedical science. In R.E. Bulger, E. Heitman & S.J. Reiser (Eds.), The ethical dimensions of the biological and health sciences (2nd ed., pp. 327-340). Cambridge, UK: Cambridge University Press.

Cuhls K. 1998. Technikvorausschau in Japan. Heidelberg: Physica-Springer.

Dalkey N C. 1969. The Delphi Method: An Experimental Study of Group Opinion. Santa Monica, CA: The Rand Corporation.

Editorial 2010. Assessing assessment. Nature, 465, 845.

Geels F W., & Smit, W A. 2000. Failed technology futures: pitfalls and lessons from a historical survey. Futures, 32(9-10): 867-885.

Goodwin P., & Wright, G. 2010. The limits of forecasting methods in anticipating rare events. Technological Forecasting and Social Change, 77(3): 355-368.

Grupp H., & Linstone, H A. 1999. National technology foresight activities around the globe-Resurrection and new paradigms. Technological Forecasting and Social Change, 60 (1): 85-94.

Hsieh C. 2010. Explicitly searching for useful inventions: dynamic relaatedness and the costs of connecting versus synthesizning. Scientometrics.

Illinois Institute of Technology. 1969. Technology in retrospect and critical events in science. Chicago: The Illinois Institute of Technology Research Institute.

Jaffe A., & Trajtenberg, M. 2002. Patents, Citations & Innovations: The MIT Press.

Kaplan A., Skogstad, A L., & Girshick, M A. 1950. The Prediction of Social and Technological Events. Public Opinion Quarterly XIV: 93-110.

Laudel G. 2006. The Art of Getting Funded: How Scientists Adapt to their Funding Conditions. Science and Public Policy, 33 (7): 489-504.

MacLean M., Anderson, J., & Martin, B R. 1998. Identifying research priorities in public sector funding agencies: Mapping science outputs on to user needs. Technology Analysis & Strategic Management, 10 (2): 139-155.

Martin B R. 1995. FORESIGHT IN SCIENCE AND TECHNOLOGY. Technology Analysis & Strategic Management, 7 (2): 139-168.

Martin B R. 2010. The origins of the concept of 'foresight' in science and technology: An insider's perspective. Technological Forecasting and Social Change, 77 (9): 1438-1447.

Meyer M. 2000. What is special about patent citations? Differences between scientific and patent citations. Scientometrics, 49 (1): 93-123.

Miles I. 2010. The development of technology foresight: A review. Technological Forecasting and Social Change, 77 (9): 1448-1456.

Narin F., & Olivastro, D. (1992). Linkage between technology and science. Research Policy, 21: 237-249.

Pimentel G.C. 1985. Opportunities in Chemistry. Washington, DC: National Academy Press.

Rowe G., Wright, G., & McColl, A. 2005. Judgment change during Delphi-like procedures: The role of majority influence, expertise, and confidence. Technological Forecasting and Social Change, 72 (4): 377-399.

Saka, A., Igami, M., & Kuwahara, T. 2008. Science Map 2006: Study on Hot Research Areas (2001-2006 by Bibliometric Method: National Institute of Science and Technology Policy (NISTEP).

Singh J. (2004, January 9). Social networks as determinants of knowledge diffusion patterns. Retrieved March 24, 2004, from http://www.people.hbs.edu/jsingh/academic/jasjit_singh_networks.pdf

Sorenson O., & Fleming, L. 2004. Science and the diffusion of knowledge. Research Policy, 33 (10): 1615-1634.

The Science Coalition. 2010. Sparking economic growth: How federally funded university research creates innovation, new companies, and jobs: The Science Coalition.

Tichy G. 2004. The over-optimism among experts in assessment and foresight. Technological Forecasting and Social Change, 71 (4): 341-363.

Wasserman S., & Faust, K. 1994. Social Network Analysis: Methods and Applications: Cambridge University Press.

Westheimer F H. 1965. Chemistry: Opportunities and Needs. Washington, DC: National Academy of Sciences.

5 觅食

在科学发现中找出具有创新性的想法就像是觅食。觅食者找寻食物的过程其实是一个非常有创造性的过程。最优的觅食策略，需要考虑时间、体力或其他资源的投入风险，而且要承担预期收益的不确定性。如果觅食者有大量选择，但仅有很小的概率能够找到真正的食物，那么觅食者就会对气味、体征和其他类型的信号非常敏感，以尽量减少没有意义的无效搜寻。科学家，作为知识的觅食者和创造者，其实也面临着同样的挑战，只不过他们要找的是一个新想法、新理论或者科学争论中的一个新证据。而在科学上突破性和革命性的发现都是思维方式上的创新，因此，这就涉及需要对超越当前前沿的全新科学知识的识别。例如，在宇宙中寻找类地行星，在化学世界中寻找可用作药物的化合物，或者"寻找"一个新的想法，从而彻底地改变一个领域乃至导致一个新领域的诞生。

最优觅食理论为寻找食物、信息、观点提供了一个坚实而普适的理论基础，它点明了人们在决策时的本质和意图，即最大限度地提高所获收益与所付出的成本之比。所获收益可以是觅食者想要的食物，信息搜索员想要的信息，情报分析员想要的证据，或者科学家想要的思想灵感。付出的成本则包括寻找追求过程中消耗的能量，搜索时所花费的时间，以及那些看似正确的错误发现。最优觅食视角下的发现理论包含了进行创造性发现的通用机制。由此我们假设，构建之前没有联系的或者是联系松散的知识单元之间的连接，是进行科学创造的根本要义。同时我们也相信，革命性的科学进展是可以通过观察它们对现有知识结构的改变而识别和检测出来的。

5.1 可视化分析的信息理论视角

在对"9·11"恐怖袭击事件的调查中，我们面临这样的一个挑战，那就是情报部门能否把各种分散的信息相互联系起来从而发现并防止恐怖袭击的发生（Anderson et al., 2005）。例如，调查中发现，在"9·11"恐怖袭击事件发生之前，有多名外国人就读于民航飞行学校学习如何驾驶大型民航飞机；不过，他们只对学习如何导航感兴趣，对着陆或起飞则不感兴趣；他们用现金而不是信用卡支付课程费用。将这些看似孤立的信息联系起来，就有可能揭示其背后隐藏的故事。但是，我们需要怎样的理论和方法来将这些信息关联起来呢？

《纽约客》上曾发表过一篇有趣的文章，作者格拉德威尔（Gladwell）利用安然公司破产的故事将"谜"（puzzles）和"秘"（mysteries）进行了区分（Gladwell，2007）。他说，"解谜"需要的是准确而具体的信息，而"揭秘"需要的是提出正确的问题。将散乱的信息联系起来，更像是揭秘而不是解谜。揭秘是可视化分析推理中所面临的最具有挑战性的问题之一：也许所有我们所需要的信息都摆在面前，但是我们却一团乱麻、不明就里，这时候，能否提出一个正确的问题是接下来打开局面的关键。

在许多调查中，比得出最终答案更重要的是，分析人员和决策者能否理解和理清整个复杂的局面，从而做出最明智的决策。我们需要的应该是一个可视化分析的通用框架，它应该基于信息论，并包含相关的分析方法和技术。接下来，我们将通过几个例子，了解如何通过一个这样的框架来帮助我们分析问题和进行推理。

在信息论中，一个消息所携带的信息值等于在收到消息之前和之后的信息熵之差。信息熵是宏观上测量不确定的一种指标，可以定义为各种分布的可能性或概率值。信息论方法中的一个主要函数，就是信息指数，即信息离散度，如广为人知的库尔贝克-莱布勒离散度（Kullback-Leibler divergence）（Kullback & Leibler，1951），就是一种基于信息熵的分布离散度的测度指数（Soofi & Retzer，2002）。相对于概率分布 P 的概率分布 Q 的库尔贝克-莱布勒信息离散度的计算公式是

$$\text{Divergence}_{K\text{-}L}(P:Q)=\sum_i P(i)\log \frac{P(i)}{Q(i)} \quad (5\text{-}1)$$

假设 P 是实际的分布，那么没有使用 P 而使用了 Q 所造成的信息损失就可以用 K-L 离散度来表示。信息熵可以看作是与均匀分布之间的离散度。这与把信息熵看作是对不确定性或者说不均匀性的测度的通常解释是一致的。

K-L 离散度的另一种解释是，在不用基于真实分布的编码方案的情况下进行消息传输时，通信中的期望额外消息长度。在计算机科学中，某个对象（object）的柯尔莫哥洛夫复杂性（Kolmogorov complexity），也被称为算法的熵或程序的大小复杂性，测量的是指定该对象所需要的计算资源量。

在宏观和微观层面上对信息进行整合和解读，是可视化分析的关键。人类善于发现宏观的规律和奥秘，但如果要他们处理微观属性和关系，他们常常就无能为力了。而信息论方法和技术对于可视化分析的价值恰恰在于，它们可以用各种各样的方式，从微观和宏观层次上，对信息进行分解和聚合。例如，通

过统计学的方法，对问题进行的分解和分析。信息论分析方法为研究复杂局面下的不确定性、信念和证据提供了一个统一的研究基础。

下面的一组例子是从一般信息论的视角展开的。虽然它们本身不一定是可视化分析问题，但它们代表了分析推理上一些重要挑战。我们的目的是，了解信息论方法和技术如何使我们通过关注信息模式来引出可能真正重要的问题。

5.1.1 信息觅食和调查研究

调查研究（sensemaking）是分析推理的一个重要组成部分。意义构建通常包括两个积分和迭代的子过程：信息觅食和意义建构。下面的例子将展示，如何从信息论的角度来定义信息觅食和意义建构的过程。

信息觅食理论是信息觅食者搜索行为的一个预测模型（Pirolli，2007）。在这一理论中，信息环境由信息簇（patches of information）组成，信息觅食者在觅食时从一信息簇移动到另一个信息簇，就像动物界中捕食者寻找猎物的过程。该理论的提出是为了回答如下问题：信息觅食者如何选择要分析的信息簇？影响他们决定花多少时间来分析各信息簇的因素是什么？

信息觅食理论是建立在这样假设之上的：人们会不断修正搜索策略，比如通过对信息环境的资源重组，以使收益或投入产出比最大化。投入的资源通常包括搜索和分析信息簇所花费的时间。产出包括找到相关信息的收获。用户或信息觅食者往往遵循收益最大化的路径进行搜索。信息踪迹（information scent）是关于信源（information source）的价值、成本或访问路径的一些可被感知的信号。在可能的情况下，人们通过信息踪迹来估算一个斑块的潜在收益。

信息觅食理论的优势在于它自身的适应性和可扩展性，它提供了一个可以从微观和宏观层次上对行为模式进行解释的定量框架。例如，在"9·11"事件中，能否将劫机者在飞行学校中的分散行为信息连接起来取决于相关信息踪迹的广度和强度（Anderson et al.，2005）。现在的问题是分析人员要从哪里入手，才能得到正确的信息线索。绘制图5-1的初衷并不是信息觅食理论，但该图直观地展示了收益最大化原则。网络连接密度刻画了各信息簇的界限，颜色和形状给出了各信息簇的信息踪迹，如平均年龄和引文热度。这些踪迹将帮助用户找到下一步需要进行深入探索的信息簇。

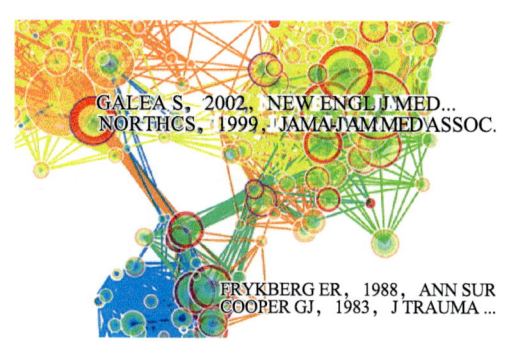

图 5-1 共被引文献的三个聚类可以看作是三个信息簇。这三个簇都是关于恐怖主义的研究。每个簇中用标签标注的文章提供了该簇的信息线索。簇的颜色标明了该连接的时间，即该踪迹的新鲜程度。引用年轮的大小表示引用热度的信息

从信息论的观点来看，信息踪迹只有当其与信息觅食的大背景联系起来的时候才有意义。信息觅食的背景包括：搜寻目标是什么，分析师的知识结构是怎样的，环境变量有哪些，等等。可以说，信息论和意义建构中的各种分析任务之间存在一个更深层次的联系，下面一个例子将告诉我们，如何应用信息论方法来研究政治选举中的不确定性和影响因素。

对于选民来说，在政治选举中把选票投给谁其实是一个非常复杂的解读和推理过程。选民需要解读海量信息，辨别政治立场，听取不同意见，了解最新证据，并最终做出宏观决策。信息论方法为解决这些问题提供了一个有效的一般策略，即在政治选举中，选民的投票取决于候选人在各种政治问题上的立场，以及选民自己对候选人立场的解读（Gill，2005）。

研究者最感兴趣的是，候选人政治立场的不确定性对于选民所产生的影响。从信息论的角度分析，候选人在诸多有争议的问题上的立场，可以用一个概率分布函数来表示。背后的真实分布是不知道的。选民的不确定性，可以用样本偏离于真实分布的值来测量。在对1980年美国总统大选的一项研究中，巴特尔斯（Bartels）发现，选民通常都不喜欢不确定性（Bartels，1988）。

在对1994年国会选举的一项研究中，吉尔构建了一个综合指标来测量候选人和政治话题的不确定性，基于的数据是选民对每一个政治话题的确定性（分成三个级别）的自我调查（Gill，2005）。这项研究分析了1795名受访者的答案，主要的政治话题包括犯罪、政府支出和医疗保险等。结果表明，只有当持有的立场不与大多数选民的立场完全对立时，那么有着坚定立场的政治家们就更容易胜出。

不确定性除了对个人有影响，对于党派也是一样。例如，犯罪问题一直是近几十年来美国共和党竞选的核心话题。研究发现，哪个共和党候选人要是在这个问题上含糊不清，几乎可以肯定会失分（Gill，2005）。这个例子表明，信息论方法为有关复杂的推理决策过程的信息不确定性问题的研究，提供了一个非常灵活的工具。

5.1.2 证据和观念

当新的信息出现时，我们就会重新检视我们的观点。例如，生理学家会进行各种测试来验证他们的专利技术，通过对测试结果的解读，决定是否还需要进行更多的测试。在换届选举中，选民通过提问来判断候选人的政治立场，以减少或消除投票时的不确定性。贝叶斯推理方法就是一种分析证据并得出观点的常用方法，被广泛应用于各应用领域，从通过对女性乳房的 X- 射线检验来判断其患乳腺癌的概率，到从电子邮件中区分出垃圾邮件。

经常提到的一个应用贝叶斯推理的成功例子是搜索 USS 蝎子号核潜艇。1968 年 5 月，USS 蝎子号从海上失踪。在经过大范围的搜索之后，蝎子号依旧没有找到。由于不知道其失踪前的位置，这无疑是一次特别具有挑战性的搜寻。后来，搜寻工作遵循贝叶斯搜索理论展开，具体采取的步骤如下：

（1）假定失踪对象在某个位置；

（2）基于该假设，构造失踪对象位置的概率分布；

（3）构造在某位置找到失踪对象的概率分布；

（4）将两个分布结合起来形成一个新的概率分布，并使用这个分布来指导搜寻；

（5）从具有最高概率的区域开始搜寻，然后再寻找下一个最高概率的区域；

（6）随时根据搜寻结果利用贝叶斯定律修订概率分布。

在这次蝎子号的搜寻中，分别找到一些经验丰富的潜艇指挥官们在彼此隔离的状态下给出蝎子号下落的猜测。搜寻从概率最高的区域开始，随后转移到下一个概率最高的区域。各网格的概率分布随搜索的进度随时根据贝叶斯定律进行修正。1968 年 10 月，蝎子号终于在 10 000 多英尺[①] 深的水底被发现，其位置距离贝叶斯搜寻所给出的位置相离不到 200 英尺。

---

① 1 英尺 =0.3048 米

贝叶斯方法使搜索者可以估算出各区域的搜索成本，让搜索者随时根据修正后的结果来调整搜索的路径。这种自我调整战略，类似于我们前面提到的收益最大化的信息觅食理论。搜索战略的不断修正，使得各区域的概率分布变成了它的信息踪迹。贝叶斯搜索方法是一种可以帮助我们分析和解决这类难题的好方法。

如果把利用可视化分析的方法进行"揭秘"的过程，类比为在草堆里找针的话，那么可视化分析中所关注的那些"针"往往非常不显眼，它们已与周围的环境融为一体。人类其实不擅长识别和区分那些只有细微差别的东西。为了找到这些不显眼的"针"之间的联系，分析师需要借助专门的工具在大量不同的群体中找出离异值和奇异值。正是为了捕捉不同分布之间的差异，人们设计了各种信息指标。下面的例子将展示如何使用此类信息指标来检测视频中的特殊事件。

5.1.3 显著性和新颖性

信息的显著性和新颖性是可视化分析中关注的两个基本属性。显著性特征或模式是指信息在感知上、概念上和／或语义上比较突出，而新颖性则是指信息的独一无二性。前者就像是天际线上醒目的地标，而后者则是指那些设计上与众不同的建筑。虽然人类可以轻而易举地找出那些视觉上显著或新颖的东西，但是对于计算机来说，这却是一个极大的挑战，因为这些特征只在宏观而不是微观层面上呈现。对于可视化分析来说，一个根本性的挑战是如何找出这些显著性和新颖性的特征并用语言描述它们，从而方便进行分析和推理。

从信息论的角度来看，显著性可以被定义为语义和／或视觉特征空间上的统计奇异值，而新颖性则可以定义为该空间上沿某维度（如时间维度）的统计异常值。

基于显著性和新颖性特征，伊蒂（Itti）和派尔迪（Paldi）开发了一个可以检测出视频中的特殊事件的计算机模型（Itti & Baldi, 2005）。在该模型中，找出那些特殊的镜头的问题被转化成一系列负责测量在两个画面中观点改变的数据及函数。一个人的观点从之前的分布 P（Model）转化成 P（Model|Data），前后分布之间的差异用相对熵（如 K-L 离散度）来测量。特殊性定义为现有的一组模型相对于之前分布的 log-odd 比的平均值。K-L 值越高，检测值的差异性越大。在这个视频检测的例子中，由计算机模型识别出来的特殊事件与人类肉眼所识别出来的特殊事件拟合得很好。

本章后面还会讨论一个在恐怖主义的文献中识别出具有显著性和新颖性的研究主题的例子。在该例子中，既可以识别出那些高调的主题，也可以识别出那些低调的主题。

特殊是特一般场景之殊，同样，创新也是在一个具体环境中的创新。一个想法在某个群体中是微不足道或众所周知的，但在另一个群体中却可能是非常引人注目的创新。然而，在我们目前所处的这个纷繁纷扰的信息社会里，我们到哪里去寻找这些创造性的想法呢？基于结构洞概念模型的社会资本理论可以用来解决这个问题。

5.1.4 结构洞和中介

结构洞是社会网络的拓扑属性之一。按照博特（Burt，2004）的理论，结构洞是指社会网络中各组群之间缺失的连接。在组群的中心，连线一般非常多，而在结构洞中，连接则变得很少。由于信息的流动只能经由结构洞中的几个具有战略地位的关键人物来传递，找出网络中的结构洞就有着重要的应用价值。

结构洞中所蕴涵的机会给了人们美好的希望。组群内部的人更喜欢那种不寻常的连线和渠道，因为这可以给他们更多的选择。而可供选择的渠道越多，最终选出的渠道就越好。

博特给出了四种不同级别的中介者（brokerage）方式，从易到难分别是：增加结构洞两侧的人们之间的互相了解，增进彼此双方的共识；传递两个组群间的最佳实践（best practice）；找出看似彼此无关的组群之间的相似点；汇总两个群体的想法和做法。

博特发现，的确是那些与中介者相关的连接更有可能转换成好的想法。

将信息觅食理论和结构洞理论结合起来，或许可以让可视化分析更为有效。构建结构洞中的连接主要针对的是信息踪迹丢失或无法得到的情况。结构洞理论还可以为寻找潜在的信息密集的路径提供指导。考虑图 5-1 所示的三个明显的聚类，以中介构建为导向的角度侧重于建立不同聚类之间的联系，对聚类间连接的这种强调为我们提供了一个更高的视角，以对不同的个体进行划分。例如，在恐怖主义研究中，最早的研究主题是关于身体伤害的，此后的主题集中在医疗保健和应急反应方面，最近的主题则侧重于心理和精神疾病。在较高的视角上，研究主题从一个主题转移到另一个主题的过程可以看得非常清晰。同时，一个整体和宏观上的理解给了我们一个合适的背景和参照，以判断和检测哪些信息是常见的，什么是不常见的。而要想了解从整体上研究恐怖主义，就需要了解这些主题是如何相互关联的。在这里，整体大于部分之和，而信息论的观点为我们带来了整体和宏观层面的理解。

5.1.5 信息内容的宏观视角

下面的例子将展示如何利用信息论的方法来分析高调的主题模式和低调的主题模式。

信息熵是用来测量大规模动态系统中信息不确定性的大小及其波动性的一个综合指标。图 5-2 显示了恐怖主义研究的信息熵在过去 18 年中（1990 年到 2007 年上半年）的变化趋势，每年的信息熵是基于文献的关键词而计算得到的。更具体地说，是基于对整个时间段的累积词汇量的回溯计算而得到的。两个连续而陡峭的熵增曲线用红色粗体线条标出，分别对应于 1995～1997 年和 2001～2003 年两个时间段。信息熵的陡增传递了一个强烈的信号：恐怖主义研究的整体图景一定发生了根本性的变化。值得一提的是，这些阶段是无法借助于关键词数量（去除重复值）变化而被识别出来的。而信息论视角的独特优势是，它可以忽略那些令人头疼的对大量微观细节的分析，而直接识别出那些浮现出来的宏观特征。从信息觅食的视角来看，这两个阶段的信息踪迹非常强烈。微观层面的分析显示，它们分别与 1995 年俄克拉荷马市（OKlahoma City）的爆炸案和 2001 年的"9·11"恐怖袭击事件有关。

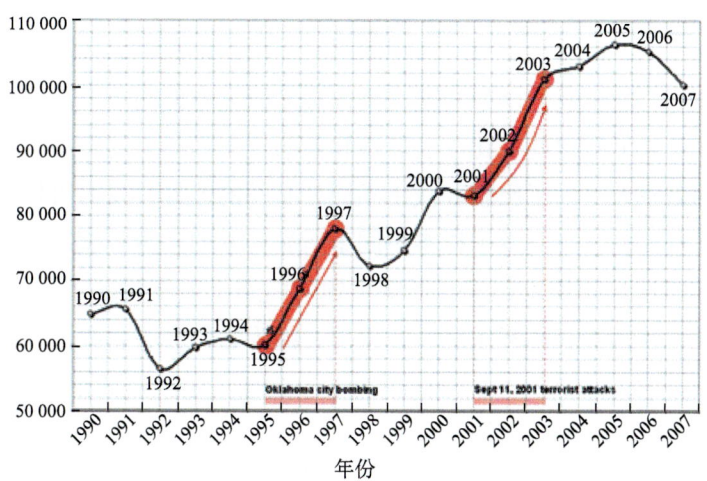

图 5-2 恐怖主义研究文献的信息熵（1990 年到 2007 年上半年）。两个陡峭的上升曲线分别对应着 1995 年的俄克拉荷马市爆炸案和 2001 年的"9·11"恐怖袭击事件

资料来源：Chen, 2008

信息指数是比较不同年份之间的相似程度的指标。图 5-3 用 3D 面积图显示了不同年份分布的 K-L 差异。红色区域表示海拔较高，代表两年之间研究问题的差异性越大。蓝色区域表示海拔较低，意味着近三年的研究比前几年更为相似。

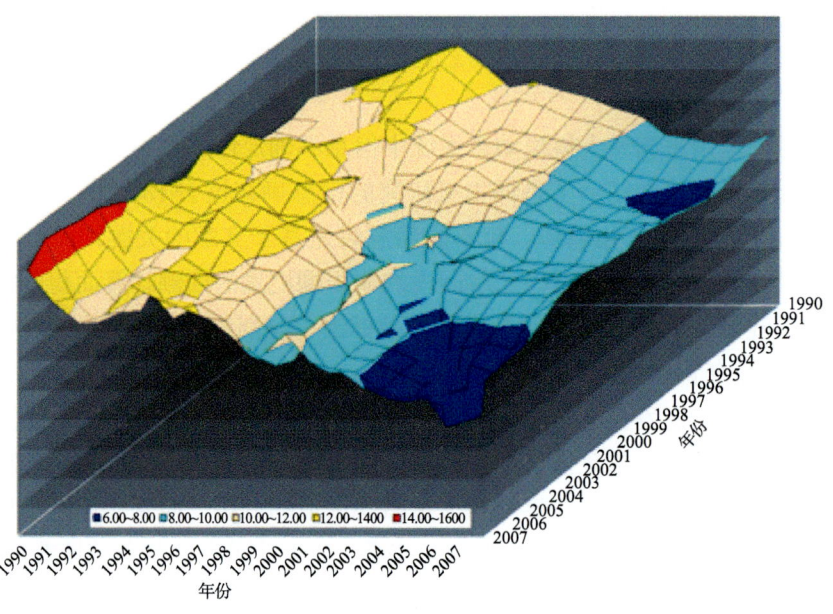

图 5-3　相对熵的对称矩阵显示了不同年份之间所用主题词的差异。不同颜色的区域表示相关研究主题的不断变化。可以看出，最近几年的研究是相似的

信息论技术不但提供了解决宏观问题的手段，也提供了在微观上分解和分析问题的方法。由于我们已经知道在恐怖主义研究中有两个不同时期发生了突变，接下来就要了解这些变化在显著性和新颖性方面具有的特征。不同分布导致的熵变相差不大。为了比较和找出不同分布间的差异，我们可以使用信息论指标，如信息偏差，来测量子样本不同于所属样本的差异程度。高频主题词可以很容易地通过词频识别出来，低频主题词则属于主流关键字之外的离群值。然而，低频主题其实和高频主题同样重要，因为它们会告诉我们一些尚未了解的新东西。

信息偏 $T(a{:}B)$ 的定义是

$$T(a{:}B) = \frac{1}{p_a} \sum_b p_{ab} \log_2 \frac{p_{ab}}{p_a p_b} \qquad (5\text{-}2)$$

$$T(a{:}B) = \sum_b p_{b|a} \log_2 \frac{p_{b|a}}{p_b} = -\sum_b p_{b|a} \log_2 p_b - H_a(B) \qquad (5\text{-}3)$$

其中，a 是一个样本 B 的一个子样本。p_{ab}，p_a，p_b 和 $p_{b|a}$ 分布是概率和条件概率。$H_a(B)$ 是 B 在子样本 a 中的条件熵。我们分析了一个给定关键字的分布，以及其与关键词的整个分布空间的比较。

图 5-4 说明了如何同时对可视化图谱中的高频和低频模式来进行解读。在图 5-4 的网络中，包含了 1995 年、1996 年和 1997 年出现的关键词，对应于恐怖主义研究中阶段一的突变。高频的图案用黑色进行标记，而低频的图案用暗红色进行标记。高频的图案可以帮助我们了解恐怖主义研究在这一段时间里的主要研究主题，如"恐怖主义""创伤后应激障碍""恐怖爆炸事件""爆炸超压"等。后面的两个与俄克拉荷马市爆炸事件密切相关，而"创伤后应激障碍"而与该事件不直接相关。低频的图案包括"回避症状""早期入侵""神经病理学"等。这些与其他关键词相比是不常见的。这些关键词一旦确定，分析者就可以进一步调查并进行判断，例如，检查这个意料之外的主题是否是第一次出现，或者检查一下这个导致系统出现不确定性的新图层是否更有意义。

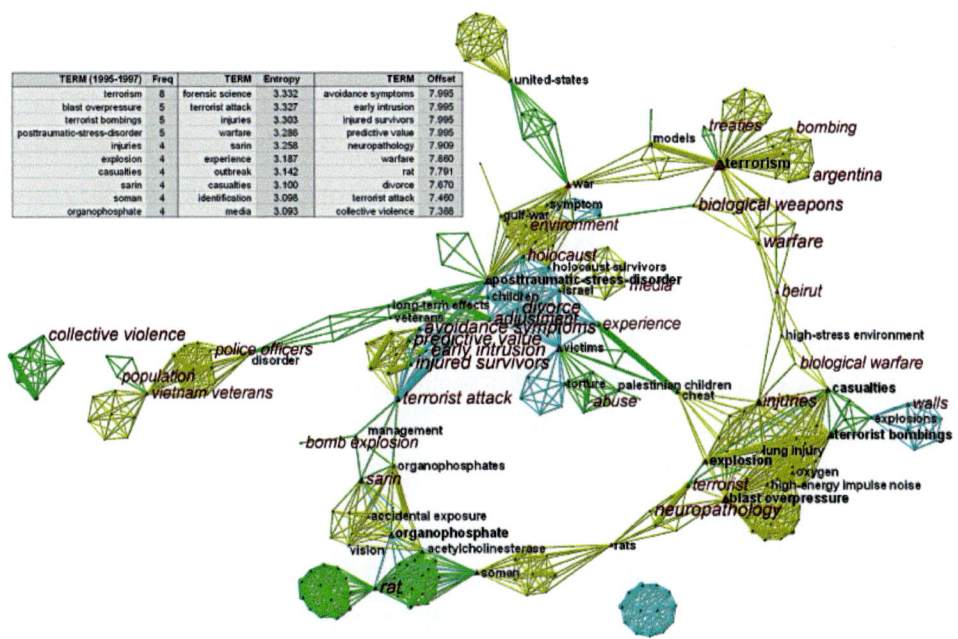

图 5-4　恐怖主义研究文献（1995～1997 年）的关键字网络。以黑色显示高频图案，而信息偏所识别出的低频图案则用暗红色表示

在可视化分析中，开发一整套可以在数据转换和分析过程中测量数据的质量、可靠性和确定性的方法和原则，是这类研究的关键一步（Thomas & Cook,

2005）。这里所展示的每一种方法都在各自的领域得到了广泛的应用，其中一些方法已经应用于可视化分析。然而，对相关的理论、策略和技术集中进行介绍，并将其整合成一个统一而又多元的信息论研究视角，对于可视化分析的理论和实践具有重要的推动作用。

在本章的开头，我们强调了问一个正确的问题是将各分散结点联系起来的关键。上面的各个例子展示了如何用各种不同的方式来寻找结点、解读结点和区分结点，这里面有宏观的方法，有微观的方法，有不同抽象层次的方法。信息论的研究视角为我们提供了一个可能的有效框架，来解决不确定性的分析推理、多来源证据的汇总综合，以及对于复杂多样的海量信息的系统而宏观的解读理解等问题。信息论的视角有助于进一步促进可视化分析的发展，并与其他方法一起，增加我们的分析推理能力。

5.2 转折点

已故的社会学家默里·戴维斯（Murray S. Davis）提出了有趣的见解：为什么我们对某些（社会学）理论感兴趣，而对其他的不感兴趣（Davis，1971a）。虽然他只研究了社会学中的理论，但这一见解是放之四海而皆准的。戴维斯认为，"一个理论正确与否与它的影响是没有直接关系的，因为它即便有争议——甚至被证明是错误的，人们仍然可能觉得这个理论非常有意思"。一个理论只有当它在某种程度上否定了某些假设和信念，对人们来说才是有趣的。如果一个理论虽然正确但太过于超前，超出了人们的预期，人们反而会对它失去兴趣。一个理论引人注意或许不是因为它是正确的、有效的，而是因为它改变人们的观念。

5.2.1 有趣度的指标

有趣的东西就是吸引人们注意力的东西。戴维斯想要引领我们的问题是：在注意力被有趣的东西吸引去之前，它在哪儿？在被吸引之前，大多数人的注意力是放空的，他们熟视无睹，一切事情都看似是理所当然的。哈罗德·加芬克尔（Harold Garfinkel）称这种低注意力的状态为"日常生活中的循规蹈矩和熟视无睹"（Garfinkel，1967）。因此，如果说某些事情很有趣的话，它必须不同于这个"熟视无睹的世界"，它必须有别于大多数人认为理所当然的事情。最低限度，这个新的理论必须推翻了之前人们认为理所当然的东西，如一个命题、假设或常识。

在大西洋举办的 IEEE VisWeek 2009 会议上，一个主讲嘉宾告诉观众如何去讲述一个动人的故事。他的模板是这样的：从前有一个英雄，英雄想要一样东西，但是无法得到他想要的东西；英雄更加想要这个东西；最后英雄人物想出了一个出乎意料的办法得到了这个东西。一个有趣的理论和一个生动的故事在某些方面是相通的。两者都与我们对那些意料之外的事情的好奇心有关。

戴维斯指出了如果去撰写一个有趣的理论：①作者需要先对那些被读者们想当然的假设做出总结；②从中选取一个或多个假设发起质疑和挑战；③找出了一个精心准备的案例证明读者们之前的想法是错误的，同时提出一个新的更好的观点取而代之；④最后指出新观点的现实意义。

戴维斯发现，有趣本质上可以用事情"看起来如何"和"实际上如何"之间的辩证关系来解释。用他的话说，通过我们的感官体验到的现象的表象是唯象论的，而现象的内在特征则是本体论的。因此，一个有趣的理论是要说服读者某个现象虽然看似如此其实并非如此。他给出了 12 个逻辑类别，对应于不同的辩证关系（表 5-1）。

表 5-1 想当然的假设和实际的结论之间的辩证关系

现象	逻辑类别		辩证关系			
单一	组织	(Organization)	结构化	(Structured)	非结构化	(Unstructured)
	构成	(Composition)	粒子的	(Atomic)	合成的	(Composite)
	抽象	(Abstraction)	个体的	(Individual)	整体的	(Holistic)
	普遍	(Generalization)	具体的	(Local)	普适的	(General)
	稳定	(Stabilization)	稳定的	(Stable)	不稳定的	(Unstable)
	功能	(Function)	有效的	(Effective)	无效的	(Ineffective)
	评价	(Evaluation)	好评的	(Good)	坏评的	(Bad)
多元	相关	(Co-relation)	共生的	(Interdependent)	独立的	(Independent)
	共现	(Co-existence)	共现的	(Co-exist)	不共现的	(Not co-exit)
	共变	(Co-variation)	积极的	(Positive)	消极的	(Negative)
	对立	(Opposition)	相似的	(Similar)	相反的	(Opposite)
	因果	(Causation)	独立的	(Independent)	依赖的	(Dependent)

5.2.2 普罗透斯现象

普罗透斯（Proteus）是希腊神话中的海神，他可以随心所欲地改变自己的形状。普罗透斯现象指的是在论文发表后那些很快出现的相互对立的评价。有争议的结果很容易引起研究者和期刊编辑的注意。安尼迪斯（Ioannidis）等发现了一个有趣的现象，那些极端的、对立的结果一般出现较早（Ioannidis & Trikalinos, 2005）。通过对 Medline 数据库中对遗传学协会的研究的分析与科克兰图书馆（Cochrane Library）中医保调查的随机试验分析，他们调查了对于同一问题的不同研究之间的差异性是如何随时间变化的，如最极端的研究结果在哪个阶段更容易出现。结果发现，在遗传学协会的研究中，有 44 个案例是在早期出现了研究差异性的最大值；在医保调查的案例中，这样的案例数是 37 个。在遗传学协会的研究中，研究间的差异性随时间而不断降低（统计学显著），如图 5-5 所示。截止到 2010 年，这篇 2005 年的论文已经被引超过了 330 次。

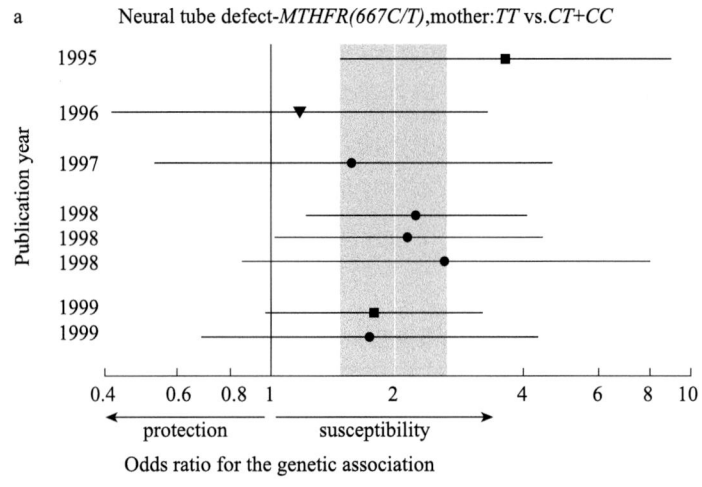

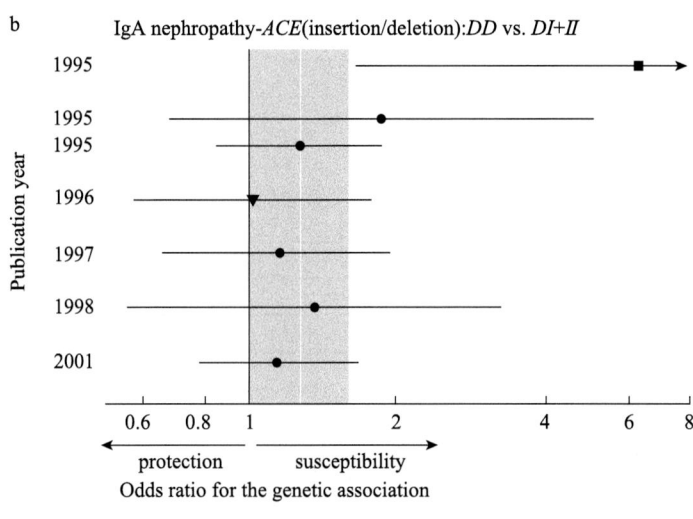

图 5-5　随时间降低的波动曲线

5.2.3 科学变革的概念

科学哲学、科学社会学和科学史研究中都有科学变革（scientific change）本质的相关研究。对这一问题的定量研究则可见于科学计量学、引文分析和信息科学的一般领域（Chen，2003；Heinze & Bauer，2007；Heinze et al.，2007；Hummon & Doreian，1989；Small & Crane，1979；Sullivan et al.，1980；Wagner-Dobler，1999）。科学文献已经逐渐成为这类研究的最重要来源之一。社会网络分析和复杂网络分析的方法也提供了重要的研究视角（Barabási et al.，2002；Newman，2001；Redner，2004；Snijders，2001；Valente，1996；Wasserman & Faust，1994）。

很显然，科学发现有重要发现和一般发现之分（Bradshaw et al.，1983；Simon et al.，1981a）。为了得到最终的结论，人们需要一整套科学发现的理论，使用统一的概念框架和一致的分析视角，来描述各种不同的科学发现。此外，针对科学发现的具体案例，还可以从多个不同的角度进行研究。例如，从哲学角度对某个科学革命的认识不同于从社会学角度对其的认识。即使都是从哲学视角来研究同一个科学革命，在外行人看来也可能是各说各话。网络演化的统计模型，已被用于识别科学网络的统计和拓扑性质。然而，这样的属性虽然普遍适用，但并不容易进一步解释科学网络中的科学家们的具体行为方式。动机、决策和对这些属性的解释常常是脱节和无关的。因此，我们需要一种理论，不仅可以识别科学网络的统计和拓扑性质，而且可以给出一种实际的驱动机制，来对科学家们的行为模式进行激励。

有许多不同类型的理论，包括描述性的、解释性的、创生性的、预测性的和规范性的（Bederson & Shneiderman，2003）。一个简单的、描述性的、解释性的、创生性的科学发现理论，最好是基于发现的一般机制。这种一般机制本质上是创生性的，因为科学家和计算机仿真算法需要能效仿这种机制。我们对我们的新理论有如下的期望：首先，它应该能够帮助我们尽早地认识到新发现的意义；其次，它应该能够帮助我们尽可能多地寻找到潜在增长领域；最后，它应该能够帮助我们在一个一致和统一的框架内解释知识的创造和扩散。

科学哲学中的科学变革理论、科学变革的社会学理论、创造性思维的社会学理论，以及信息觅食理论的文献，最终融合到一个不变的主题。这个不变的主题就是，洞察力、创造性思维和革命性的科学发现都得之于中介构建及领域交叉的研究机制。

在这个不变的主题的基础上，我们构建了一个简单的科学发现理论，来解释为什么革命性的科学研究通常来自这种中介构建的机制。人们可以从理论的基本原则中得出许多有趣的猜想，包括那些引文网络和共引网络中的结构属性和时间属性。我们尤其要展示利用领域交叉的范式，这一理论可以大大减少文献中需要研究的变量。

5.2.4 专业同行和科学变革

专业同行（specialty）是研究科学变革时的一个关键概念。同行是指经过类似的专业训练，参加同样的会议，阅读和引用相同的文献的研究人员和从业人员（Fuchs，1993）。关于专业同行的研究文献有很多（Chubin，1976；Fuchs，1993；Morris & Van der Veer Martens，2008；Mullins et al.，1977；Small & Crane，1979）。例如，马林斯（Mullins）等使用调查问卷的方法，研究了共被引聚类中的作者群（Mullins et al.，1977）。结论表明，共被引聚类的确可以表示知识的结构，而作者共被引聚类的确可以表示社交群体。对科学共同体结构的复杂网络分析中也涉及对作者共被引网络的研究（Girvan & Newman，2002）。这些发现对于基于共被引网络来研究科学变革，提供了重要的经验和基础。

专业同行结构的变化是科学变革中的一个核心问题。有研究表明，在很多学科中，重大的变革往往起源于小的学术专业团体（Griffith & Mullins，1977）。库恩（Kuhn，1962）发现，新的范式的出现通常源自于"在一个危机四伏的领域里来了一批年轻人"。克兰（Crane，1969）也发现，对独创性的渴望，促使科学家愿意与其他领域的科学家保持联系，了解其他领域的工作，激发新的思路。这一观察指出了一个有趣的现象，即许多重大的科学发现往往本质上是受了外部的影响和启发，或者是从研究专业的非核心领域着手发现的。这也印证了库恩早前的观察。

克兰的观察可以看作是社会学家博特所说的"结构洞"的社会资本的一个具体例子（Burt，1992，2001，2004）。结构洞是在社会结构中的空白地带。按照博特的结构洞理论，社会网络中的结构洞是在联系紧密的人际关系中的无连接或连接松散的地带。结构洞的存在可能会影响节点在社会网络中位置的重要程度，一些节点变得比别的节点具有更高的特殊性和竞争力。因此，一个人在社会网络中的价值，也就等同于他在连接由于结构洞而分开的两个群体时所起的作用。有潜力作为群体间中介连接的人称为中介人或看门人。因为他们的中介作用，中介人可能获得更好的评价、更高的报酬及更快的晋升。造成这差别的根本原因是，群体内的信息比较一致，而群体间的信息则更为多元。中介人的特殊性在于他们所处的位置恰好可以获取更大范围群体的不同信息。在下面的章节中我们将论述，中介的作用不仅在于连接社会网络，还在于它也是导致重大科学变革和科学发现的一个重要来源。

科学理论变革的过程不仅属于哲学范畴，也属于历史范畴。布拉什（Brush）调查了物理学史的一些案例，他想知道科学家们是否更重视预测新的事物，而不是对已知事实的解释。结果表明，虽然存在因为成功地预测了新事物而使得理论被接受的案例，但没有充分的证据表明科学家更喜欢预测（Brush，1994）。有时候，预测成功并没有导致理论被接受，而没有预测成功相关理论却被接受了。没有案例表明理论是因为成功地预测了某个新现象而被接受的，或者因为现象是众所周知的理论就不被接受。布拉什进一步研究预测对理论是否被接受的影响，他选取了包括宇宙大爆炸 vs. 稳态宇宙学，月球的起源，引力光线弯曲，汉内斯·阿尔文（Hannes Alven）的等离子体物理等案例进行研究（Brush，1995）。分析发现，预测被证实或许可以"佐证"理论假设，但只在那些"用论文投票"的科学家的意识深处。佐证"只是使这个假设比一个还没有被证实的假设更值得研究"，因此"这个假设在论文量上会有一个显著的增加（正如那些选取的案例中所表现的那样）"。

可以利用数学的方法对科学发现进行预见（Goffman & Harmon，1971）。这种方法基于一种四态的马尔可夫链发现模型。在这个概念模型中，发现被比作将信息按照一定的顺序进行排列的过程。这套模型是根据符号逻辑领域的专家指定的规范进行构建的。科学发现本身被比作为有序信息，如一个图案。四个状态按照其是否充分和是否有序进行了定义。在状态Ⅰ中，信息是不足的和无序的，这一阶段的问题是获取信息，而不是对其进行排列。单靠观察不足以构建图案。在状态Ⅱ中，信息是不足的，但是可获取的信息是有序的。在状态Ⅲ中，信息是充分的，但是次序不对。最后，在状态Ⅳ中，信息既是充分的，也是有序的。这时，科学发现也就完成了。接下来，科学发现会被进一步阐述和精炼，或者质疑和挑战。

5.2.5 知识扩散

马克·吐温本以为他可以通过学习领航员手册而成为密西西比河上的一名领航员。事实上，他发现不经过多年的学徒根本无法成为一个有经验的领航员，如果不在水上经历无数次的往返，就无法懂得瞬息万变的水流和各项参数所代表的意义（Twain，2001）。

知识的扩散取决于以下三点。

（1）信息是否足够有趣到人们愿意与他人分享？
（2）信息发送者发送信息的成本是多少？
（3）信息传递是否通畅，社会网络的结构如何？语言是否相通？

莫滕·汉森（Morten Hansen）研究了弱连接在知识共享中的作用（Hansen，1999）。这是一项跨领域的研究。汉森结合社会网络中的弱连接概念和组织知识管理中的复杂知识概念，来解释弱连接在跨组织共享中的作用。研究发现，单纯的强连接和弱连接都无法提高组织之间的知识共享效率。当需要共享的知识非常复杂的时候，强连接的效果较好；当共享知识并不复杂的时候，弱连接的效果较好。

很多研究领域都将知识区分为两种形式：显性和隐性。最典型的显性知识是科学，而最常见的隐性知识是艺术。隐性知识比显性知识似乎更难转移。隐性知识的概念最初是由迈克尔·波兰尼（Michael Polanyi，1958，1966）提出的。隐性知识是指难以表述出来的知识。在许多情况下它只能通过经验获得。定义隐性知识的一个非正式的方法是，"那些我们知道但我们说不出来的知识"。举个例子，我们可以通过脸的整体特征来识别不同的人，但如果我们只聚焦于这张脸的某个具体特征，脸部识别就变成了完全不同的问题了。同样地，如果一个舞者只关注于分解动作的细节，就非得演砸了不可。

发明了喷气发动机、气垫船等产品的发明家们都发现，这个世界充满了对新事物的怀疑和排斥态度。很多人也问过同样的问题：为什么有些发明会被很快地接受并成功转化成产品？这些发明具有什么样的特征呢？很少有人关注单个技术创新的具体历史，特别是它被接受和转化成产品的具体条件和步骤。卡恩描述了为什么要了解科学发现和技术发明的历史，以及这一了解对于人们在现代科技的千头万绪中找出一条可靠的路径具有怎样重要的意义（Cahn，1970）。尤其是，一个实用发明的历史案例可以阐明科学和技术的关联机制。

最近，人们对于信息如何在网络和博客中传播越来越感兴趣（Gruhl et al., 2004）。应用突发检测（burst detection）的技术，可以通过博客间的链接来发现博客空间中的子结构（Adar et al., 2004；Gruhl et al., 2004；Kumar et al., 2003, 2004）。

二级传播模型是社会信息扩散中的一个著名模型。该模型认为，信息从大众媒体向整个社会的传播需要两个步骤。首先，信息在经过意见领袖的过滤和筛选后才能影响到其他的人（Katz & Lazarsfeld, 1955；Lazarsfeld et al., 1944），因此了解科学界中意见领袖的作用非常重要。论文合作者关系、学徒关系、地理临近关系是知识扩散中最强的关系类型。

一个新近的科学革命例子是地质学中的板块构造理论（Stewart, 1990；Thagard, 1992）。板块构造理论的两个关键理论是大陆漂移说和海底扩张说。有很多社会学方面的文章研究过大陆漂移说和海底扩张说这两个理论被接受的情况，特别是采用引文分析方法的研究（Stewart, 1990）。

大陆漂移说是在1912年由阿尔弗雷德·魏格纳（Alfred Wegener）首次提出的，目的是解释非洲和南美洲的海岸线之间的显著匹配性。但在提出后的几十年里，地质学家并没有接受他的理论，因为根据当时的地质学知识，大陆漂移的发生是不可想象的。20世纪50年代的大西洋中脊的发现，是导致海底扩张说和魏格纳的大陆漂移说开始被普遍接受的一个关键。直到那时，大陆漂移说才在欧洲被广泛接受，而在北美更是到了20世纪60年代地质学家才接受这一理论。

魏格纳的大陆漂移说最初被拒绝的原因之一，是他没有给出一个令人信服的解释来说明大洲为何以及如何进行移动。

许多研究者提出了科学观点传播的定量模型（Bettencourt et al., 2006；Bettencourt et al., 2008）。最常见的是流行病模型（Goffman & Newill, 1964；Liben-Nowell & Kleinberg, 2008；Nowakowska, 1973）。流行病模型考察的变量有科学家的接触频率、延迟时间和恢复时间。考察发现，科学家的接触频率是唯一可以加快知识传播的重要因素。

其他可用的模型还包括蚁群模型和随机游走模型。在蚁群模型中，蚁群在家与食物之间来回运动（Dorigo & Gambardella, 1997）。其他蚂蚁沿着他们的气味和踪迹运动。如果一个踪迹没有其他蚂蚁的补充，气味很快就会消失。蚁群模型可以映射到网络演化模型中：蚁群比作是科学家，家是其当前的知识结构，食物是新发表的文献。寻找食物的过程就是对新发表的文献进行引用的过程。一次引用会留下"气味",为其他科学家提供参考。蚁群具有自组织的最优化机制。与指定加链标准的择优链接方式不同,蚁群不择优,虽然也可以把这个规则加上去。

随机游走算法也可以用于信息的传播模型。随机游走模型是基于网络中的状态转移概率。网络中的每个结点代表一个状态。从一个结点移动到另一个结点受状态转移概率的控制,状态转移概率可以利用贝叶斯定律根据转移后的结果随时进行调整。这样,知识的传播问题就变成了状态转移的难易问题。

蚁群模型和随机游走模型,其实与信息觅食理论还有一个更根本的联系(Pirolli,2007)。信息觅食理论的基本前提是,在信息觅食者(即本例中的科学家)的觅食行为中,每一步都由其对投入产出比的计算和评估决定。投入产出比不仅要考虑预期得到的回报,还要考虑潜在的风险或成本。例如,如果在线获取一篇文章需要 30 美元,那么这个仅仅是成本,等式的另一部分是收益,即你可以用它来做什么,这个需求有多迫切,也就是说,这篇文章是否值得你支付 30 美元。

桑德斯特伦(Sandstrom,1999)认为,搜集信息的过程和觅食的过程非常类似,尤其是在觅食的方式和途径方面。她利用"文献生态圈"(bibliographic microhabitats)的概念,来说明觅食者和信息搜集者之间的相似性。她进一步指出,如果可以建立成本效益的经验货币的话,分析者就可以对觅食的偏好进行排名,从而预测哪些资源将被采用以及采用这一资源的净回报率。

综上所述,与传染病模型不同,觅食模型不仅强调信息空间(对于信息搜集者)或问题空间(对于科学家)的结构特性,同时也强调其感知价值、处理成本以及各种竞争乃至冲突的因素之间的相互作用,以便在更大范围的空间内进行决策。换句话说,需要将觅食模型纳入到既有的工作流程中,这样就可以找到那些关键线索并据此采取行动,来帮助人们找到最有效的路径。

5.2.6 预测未来的引用情况

当我们缺少足够的专业知识来自己做出判断的时候,我们就会从专家那里寻求意见,或者从历史中吸取经验,或者从朋友那里获取推荐和建议,或者诉诸名人和知名品牌。我们从"9·11"事件和伊拉克的大规模杀伤性武器事件这两个案例中学到的一个经验是,如果我们依靠间接的证据来得出结论,那么分析推理的过程就至关重要。这是一个非常宝贵的经验，因为在很多情况下第一手的证据是无法获取的，必须得依靠间接的判断。例如，在我们不清楚一篇科学论文的质量和价值的情况下，怎么来判断它是否值得被引用。

预测一篇论文未来的引用情况，是研究者、评估者和科技政策制定者都非常感兴趣的一个话题。在前人的文献中，已经有大量的变量被用于预测，并对它们的有效性进行了测试。如表 5-2 所示，常用的变量按照其所属类别分为九组。例如，"文章类"中的页数，"作者类"中的作者数。当然还可以有更多的变量添加到这个列表中。前面我们提出了一种关于革命性发现的理论，我们希望这一理论可以提供一个理论框架，将所有这些变量和属性都包括进来，并为它们提供一个统一的解释。

表 5-2 对预测未来的引用率可能有效的变量及分类

要素	属性变量	从发现理论中推导出的假设
文章	页数	交叉性研究需要更多的文字进行描述
	文章发表年数	
作者	作者数量	作者数量越多，越可能写出多元视角的好文章
	声誉	
	性别	
	年龄	
	姓的字母排序	
影响	被引次数	文章的价值得到认可
使用	下载次数	文章的价值得到认可
摘要	字数	越是革命性的想法越复杂，需要更多的文字来阐述
	是否结构化	
内容	贡献类型	（工具类、综述类、方法类、数据类）
	研究设计的科学严谨性	
参考文献	参考文献数量	多主题综合性研究需要更多的参考文献
学科	学科数量	好文章可能需要综合多个学科
国家	国家数量	不同国家的作者可能给文章带来不同的视角
机构	机构数量	不同机构的作者可能给文章带来不同的视角
期刊	影响因子	
	期刊索引情况	
资助	是否资助	

有些研究关注于前期的下载和随后的引用关系（Brody et al.，2006；Lokker et al.，2008；Perneger，2004）。珀耐格尔（Perneger）研究了1999年发表在 *British Medical Journal* 期刊上的153篇论文，统计它们在发表后一周内的下载次数和它们在Web of Science数据库中的被引次数（截止到2004年5月）。珀耐格尔将每篇论文按照其研究设计分成七类，即随机试验、文献综述、前瞻性研究、病例对照研究、横截面调查、定性研究和其他类型。他发现，论文的被引次数与其在第一周的下载次数之间显著相关，相关系数为0.50（$p<0.001$）。另外，下载次数和文章的长度可以解释33%的方差。在arXiv数据库（Brody et al.，2006）中，下载和引用之间的相关性为0.4，但其方差解释量相对较低（16%）。

加拿大麦克马斯特大学的研究小组最近调查了可能影响引用的20个变量，他们选取了发表在105种期刊上的1274篇文章作为案例，这些文章发表于2005年1月到6月之间（Lokker et al.，2008）。这20个变量中包括试验的临床相关性等级、研究的新闻价值等，它们都是从麦克马斯特大学的在线评价系统中定期搜集获取的。所选案例按照60∶40的比例分别用于推导和验证。他们的研究表明，在推导数据集中，多元回归模型的方差解释量为60%，同样的模型在验证数据集的方差解释量为56%。而在加入索引数据库数量、作者数、参考文献数、临床相关性、是否原创性论文、是否跨领域研究和其他一些变量后，对引用量的预测精度更高。

达伦（Dalen）和亨肯斯（Kenkens）研究了1990～1992年发表在17种人口统计学期刊上的1371篇文章，以识别那些可能对论文的可见度（visibility）产生影响的因素。最让他们感兴趣的是，论文可能获得的被引次数和第一个被引所需的时间是否会受到作者和期刊的声誉影响。我们通过作者在1990年（即所选时间段的第1年）的被引次数来估算作者的声誉值。如果一篇文章有多个作者，只采用其中声誉最高的作者声誉值。期刊的声誉值则用其1990年的影响因子来表示。他们采用一种源于生存分析的久期分析（duration analysis）方法进行数据了分析。他们要回答的核心问题是：哪些因素决定了一篇论文从零被引状态到开始被引用状态的概率？在生存分析中，危险函数是用来估算从初始状态进行状态转移概率的一种函数，其最简单的形式是一个常数，表示对初始状态持续时间长短没有记忆。换言之，一篇论文下一次从初始状态进行转移的概率与它在初始状态持续的时间无关。在实际情况下，危险函数与持续时间之间存在或正或负的相关性。与持续时间正相关是指,一篇论文在初始状态即零被引状态下持续的时间越长,它被引用的可能性越大。与持续时间的负相关性则恰恰相反。达伦和亨肯斯选用的危险函数基于龚帕兹(Gompertz)分布。

龚帕兹分布是龚帕兹于1825年提出的一个生存时间的理论分布,主要用来模拟人类的死亡率。由此得到的危险函数是

$$y(t)=ae^{be^{ct}} \tag{5-4}$$

其中,a是上部的渐近线,即在时间趋近于无限大的时候$y(t\to\infty)$的值,b是x的位移,c是的增长率,e是欧拉常数。龚帕兹函数模型的特点是,在初始阶段和最后阶段增长缓慢,而在中间阶段增长较快。该函数被用于肿瘤生长建模、移动电话的增长和人口死亡率等问题。

达伦和亨肯斯用多项Logit测试的统计方法,对作者和期刊的声誉等解释变量如何影响引用模式进行了检验。他们将论文分成以下四类。

(1)较少和/或较晚被引用的论文(被遗忘者);
(2)较晚被引用的论文(睡美人);
(3)较早被引用但被引次数迅速下降的论文(昙花一现);
(4)较早被引用并在随后多次被引用的论文(常规科学)。

$$\text{Prob (Article = sleeping beauty)} = \exp(X\beta^{(2)}) / [1+ \exp(X\beta^{(2)})+ \exp(X\beta^{(3)}) +\exp(X\beta^{(4)})] \tag{5-5}$$

他们的模型证明了其中一些解释变量的显著有效性($p<0.01$),如作者的声誉、页数和期刊的声誉(影响因子)。

对首次被引时间的生存模型分析,展现了传播过程在加快科学论文的引用上的重要作用,如可见度、语言,以及作者和期刊的声誉。当控制了期刊的影响因素(如编辑的声誉和编辑政策)时,久期分布检验了作者的声誉对于持续时间的影响,而期刊的影响也就清楚了。

达伦和亨肯斯的久期研究告诉我们,一篇论文的作者声誉和其所发表的期刊声誉,是影响人们阅读它和引用它的最重要的因素。那么还有什么其他信息需要我们注意的吗?比如这个研究问题的结构、时间和语义属性?

高被引作者排名是否以及在多大程度上有助于验证,甚或预测诺贝尔奖获得者呢? 1977~1992年,加菲尔德发表了一系列研究诺贝尔奖获得者的论文及被引情况的文章,并根据现有的被引数据来预测未来的诺贝尔奖获得者。他

的研究指出，在 1981 ～ 1990 年，有 8 位诺贝尔奖获得者出现在被引次数最多的前 100 位作者的名单中（Garfield & Welljamsdorof, 1992）。名单上的其他人也被认为在未来可能获奖。不过，如果能进一步修改这种对高被引作者不加区分的排序方法，可能会提升其预测诺贝尔奖的精度。例如，诺贝尔奖委员会有时候会选择相对范围较窄的学科。根据学科进一步细分的名单表明，那些在相对较窄领域中的诺贝尔奖获得者，在他们所在的领域，也属于高被引作者之列。

诺贝尔奖获得者所发表的方法类论文往往会获得超常的高被引量。一个最近的例子是 2007 年的诺贝尔奖获得者，英国胚胎干细胞研究的缔造者马丁·埃文斯（Martin Evans），他在这一领域做出了方法上的贡献。加菲尔德将这种现象称为"洛瑞现象"。这源于一个经典的例子，即奥利弗·洛瑞（Oliver Lowry）在 1951 年发表的一篇方法类论文。截止到 1990 年，这篇论文的被引次数高达 205 000 次。

显然，利用被引频次来预测诺贝尔奖获得者的准确性并不是很高，因为有许多科学家拥有与诺贝尔奖获得者一样高乃至更高的被引频次。被引次数的最大价值在于它的简单。之后的那些试图提高精度的方法往往过于复杂。赫希的 h 指数（Hirsch, 2005a）尽管有很多公认的局限性，但因其简洁性而备受关注。安塔纳基斯（Antonakis）和拉里乌（Lalive）打算利用一个新知识 IQp，来同时考察一个科学家的水平和生产率（Antonakis & Lalive, 2008）。他们计算了诺贝尔物理学奖、化学奖、医学奖和经济学奖的获得者的 IQp 指数。注意，在定性决策中使用定量指标需要格外小心。作者发现，约 2/3 的诺贝尔奖获得者的 IQp 指数超过 60。在多个例子中，IQp 指数比 h 指数更能够区分出诺贝尔奖获得者和其他一般的科学家，如诺贝尔奖获得者物理学家埃德威滕（Ed Witten）同时拥有高 h 指数和 IQp 值（h = 115，IQp = 230）。相比之下，其他科学家，如斯奈德（S.H. Snyder）（h = 198，IQp = 117）和加洛（R.C. Gallo）（h = 155，IQp = 75），则仅具有较高的 h 指数，其 IQp 值相对较低。

在科学发现的语境中，我们对信息觅食理论进一步展开，描述了科学家在寻找新的假说和理论时的行为。这将帮助我们解释科学家是如何在前进的道路上一步步做出收益最优化的决策的。

5.3 科学发现的一般机制

研究文献表明科学发现中存在一些共通机制,尤其是在科学发现的计算机模拟、科学变革的认知研究与洞察力的本质研究等方面。

5.3.1 作为问题求解的科学发现理论

在这方面最突出的工作是由赫伯特·西蒙(Herbert Simon)和他的同事们做出的,他们利用计算机模拟的方法对科学发现进行了研究和重构(Bradshaw et al., 1983)。而在格利莫尔的文章(Glymour, 2004)中,也给出了一系列利用计算机进行自动发现的例子。他用在草堆中寻找一根针来比喻科学家在科学发现中面临的局面。自动发现不是在草堆中一通乱翻乱找,而是将杂草点燃等灰飞烟灭终见针,或者拿着一个磁铁在草堆中遍历。这样做既有其优点也有其局限性,比如,仍用这个比喻来说,大火可能会将针熔化掉。

许多研究已经讨论过科学发现中洞察力的本质。例如,格式塔心理学家指出,当问题求解者换一个角度看问题的时候,新的见解就会出现(Mayer, 1995)。其他研究者也强调,求解问题的难易程度更多地取决于问题空间的结构,而不是求解者本身(Perkins, 1995; Simon, 1981)。例如,珀金斯(Perkins)区分了两种类型的问题空间。在霍敏空间(Homing Space)中有许多线索和路标,在这种空间中就比较容易找到出路。相比之下,在克朗代克空间(Klondike Space)中,这样的线索就比较少。在线索稀少的情况下顿悟在珀金斯一书中(第498页)有一个众所周知的案例——达尔文关于自然选择原理的发现。根据达尔文的自传记载,在1838年10月,他偶然读到《马尔萨斯的人口论》,这本书启发了他构想出了自然选择原理。而令人称奇的是,20年后另外一个人也构想出了这一原理。更难以置信的是,阿尔弗雷德·罗素·华莱士想到这一点,也是因为阅读了1826年出版的马尔萨斯的这本书!

在遇到这样线索的时候,怎样能最大可能地抓住它?从桑德斯托姆的"文献生态圈"概念到帕金斯的霍敏空间和克朗代克空间概念,有一点是显而易见的,即对线索的发现和识别,不论是对于信息觅食者还是问题求解者来说,都是至关重要的。这一点在以兴趣问题为研究对象的数据挖掘领域尤其成立(Hilderman & Hamilton, 2001; Liqiang & Howard, 2006)。趣味性是测量科学思想的一种定量指标，如果将科学思想按照从常规科学到范式转移后的科学做成一个频谱的话，那么趣味性测量的是一个科学思想位于该频谱的那个波段（Davis，1971b）。从这种意义上来说，趣味性的范围可以是从有序状态到无序状态，或者说混沌状态。我们可以将科学报告和思想分成三个不同的类型：①验证型的，无新意的。对于读者来说没有新东西；之前这一假设从未被证伪过，而且越来越不可能被证伪。②有趣的想法或研究。否定了某个广泛认同的观点，建立了旧观点之间的新联系；或者虽然没有给读者带来全新的思维方式，但提出了一种新的实现机制。③范式转变级别的或者革命性的发现。非常有趣且极具启发性的想法，令人惊奇但又不感到难以接受。事实上，令人惊奇的想法常常是令人愉悦的，尤其是当一个范式是被另一个更成功的范式所替代的时候。

5.3.2 基于文献的发现

基于文献的发现方法是由斯旺森（Swanson）等率先提出的。这是一种用以识别潜在有用假设的方法（Swanson，1986a，1986b；Swanson，1987；Swanson & Smalheiser，1999）。斯旺森基于公共知识的发现模型是一种A—B—C模型，其中，A—B和B—C的连接是已知的，但A—C的连接是未知的。因此A—C之间的连接就是一种潜在的候选假设，提供给领域内的专家进行评估。应用这一方法，已经确立了一系列的候选连接，包括鱼油与雷诺氏综合征，镁与偏头痛，吲哚美辛与阿尔茨海默病之间的连接，等等。

之后的研究者们进一步改进和完善了斯旺森的方法。例如，戈登（Gordon）和林赛（Lindsay）利用医学文献数据库MEDLINE中的数据进行了实验，进一步发展了斯旺森的研究（Gordon & Lindsay，1996；Lindsay & Gordon，1999）。他们采用了词频统计的方法，寻找隐藏在医学文献中的连接。他们认为，那些隐藏的连接不可能通过引用关系或其他标准索引方法发现，但通过主题建立的联系却可能有助于科学的探索和发现。他们还提到，基于文献的发现不能取代传统的经验的科学研究，甚至是取代文献检索，而是提供一种方法帮助科学家更容易地组织这些海量信息。

最近，科斯托夫（Kostoff）及其同事们发表了一系列的基于文献发现的研究成果。这些专门的研究提出了一个可以从整体上加速发现和创新的综合方法，并通过5个案例证明了这种方法的普遍适用性，即雷诺氏综合征、白内障、帕金森病、多发性硬化症和水净化。他对每一个案例进行了经验总结，并指出怎么进一步改进这种方法（Kostoff，2008）。

从基于文献的发现理论中，我们可以收获些什么呢？这种A—B—C模型能够在多大概率上与诺贝尔奖获得者的特征相吻合？科学发现是否有其他模式？基于文献的发现作为一种在问题空间中的计算机辅助搜索方法，它的缺点是什么？

5.3.3 跨界视角

有效的科学发现策略都强调创造性思维或从新角度看问题能力的重要性。例如，邓巴（Dundar）以诺贝尔奖获得者的发现为例，比较了两种做出假设的策略（Dunbar，1993）。他发现，鼓励研究人员寻找新的替代性假说，是一种更为有效的发现策略。*Theoretical Medicine* 期刊1992年曾做了一期特刊，探讨了科学革命的机制以及诺贝尔奖委员如何对科学发现进行选择等问题（Lindahal，1992）。

对纳米科技领域中的创新型科学家的一个长期研究发现，大量阅读图书文献、与外界科学家有效沟通和跨领域研究的能力是科学家能够做出创造性研究的保证（Heinze & Bauer，2007）。为什么与外界科学家的有效沟通有助于创新型工作呢？具体怎么做才能提出一个新的替代性假说？如何能跳出条条框框以进行创造性的思考呢？

很多科学变革理论属于哲学范畴。科学哲学家们认为，比较科学史上科学变革阶段互相对立的竞争性理论很有意义（Laudan et al.，1986）。支持者认为，在科学哲学中提到的"猜想"，也应该被撰写成论文，这样人们就可以根据这些论文对各个不同的理论进行比较。劳丹（Laudan）等建议，应该根据指导性假设的一般概念，进一步修正拉卡托斯（Lakatos）提出的科学研究纲领、劳丹提出的科学研究传统和库恩提出的科学范式概念。应该构建科学变革的更上层理论，以匹配更多的历史数据。但这个想法因为太过于雄心勃勃而受到质疑（Radder，1997）。

不过，我们并不存在这样的需求。我们的目标不是对各个科学变革的哲学理论进行评价，而是需要一个解释性的理论，能够阐明一个具体的科学发现的基本机制。此外，我们需要这种理论能够有助于定量研究科学变革。

库恩的科学革命范式转移模型（Kuhn，1962，1970）或许是最广为人知的一个理论了。它描述了科学如何沿着常规科学、科学危机、科学革命和新的常规科学的路径向前发展。一场革命就是一次从旧范式到新范式的世界观的转变。范式转变模型引发了很多批评。批评者认为,科学的变革往往是一个漫长的过程,而不是范式转变模型中所说的那种迅速变化。

认知科学家认为科学发现就如同日常生活中我们解决问题一样(Simon et al., 1981b)。在 Klahr 和 Simon(1999)看来,和人类解决问题时所用的方法一样,可以通过以下四种方法来研究科学发现:阅读科学发现的文史资料,对研究科学发现的非科学家受试者进行心理学实验,直接观察科学实验室,以及利用计算机对科学发现过程进行建模。然后,作者分别对这四类方法给出了一些具体的评价标准,如表面效度、细致程度、鲜见程度、严密程度、精确程度,以及其他社会和激励因素等。

许多学者研究过信息和发现路径的问题。斯莫尔给出了科学史上的一系列科学发现的例子,它们都可以被认为是通过构建了实验和理论之间的联系路径而做出的(Small, 2000)。他举的一个例子是 20 世纪初的原子物理学。开始的时候,并没有人将氢的频谱实验的结果和氢的原子模型这一理论联系在一起,直到 1913 年尼尔斯·玻尔(Niels Bohr)的氢原子模型率先采用了量子假说理论,这两者之间的联系才建立起来。同样地,穆勒和贝德诺尔茨关于超导现象的发现也被看作是建立了超导领域与之前一类没有被列为超导的候选材料的化合物之间的联系(Holton et al., 1996; Small, 2000)。

我们注意到,在各种不同的科学变革概念中有一个共同的主题,即意义深远的科学变革往往是构建了不同领域之间的中介连接机制(brokerage mechanism)。博特的结构洞不仅存在于社会网络中,而且也存在于知识网、语义网和其他类型的网络中。由于结构洞周围的信息流连线比较少,仅存的这些处于中介位置的连线至关重要。此外,在知识网络和认知网络中的结构洞恰恰是灵感和创造力的重要源泉。有创造力的科学家们都是从其他学科中吸取灵感。研究发现,伟大的哲学家往往是那些与对立的哲学派别保持联系和接触的哲学家(Guiffre, 1999),而伟大的科学家也往往是那些有能力与非界内同行进行有效沟通的科学家(Heinze & Bauer, 2007)。事实上,保持与不同领域的科学家的联系都是科学家们在有意为之(Crane, 1972)。这也就验证了我们的核心假设:构建知识空间中结构洞的中介,对于理解和做出变革性的科学发现,是一个可行而有效的方法。

5.3.4 构建知识结构洞的中介

接下来，我们将从结构洞理论的角度，来对科学变革的主要概念进行回顾。结构洞理论最初是在社会网络领域提出的（Burt，1992，2004，2005）。这一理论提供了一个非常有意义和具有启发性的框架，以解释为什么网络（如共引网络）中的结构洞在科学发现中可能起着至关重要的作用。虽然现在这个概念已经超越了博特原本的理论意义，但为简便起见，我们仍然称之为结构洞。

根据科学变革的社会学理论（Fuchs，1993），科学发现是由两个社会因素推动的，即同行竞争关系和相互依赖关系。科学家们通过抢占新的发现而在无形的竞争中确保自己的领先地位。大量的文献已经告诉我们，灵感往往是在与他人交流时，因不同的思维方式而激发出来的。在这种意义上，结构洞横跨了不同的知识板块（patches of knowledge），这些知识板块来自自组织结构的不同层次，从研究方向到研究领域和研究学科。

从信息觅食理论的角度，建立不同的知识板块之间的概念连接，是一个高风险高收益的工作。其收益有二：第一，修改一个其他学科的理论或方法可以保证它在本学科中的新颖性，因为它是站在本领域之外来思考问题。第二，曾在别的学科有效的事实可以大大减小该想法和灵感在本学科失败的风险。因此，这种借他学科之石，攻本学科之玉的做法，似乎是收益最大化的选择。

从科学哲学的角度来看，关注结构洞也是有意义的。根据库恩的范式转移模型，一个有竞争力的范式更可能来自意想不到的地方，而不是当前范式的核心领域。

5.4 科学发现的一个解释性和计算性理论

在众多关于科学发现、科学变革、创造力和洞察力的研究中，一个经常出现的主题是，很多有创造性的想法和重大的发现都可以追溯到一个普通的中介构建工作。中介构建机制不仅在社会网络（如合作网络）中存在，也存在于更为抽象的概念网络（如共被引网络）中。例如，当构建之前意料之外的知识结构之间的连接，或者构建两个或多个先前离散的研究领域之间的联系，或者在不同的理论或假说之间找到一个有意义的共同点时，都能看到是中介构建机制在起作用。我们关于科学发现的新理论正是建立在这个反复出现的主题上。

5.4.1 理论的基本原理

在科学发现的解释和计算理论中,我们首先专注于那些变革性乃至革命性的发现。变革性的发现指的是那些根本上的和革命性的科学发现。当前,人们对赛博支持的科学发现(cyber-enabled discovery)、e 科学(e-science)、e 社会科学(e-social science)的兴趣与日俱增,进一步突显了理解科学运行的原理与识别创新和发现的机制的重要性(Shneiderman,2002,2007)。在这个快节奏的、科技密集型的世界中,如何支持更多的变革性科学研究是一个重要的挑战(NSF,2007)。

我们的理论构建基本前提是:一个变革性发现产生的条件是构建两个或多个先前离散的科学知识单元之间的连接。离散的科学知识单元可能是不同学科中的没有直接联系的一些理论,或者是在同一领域但相互独立的一些观测,也可以是之前认为完全无关的一些文献。这一概念在前人的文献和方法中多有提到。

第一,这一以中介构建为核心的理论是受到社会网络中的结构洞理论的启发而形成的(Burt,2005)。然而,我们的理论对这种中介构建机制进行了修正,并将其引入到其他各种科学知识的网络中,如引文网络、共引网络、科学家合作网络和其他关联网络,作为一种通用的科学发现机制。该假说认为构建中介有助于集体创造力的提高,这一假设在最近一项关于实用专利的发明者合作网络研究中得到进一步验证(Fleming et al.,2007)。弗莱明(Fleming)等发现,稠密的合作网络会阻碍创造力但却有助于知识的传播,特别是对于那些复杂的或隐性知识。他们的研究还验证了其他一些更具体的假设,例如,那些构建了之前不存在的新的合作关系的人,更愿意进行"东拼西凑"。这种"东拼西凑",即集成研究,可以定义为一种创新机制。而我们的理论更侧重于变革性的发现,这比这种集成创新的概念更为复杂,因为变革性的发现往往需要先引入新的概念和理论才能进行集成创新。中介构建的视角还以一种简单的方式解释了为什么有创造力的科学家,往往是那些可以与非界内同行保持较好沟通关系的科学家(Heinze & Bauer,2007)。

第二,我们的理论还涉及基于文献的发现理论,因为这一理论的目标同样是找到科学发现的生成机制。但它不同于斯旺森的著名的 A—B—C 模型。斯旺森的模型中要找的是一个 A 到 C 之间的传递闭环,即如 A—B 且 B—C,则可以得到 A—C,而我们专注于中介构建机制,旨在构建 A 和 C 之间的新联系。另一个重要区别是,我们利用网络的结构特性,而在斯旺森的方法及变种中则没有用到这一点。

第三，我们的理论还与复杂网络分析中的网络演化模型有关。例如，优先连接模型，它刻画的是网络的增长过程中的一个特征，即当新的节点或连接要加入到网络中时，那原来受欢迎的节点会继续受欢迎（Albert & Barabasi, 2002; Barabási et al., 2002）。一个节点的受欢迎程度广义上可以用该节点的以下属性表示：声誉、年龄或其他排名。这种网络增长过程往往会形成无标度网络，其特点是结点的度呈现幂律分布。之前的优先连接模型假设每个新节点都充分了解每个节点的声誉情况，最近的研究则放宽了这一假设，仅需根据节点在一个节点子集中的排序进行优先连接（Fortunato et al., 2006）。相比之下，我们的中介构建理论提出的网络增长机制，则是构建在结构洞上的，旨在沟通两个或两个以上的主题网络的连接。这种中介构建驱动的网络增长机制完全不同于那种优先连接模型所描述的增长机制。

第四，我们的理论扩展了之前的利用被引排序预测诺贝尔奖得主的研究（Garfield, 1992），如汤森路透的"引文桂冠"（Citation Laureates）。我们的方法在多个重要方面不同于他们。虽然被引排序的方法具有简单直接的优点，但是我们考虑了更多的因素，如结构洞、引用增长率等，以便更好地适应问题的复杂性。此外，我们还意识到，高被引论文引用需要足够的时间才能够突显出来，而被引的时滞性可能导致对高被引论文的延迟识别。我们希望通过引入结构属性，以在一定程度上解决这个问题。

第五，我们的理论提供了一个关于变革性科学发现的知识扩散过程的解释机制。建立起原本隔离的各领域之间的连接，将会促进这些领域之间的信息流动。也就是说，我们假设，新发现的连接将加快知识的扩散过程。有意思的是，信息觅食理论恰好可以解释我们对扩散效果的这种假设（Pirolli, 2007）。根据信息觅食理论，搜索者需要对多个信息板块进行评估，他们需要判断哪一个板块更值得关注，以及在这一步的搜索中应该投入的时间。这一决策过程完全是根据每一步搜索行动的预期收益来做出的。预期收益越高，就越有可能沿着该路径采取行动。新发现的连接有助于增加预期收益，不仅仅因为新发现可以降低风险，而且因为它可以提供活生生的成功例子。由此可以设想，预期收益的增加将会带来相应观测值的突现，如引用频次和共被引频次。

第六，我们的理论还与科学文献中的共被引路径有关，不过又不完全相同。共被引路径的构建旨在通过文献的共被引关系来联通整个科学文献（Small,

2000）。斯莫尔（Small，1999）发现，一条包含有331个高被引论文的路径，起点是经济学，而终点是天体物理学。这一路径中的每一对相邻的论文都意味着信息向终点又转移了一点点，而且在大多数情况下，这种转移非常平稳和流畅。与之不同的是，我们的理论关注的是那些搭建在之前隔离的领域之间的新连接。虽然从理论上说，这种连接可能是一条共引用路径中的其中一段，但更可能的情况是，它们要么偏离于共被引论文路径，要么因为共被引关系低于阈值而从来没有被发现。而对它们关系的具体界定，还需借助于更多的调查研究。

5.4.2 结构上或时间上的属性

基于我们的理论，现在我们将关注科学发现中两个具体的属性，一个是结构属性，用科学论文网络中该科学发现的中介中心性表示（Freeman，1977）；另一个是时间属性，用引用突现性（burstness of citation）表示（Kleinberg，2002）。

我们的理论认为，一个变革性发现的形成或产生，需要构建起两个或多个先前无连接的知识单元间的桥接。如果我们用网络来表示知识，那么这样的桥接指的是两个或两个以上的无连接的网络或子网络之间的连线。这种网络连线可以通过计算中介中心性进行识别。事实上，我们甚至可以计算得到一个节点在连接了某些原本不存在的连线之后的中介中心性。一个节点或连线的中介中心性测量的是，该节点或连线对于连通网络中任意两个节点的重要程度。因此，一个具有高中介中心性的论文可能对应的是一个变革性的科学发现。更重要的是，我们可以利用这一指标，计算假定连接节点的中介中心性，从而识别出那些可能的科学发现。因此，通过计算机模拟算法识别出一个最有可能成为科学发现的候选节点名单，是完全有可能的。

基于中介中心性测量指标已经设计出了几个相关的概念。例如，CiteSpace中共被引网络中的关键节点（pivotal points）的确定就是基于中介中心性（Chen，2004；Chen，2006）。关键节点指的是那些同时被不同的聚类所引用的节点。如前所述，共被引聚类对应于一个主题结构。因此，连接不同的主题结构的关键节点很可能就是知识转折点，或知识拐点。

在期刊共被引网络中，一个节点具有高中介中心性代表该节点对应的期刊大多具有跨学科性质（Leydesdorff，2007）。结合前面的案例可以看出，中介中心性指标可以在各种不同的粒度层面上测量和预测科学的变革。此外，中介中心性还被认为可以用于预测未来的引用情况（Shibata et al.，2007）。这一结论与我们关于科学发现的概念一致，即结构洞会一直吸引着科学家们的目光。

对中介中心性的关注，使我们的理论有别于其他的网络演化模型，特别是优先连接模型。我们的理论认为科学发现应该是构建一条可以横跨知识网络中结构洞的路径，而不是将连线加在网络上那些最显而易见的节点上。也就是说，新的科学发现应该具有较高的中介中心性。我们的理论也意味着，对于觅食中的科学家来说，高中介中心性的节点相比于那些被引次数高但中介中心性低的节点，具有更大的价值。后者可能不会给一个对于该领域的高被引论文了如指掌的科学家带来什么新东西，前者则可能导致新的见解并最终转化为行动。因此，中介中心性可以等价为"趣味性"，甚至可以进一步等价为"可行性"。事实上，在我们之前的研究中，我们的确注意到，被引次数最多的引文并不一定是最具革命性的（Chen，2004；Chen & Kuljis，2003）。

中介中心性测量网络的结构属性，我们的理论还关注网络演化中的时间属性，如一篇参考文献的引用突现性。突现检测算法是检测突现性的一种算法，其目的是识别在一段时间内，一个变量与同一组群中的其他变量相比变化情况的不同（Kleinberg，2002）。我们的理论认为，引用的突现性，与中介中心性表示的结构属性都是识别变革性科学发现的有效指标，尤其是从基于收益最大化的觅食角度来看。正如我们前面所分析的那样，一个中介构建的发现，通过信息的流动，可以提高预期的收益。因此，提高收益能力和降低风险动机既有助于新发现的产生，也将推动着它的扩散。

如果一个节点不具有这种结构属性和时间属性，就能否定它成为一个变革性发现的可能性吗？这个问题涉及我们的理论边界，将留待进一步的研究。在下一章中，我们会给出一些例子，来进一步阐述我们理论中最主要的属性。

5.4.3 构建综合指标

在同时测量了结构属性和时间属性的案例中，我们对中介构建机制所起的作用进行了评价。除了研究个体属性，如中介中心性、突现率、被引次数，我们整合成一组综合指标 $\sigma_n(v, G, T, \rho_1, \rho_2, \cdots, \rho_n)$，用以测量一个节点 v 在给定网络 G 和给定时间间隔 T 中的潜在变革强度。其中，每个属性 ρ_i 是 v，G，T 的函数 $\rho_i(v, G, T)$，值的大小介于 [0,1]。该指标定义为各归一化属性 ρ_1，ρ_2，$\cdots$，ρ_n 的几何平均数。其最大值为 1，当且仅当所有属性都等于 1 的时候；其最小值为 0，当且仅当所有属性都等于 0 的时候。

$$\sigma_n(v, G, T, \rho_1, \cdots, \rho_n) = \left(\prod_{i=1}^{n} \rho_i\right)^{\frac{1}{n}} \quad (5\text{-}6)$$

具体地，在下面的案例中，指标 σ 用 ρ_{citation}，$\rho_{\text{centrality}}$，ρ_{burst} 来定义。其中，$\rho_{\text{centrality}}$ 和 ρ_{burst} 的计算参见文献（Brandes，2001；Freeman，1977；Kleinberg，2002）。

$$\sigma_1(v, G, T, \rho_{\text{burst}}) = \left(\prod_{i=\text{burst}} \rho_i\right)^{\frac{1}{1}} = \rho_{\text{burst}} \quad (5\text{-}7)$$

$$\sigma_1(v, G, T, \rho_{\text{centrality}}) = \left(\prod_{i=\text{centrality}} \rho_i\right)^{\frac{1}{1}} = \rho_{\text{centrality}} \quad (5\text{-}8)$$

$$\sigma_1(v, G, T, \rho_{\text{citation}}) = \left(\prod_{i=\text{citation}} \rho_i\right)^{\frac{1}{1}} = \rho_{\text{citation}} \quad (5\text{-}9)$$

$$\sigma_2(v, G, T, \rho_{\text{burst}}, \rho_{\text{centrality}}) = \left(\prod_{i=\text{burst, centrality}} \rho_i\right)^{\frac{1}{2}} = \sqrt{\rho_{\text{burst}} \cdot \rho_{\text{centrality}}} \quad (5\text{-}10)$$

$$\sigma_3(v, G, T, \rho_{\text{burst}}, \rho_{\text{centrality}}, \rho_{\text{citation}}) = \left(\prod_{i=\text{burst, centrality, citation}} \rho_i\right)^{\frac{1}{3}} = \sqrt[3]{\rho_{\text{burst}} \cdot \rho_{\text{centrality}} \cdot \rho_{\text{citation}}} \quad (5\text{-}11)$$

可以看出，$\sigma_1(\rho_{\text{citation}})$ 正是该综合指标的一个特例，它是通过被引次数对参考文献的重要性进行排序，这一指标曾用于诺贝尔奖得主的预测（Garfield，1992）。下面，我们还将比较 σ_1，σ_2 和 σ_3（分别基于中心性和突现性）之间的皮尔逊相关系数，从而识别出其中最简单有效的指标。

总之，我们的理论表明 σ 指标作为衡量一个科学发现的潜在变革强度是有效的。而且，在确定一篇文献具有高 σ 值之后，本理论还提供了一个解释框架，使我们可以专注于对那些中介构建类型的节点的解读。同时，本理论还将构建中介链接引入到网络演化的模拟过程中。通过我们的这一理论得到的结果显示，获得诺贝尔奖的部分发现属于变革性发现，而其他的变革性发现则可能来自其他各种获得科学奖项的发现。此外，相对于根据单一因素进行排名的方法，我们希望本方法可以更早地对变革性发现进行识别。在知识扩散方面，我们希望变革性科学发现的扩散能更快速且更持久。如果我们将知识扩散过程看作是在科学共同体中的信息觅食过程的话，那么像连接了结构洞的变革性科学发现将更容易被感知到，从而激励和刺激知识的扩散。同样地，在变革性发现的领域内要比在其他知识领域内觅食需要花费更多的时间。

5.4.4 案例研究

在每个案例中，我们都会使用 CiteSpace 构造一个该研究主题的文献共被引网络（具体的操作步骤可参见 Chen，2004；Chen，2006）。文献数据检索自

Web of Science，利用主题检索并去除综述、述评和其他类型的文献，只保留研究类论文。

CiteSpace 对一个演化网络按照连续等长的时间段进行抓拍，再将这一系列的快照合成一种历史全景图谱。在该网络中，每个节点代表一篇在检索文献集中被引用过的参考文献。两节点之间的连线表示这两篇参考文献存在一次或多次共被引关系。共被引连线的颜色根据首次共被引的年份进行设定，节点年轮对应于该引文的引用历史，年轮颜色的设定与连线颜色的设定基于同样的配色方案。

在图谱中，具有结构洞属性和突现性属性的节点分别用两个特殊的颜色，即紫色和红色来表示。被紫圈包围的节点意味着具有较强的中介中心性。紫圈的厚度与中介中心性的大小呈正比，即紫圈越厚，中介中心性越大。同样地，标有红圈的节点意味着突现性的存在及其强度，红圈可以位于结点年轮中的任意一圈或多圈中，它表示在标红的历史年代中存在着突现。或者说，在一段时间内，对某引文的引用突然上升，从而区别于引文空间（此即CiteSpace的由来）中的其他引文。

5.4.4.1 胃溃疡

2005 年的诺贝尔生理学或医学奖授予了巴里·马歇尔（Barry Marshall）和罗宾·沃伦（Robin Warren），以奖励他们对"幽门螺杆菌及其在胃炎和胃溃疡的作用"的重大发现。下面我们选择"胃溃疡"这一主题进行文献研究。

马歇尔在其获奖演讲（Marshall，2005）中说，他和沃伦在 20 世纪 80 年代进行的一项研究发现，13 位患有十二指肠球部溃疡的病例中，100% 都是由于幽门螺旋杆菌感染而导致的。胃溃疡由细菌感染引起，这不同于当时的主流认识，即认为溃疡主要由压力和胃酸等引起。这一发现验证了儿童因感染幽门螺杆菌会导致慢性感染，从而在他将来的人生中更易患有胃溃疡。1994 年后，人们开始普遍接受幽门螺杆菌将会导致胃与十二指肠疾病（如胃溃疡和胃癌）的观点。

我们分析了胃溃疡研究的文献共被引网络，以找出与幽门螺杆菌发现相关的结构属性和时间属性。我们从 Web of Science 数据库中，利用"peptic ulcer"作为主题词进行检索，下载得到了 1980～2007 年的所有文献记录，并利用 CiteSpace 绘制了 1980～2007 年的胃溃疡研究的文献共被引网络。

图 5-6 是每 5 年时间分区的文献共被引网络，这 6 幅网络图谱展示了该领域

随着时间演变的过程。在每个图谱中，依次用蓝色、青色、绿色、黄色和橙色五种颜色表示 5 个年份。因此，橙色集群表示的是在给定的 5 年时间里第 5 年的情况，而那些主要由绿色年轮构成的节点，表示其对应的参考文献主要在第 3 年被引用。

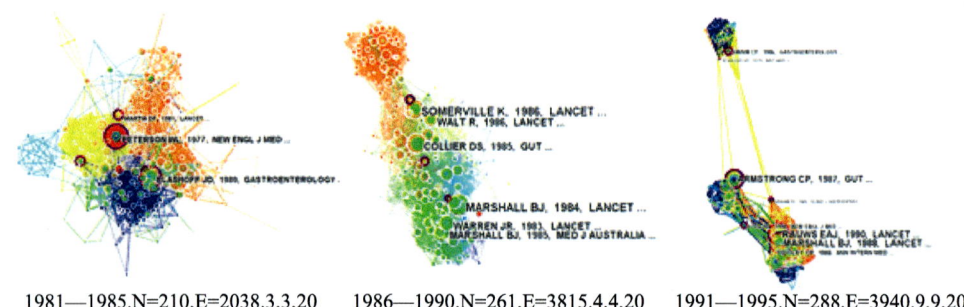

1981—1985.N=210,E=2038.3,3,20　　1986—1990.N=261,E=3815.4,4,20　　1991—1995.N=288,E=3940.9,9,20

1996—2000.N=209,E=1993.14,14,20　　2001—2005.N=140,E=1045.13,13,20　　2006—2007.N=156,E=1860.8,8,20

图 5-6　"胃溃疡"文献的共被引网络（1980～1990 年）

每个网络图谱的下面都注明了时间段、节点数量、连线数量和设定阈值。例如，第一幅图下面的"1981—1985. N=210, E=2038. 3,3,20"表示该网络是由 1981～1985 年的文献数据形成的，由 210 篇引文和 2038 个共被引连线组成，而且每个节点至少在 5 年中的其中 1 年里获得过不少于 3 次引用。

Pincock（2005）曾指出，最早发现幽门螺杆菌的文献是马歇尔和沃伦在 1984 年发表的（Marshall & Warren，1984）。这篇文章在 1986～1990 年的网络中主要是由青色和绿色的引用年轮表示的，这意味着它主要是在 1987 年和 1988 年被引用。虽然很有可能这篇文章刚一发表就被引用了，但是它并没有出现在 1981～1985 年的网络中，直到 1986～1990 年它的被引次数才达到了一定的数量，并出现在该时间段的网络中。这 6 幅网络图谱也表明，胃溃疡的研究正是随着新的高被引文献的不断加入而不断发展的。

图 5-7 展示了"胃溃疡"文献在 1980～2007 年的整个发展历程。在该图中，Marshall-1984 一文具有非常鲜明的结构属性——高中介中心性（大紫圈）。虽然

就时间属性而言，它也具有突现性，但是相比于其他邻接点文献，它的突现性较弱。这与我们在图 5-6 中的网络图谱中观察到的特点是一致的。从整体上看，Marshall-1984 一文所在的聚类非常稠密，其中有很多具有突现性的节点文献，它们是在胃溃疡研究中的高影响力文献。

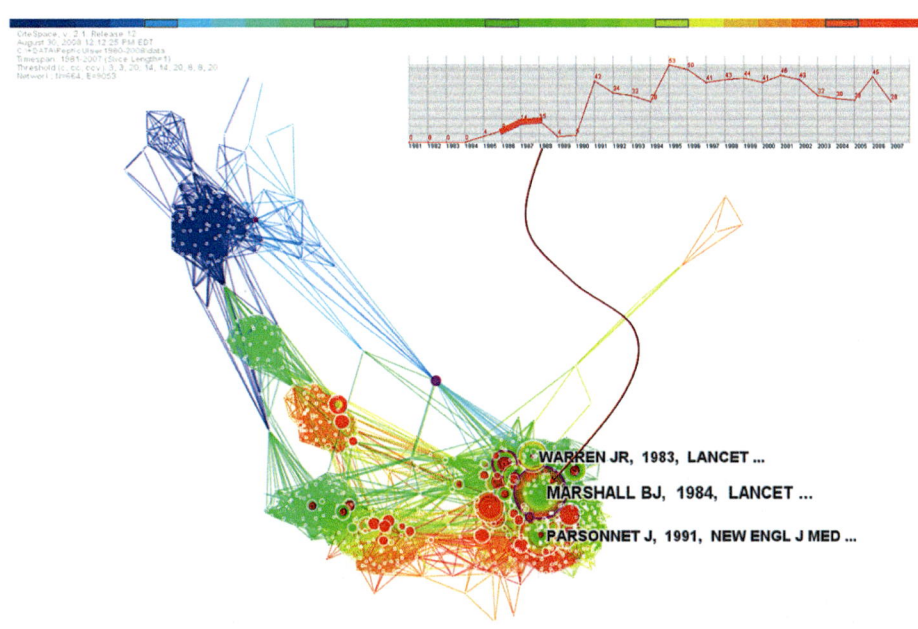

图 5-7　"胃溃疡"文献的共被引网络（1981～2007 年）

如表 5-3 所示，Marshall-1984 一文被引次数（711 次）最多，中介中心性（0.393）最大，但它的突现性却排在第 372 位。马歇尔和沃伦的发现被同行接受经历了很长一段时间，这或许可以在某种程度上解释其相对较低的突现性（Pincock，2005）。相反，他们的另一篇题为"根除幽门螺杆菌后十二指肠溃疡复发的双盲试验"的 Marshall-1988 文献，其中介中心性（0.416）最大。马歇尔在诺贝尔奖获奖演讲中指出，他们的研究直到 1994 年在华盛顿召开的美国国家卫生研究所发展共识会议上才真正获得认可。

在表 5-3 中，最后一列的 σ_2 指的是突现性和中介中心性的几何平均值。根据我们的理论，变革性发现是将先前无关的科学领域连接起来的中介者。σ_2 同时考虑结构属性和时间属性，可以用来识别那些出现在结构洞上的科学发现。在本例中，Marshall-1988 文献的 σ_2 值排在首位，尽管它的被引次数（421 次）远小于 Marshall-1984 一文。对 Marshall-1988 一文的真正价值的确认，超出了我们的专业知识和本书的讨论范围。或许，找到并确认像该文这样同时具有较强的结构属性和时间属性的引文，将会是我们今后的理论建设中的一个重要的和亟须解决的问题。这也关系到我们是否有能力在一篇文献尚未达到被引峰值之前就能够预测到它的强大影响力，或者在一堆高被引文献中找到最有可能成为重要科学发现的那篇文献。

表 5-3　在胃溃疡领域被引次数最高的 5 篇论文（1980～2007 年）

引文	作者	年份	期刊来源	卷	起始页	ρ_{burst}	$\rho_{centrality}$	σ_2
711	MARSHALL BJ	1984	LANCET	1	1311	0.138	0.393	0.232
581	PARSONNET J	1991	NEW ENGL J MED	325	1127	0.208	0.143	0.172
579	WARREN JR	1983	LANCET	1	1273	0.165	0.250	0.203
466	YAMADA T	1994	JAMA	272	65	0.635	0.071	0.213
421	MARSHALL BJ	1988	LANCET	2	1437	0.607	0.286	0.416

5.4.4.2　基因靶标及其黏性效应

2007 年的诺贝尔生理学与医学奖授予了马里奥·卡佩奇（Mario R. Capecchi）、马丁·埃文斯（Martin J. Evans）和奥利弗·史密斯（Oliver Smithies）三人，以奖励他们"在利用胚胎干细胞诱导特异性基因修饰的突破性的发现"。这一研究领域通常被称为基因靶标（gene targeting）研究领域。我们采用与前面同样的步骤对基因靶标领域进行分析。我们以"gene target*""genetic* target*"和"gene* knock*"（描述基因靶标技术的另一个常用术语）为主题词在 Web of Science 中共检索得到在 1985～2007 年发表的 8160 文献题录信息。

图 5-8 显示了 1985～2007 年基因靶标领域文献的引文共被引网络全景图谱。可以看出，中介中心性值最大的三个节点文献都与 2007 年诺贝尔奖得主有关：Capecchi-1989，Mansour-1988 和 Thomas-1987。需要指出的是，Web of Science 数据库中只记录了每篇参考文献的第一作者。这三篇文献代表了基因靶标技术的一系列基础性创新。与上一个例子中 Marshall-1984 一文的情况不同，这三篇基因靶标技术的开创性论文都具有较强的引用突现性（参见图 5-8 中三段加粗的上升折线）。而且，这三条折线在突现之后被引次数都上升到峰值后开始稳步下降。图谱中也证实了这一规律，图谱的左下角显示出该领域最新的一些热门主题。

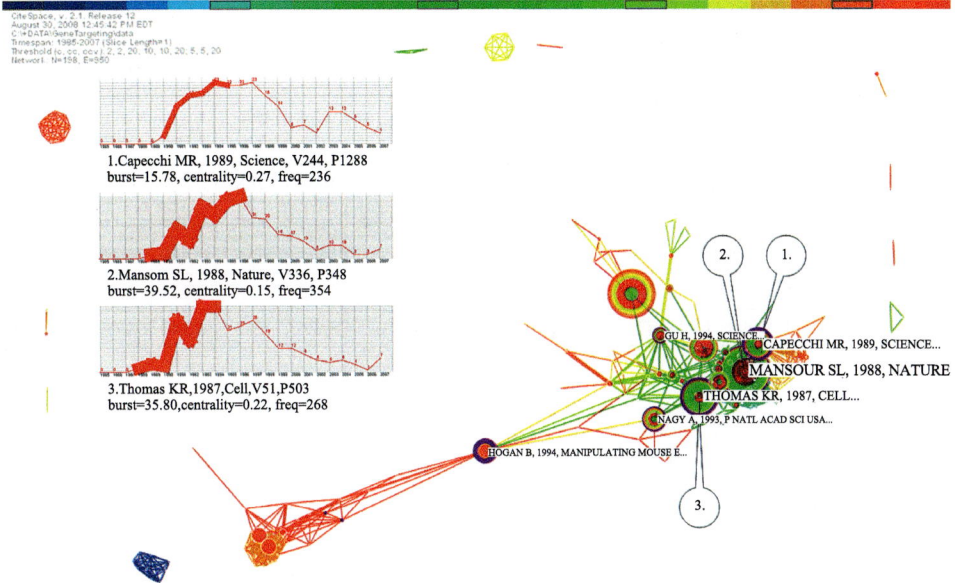

图 5-8 "基因靶标技术"文献共被引图谱（1985～2007 年）。图中显示了那些中介中心性最强的节点文献标签。在左侧的折线图中，引用的突现阶段加粗显示

2007 年的诺贝尔奖颁奖词中提到了胚胎干细胞的应用。胚胎干细胞领域的技术发展对于基因靶向技术起着至关重要的作用。2007 年诺贝尔奖得主之一的马丁·埃文斯，被称为胚胎干细胞的建筑师。埃文斯在 1981 年做出的开创性发现（Evans & Kaufman，1981，下称 Evans-1981），被 Thomas-1987 这一基因靶向领域的开创性论文所引用。Evans-1981 一文在 Web of Science 上的被引次数高达 1681 次，虽然这在我们所分析的数据集里算不上高被引，但埃文斯的这一技术为基因靶标技术的最终实现奠定了基础。我们的理论可以引发对很多问题的思考。例如，能否很容易地发现 Evans-1981 一文在基因靶向领域的必要性？谁第一个引用了 Evans-1981 文献？埃文斯自己的研究领域是什么？它与基因靶标领域有着怎样的关系？在诺贝尔奖得主的发现过程中，还有其他奠基性研究成果吗？它们的发现是否横跨了一个知识上的结构洞？它们的发现如何改变现有的知识结构？

表 5-4 列出了 σ_2（ρ_{burst} 和 $\rho_{centrality}$ 的几何平均值）最高的 5 篇论文。其中，第一篇、第三篇和第四篇都与 2007 年的诺贝尔奖有关。需要注意的是，最早的一篇论文 Thomas-1987，虽然被引次数（268 次）不是最高的，但 σ_2 值排在首位。排在第二的是一本书。如果我们只考虑期刊文章的话，排在前三位的论文

都与诺贝尔奖有关（图 5-9）。

表 5-4 σ_2（ρ_{burst} 和 $\rho_{centrality}$ 的几何平均值）最高的 5 篇论文

作者	年份	期刊	卷	页	被引次数	ρ_{burst}	$\rho_{centrality}$	σ_2
THOMAS KR	1987	CELL	51	503	268	0.851	0.537	**0.676**
HOGAN B	1994	MANIPULATING MOUSE E	BOOK		136	0.409	1.000	**0.639**
MANSOUR SL	1988	NATURE	336	348	354	0.940	0.366	**0.586**
CAPECCHI MR	1989	SCIENCE	244	1288	236	0.375	0.659	**0.497**
NAGY A	1993	P NATL ACAD SCI USA	90	8424	182	0.346	0.463	**0.400**

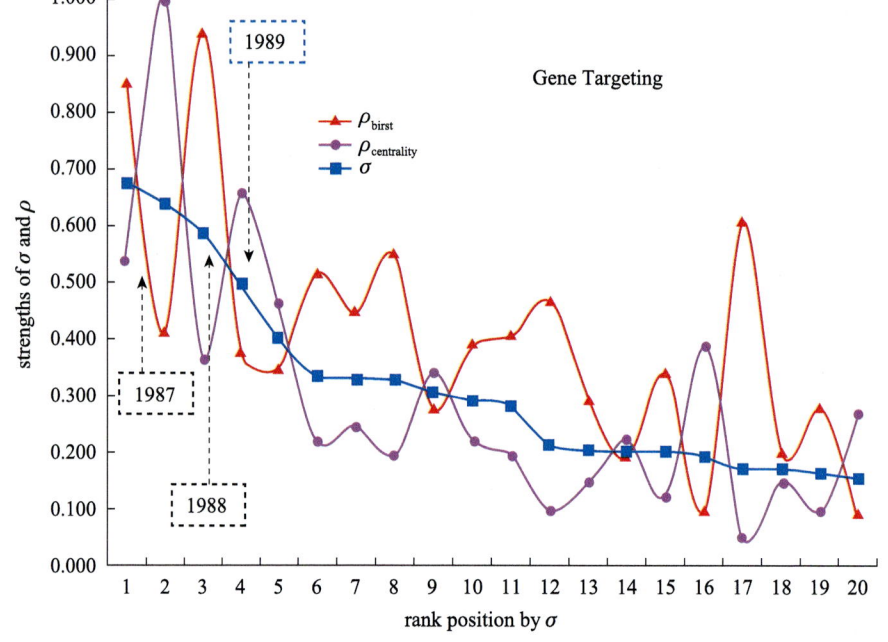

图 5-9　三篇诺贝尔奖获奖论文的 σ_2 指数排在最高

图 5-10 是基因靶向相关领域的一个图谱。该图谱是由在 Web of Science 中被引超过 15 次的施引文献生成的。也就是说，这些文章本身都已经或多或少地具有了一定的影响。共被引文献集结成聚类。知识的扩散可以通过跟踪共被引关系的足迹，即一篇文献是如何随时间从一个聚类移动到另一个聚类中，以及它们在某个聚类中持续的时间来进行确定。知识演化的历史可以看作是一个由该领域的所有科学家一起参与的信息觅食过程。例如，胚胎源性干细胞（embryo-derived stem cell，聚类 #11）在 1987 年时吸引了很多引用（以红色的稠密聚类表示）。1988 年，觅食过程转移到 DNA 传递方法领域（DNA delivery method，聚类 #19，位于聚类 #11 上方）。与 2007 年诺贝尔奖相关三篇论文都集中在聚类 #12 所代表的基因修正领域（gene correction）。在 1989～1990 年，觅食过程主要在聚类 #12 中展开。我们还研究了在一个更长时间段的知识扩散过程，聚类 #12 总是信息觅食过程中耗时最长的一个领域，高于其他任何领域。我们的一般假设是，在变革性发现上的觅食时间往往比在其他知识斑块上的觅食时间更长。当然，这需要进一步调查，而找到结构洞理论和信息觅食理论之间的联系是我们进行这个研究的一个重要方向。

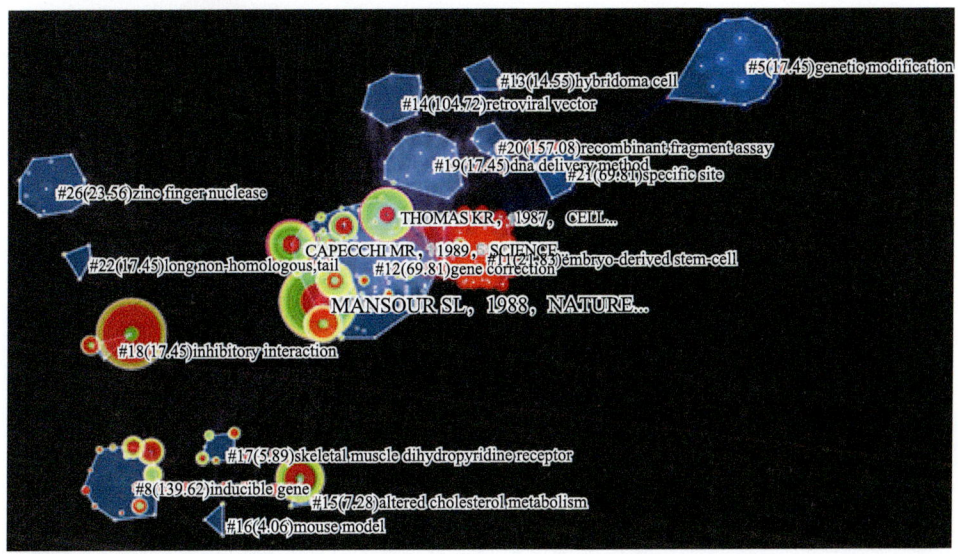

图 5-10　基因靶向技术的研究动向图谱（1985～2007 年）。阈值设置：施引文献在 Web of Science 中的被引次数至少在 15 次以上，选取每个时间段中被引次数最高的前 30 篇引文。多边形代表共被引论文的聚类。每个聚类标签是用从该聚类文献的施引文献的标题中抽取出来的主题词。红色的连线指的是最近一年出现的共被引关系。红线的稠密程度表示该聚类被引的总体情况

5.4.4.3　弦理论

第三个例子是物理学中的弦理论，我们将以此为例来阐释库恩科学革命。施瓦茨（Schwarz，1982）曾指出，弦理论领域曾发生了两次概念上的革命：一次是在 20 世纪 80 年代，另一次是在 20 世纪 90 年代。利用 1990～2003 年发表的文献题录，我们利用前面的方法对弦理论领域进行研究，并集中探讨在第二次弦理论革命中的结构属性和时间属性。

图 5-11 显示了在 1990～2003 年文献共被引网络的一个可视化图谱全景。

按照施瓦茨（Schwarz，1982）的观点，泡耳钦斯基（Polchinski）1995 年的文章（下称 Polchinkski-1995）标志着第二次弦理论革命的发生。Polchinkski-1995 的几何平均数指数排名第五。图谱显示它的中介中心性相对较高，但突现性并不突出。Witten-1991 的结构属性值最高，其次是 Maldacena-1998，它们都是同时具有较强的中介中心性和突现性。

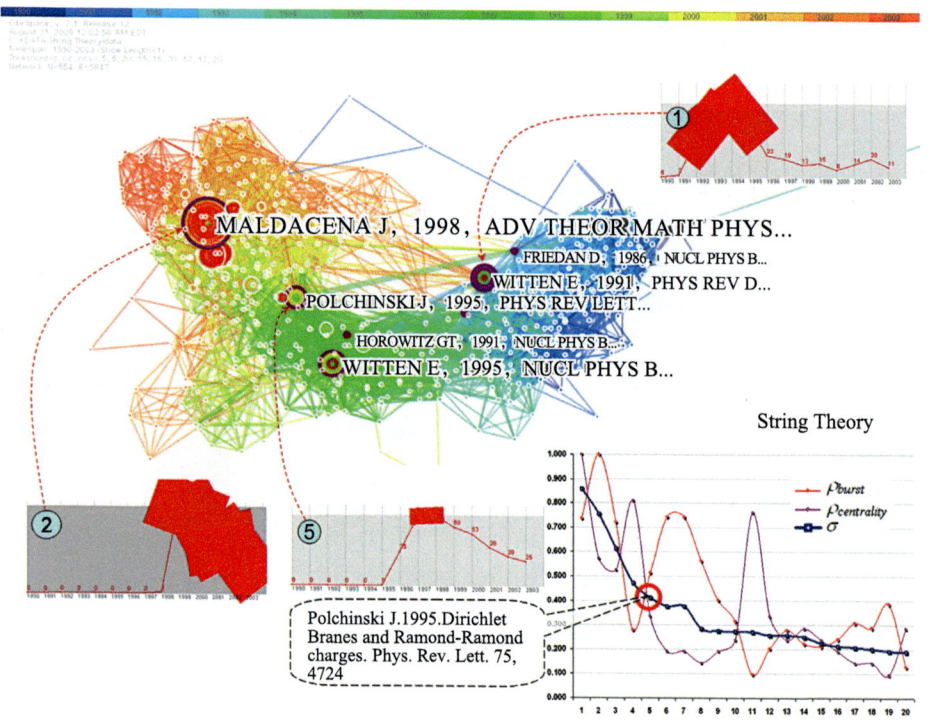

图 5-11 "弦理论"文献共被引网络（1990～2003 年）。Polchinski-1995 标志着第二次弦理论革命的开始。Maldacena-1998 是具有革命性的一篇文章，它构建弦理论和粒子理论之间的联系。图中的三个折线图分别显示了 Witten-1991，Maldacena-1998 和 Polchinski-1995 的突现时间段

Maldacena-1998 不只具有强中心性和突现性，它的被引次数在数据集中也是最高的。我们直接联系了马尔达塞纳（Maldacena）本人，问他怎么看待自己在弦理论领域的主要贡献。在他的回复中，有一点是显而易见的，就是他认为自己的研究非常具有革命性，他的回答是："这连接了两种不同的理论，一种是粒子理论或规范场论，一种是弦理论。很多关于弦的对偶性的论文都综合了各种不同的理论，本文也是其中之一。我们的文章将弦理论与更传统的粒子理论联系了起来"。马尔达塞纳的贡献被列入《时代》杂志评出的 100 个最具创

新性的成果中，认为"他构建了弦理论领域中那些深奥的公式与主流物理学之间的连接"。从我们的中介构建视角来看，下面的这段评语更为有趣，"一直以来，他都在找一种方法将之前认为不相容的两个理论结合起来：一种是量子力学，研究的是宇宙中最小的尺度；一种是爱因斯坦的广义相对论，研究的是最大的尺度"。此外我们在网上还搜索到，马尔达塞纳是2007年数学物理领域的丹尼·海涅曼奖的获得者，获奖理由是："推动了数学物理领域的重要发展，启发了跨学科交叉研究，以及在量子场论、弦理论和引力学等领域开展了大量的研究。"

表 5-5 显示了被引次数、突现值、中间中心度、σ_2（突现值和中心度的几何平均值）和 σ_3（被引次数、突现值、中心度的几何平均数）两两之间的皮尔逊相关系数。σ_2 和 σ_3 具有强相关性（$r=0.9780$），这意味着，至少在本例中，σ_3 指数是多余的，我们可以直接选取 σ_2。而突现值和中心度之间的弱相关系数也表明，二者几乎是独立的，虽然它们都与被引次数之间存在一定的关系。这也验证了我们为什么用突现值和中心度作为构建科学发现的影响力的指标。更详细的验证可能还需要考虑其他的测量指标，如 h 指数和其他变量（Antonakis & Lalive，2008；Hirsch，2005b）。

表 5-5　各单独指标和综合指标之间的皮尔逊相关系数

	ρ_{burst}	$\rho_{centrality}$	$\sigma_2(\rho_{burst},\rho_{centrality})$
$\rho_{citation}$	0.8026	0.3618	
ρ_{burst}		0.0409	
$\sigma_3(\rho_{burst},\rho_{centrality},\rho_{citation})$			0.9780

5.5　本章小结

本章从信息论视角讨论可视化分析，并将其作为意义构建和分析推理的通用框架。主要观点是，我们需要通过新证据的出现来感知势态的发展。我们还引入了转折点的观念，这可能会改变我们的思维模式。通过对现有科学发现的分析，我们推测有一种科学发现的普适机制。我们给出了一些例子，如用于问题求解的科学发现，用于探寻新假设的基于文献的发现，即通过找到知识单元之间的缺失连接来建立候选假设并进行确认，以及源于结构论的边界融合机制。

将这些综合在一起，我们提出了科学发现的解释和计算理论。这一理论提供了一个可扩展的框架，目前主要由结构属性和时间属性组成，这两个属性对于识别潜在的科学发现是必需的。我们还通过三个案例对该理论的有效性进行了证明。在接下来的几章中，我们将进一步发展这一理论，并利用它推导出可以识别变革性研究潜能的指标。

参 考 文 献

Adar E., Zhang, L., Adamic, L A., & Lukose, R M. 2004. Implicit Structure and the Dynamics of Blogspace. In Proceedings of the Workshop on the Weblogging Ecosystem at 13th International World Wide Web Conference.

Albert R., & Barabasi, A. 2002. Statistical mechanics of complex networks. Reviews of Modern Physics, 74 (1): 47-97.

Anderson T., Schum, D., & Twining, W. 2005. Analysis of Evidence. (2nd ed.). Cambridge, England: Cambridge University Press.

Antonakis J., & Lalive, R. 2008. Quantifying scholarly impact: IQp versus the Hirsch h JOURNAL OF THE AMERICAN SOCIETY FOR INFORMATION SCIENCE AND TECHNOLOGY, 59 (6): 956-969.

Barabási A L., Jeong, H., Néda, Z., Ravasz, E., Schubert, A., & Vicsek, T. 2002. Evolution of the social network of scientific collaborations. Physica A, 311: 590-614.

Bartels L. 1988. Issue voting under uncertainty: An empirical test. American Journal of Political Science, 30: 709-728.

Bederson B B., & Shneiderman, B. 2003. Theories for understanding information visualization. In The Craft of Information Visualization: Readings and Reflections (pp. 349–351): Morgan Kaufmann.

Bettencourt L.M.A., Castillo-Chavez, C., Kaiser, D., & Wojick, D E. 2006. Report for the Office of Scientific and Technical Information: Population Modeling of the Emergence and Development of Scientific Fields.

Bettencourt L.M.A., Kaiser, D.I., Kaur, J., Castillo-Chavez, C., & Wojick, D E. 2008. Population modeling of the emergence and development of scientific fields. Scientometrics, 75 (3): 495-518.

Bradshaw G F., Langley, P.W., & Simon, H A. 1983. Studying Scientific Discovery by

Computer Simulation (Vol. 222, pp. 971-975): American Association for the Advancement of Science.

Brandes U. 2001. A faster algorithm for betweenness centrality. Journal of Mathematical Sociology, 25 (2): 163-177.

Brannigan A., & Wanner, R A. 1983. Historical Distributions of Multiple Discoveries and Theories of Scientific Change (Vol. 13, pp. 417-435): Sage Publications, Ltd.

Brody T., Harnad, S., & Carr, L. 2006. Earlier Web Usage Statistics as Predictors of Later Citation Impact. Journal of the American Association for Information Science and Technology, 57 (8): 1060-1072.

Brush S G. (Year). Dynamics of theory change: The role of predictions. In Proceedings of the Proceedings of the 1994 biennial meeting of the Philosophy of Science Association (pp. 133–145). East Lansing, MI.

Brush S G. 1995. Prediction and Theory Evaluation in Physics and Astronomy. In A.J. Kox & D.M. Siegel (Eds.), No Truth Except in the Details (pp. 299-318). Dordrecht: Kluwer Academic Publishers.

Burt R S. 1992. Structural Holes: The Social Structure of Competition. Cambridge, Massachusetts: Harvard University Press.

Burt R S. 2001. The social capital of structural holes. In N.F. Guillen, R. Collins, P. England & M. Meyer (Eds.), New Directions in Economic Sociology. New York: Russell Sage Foundation.

Burt R S. 2004. Structural holes and good ideas. American Journal of Sociology, 110 (2): 349-399.

Burt R S. 2005. Brokerage and Closure: An Introduction to Social Capital. Oxford, UK: Oxford University Press.

Cahn R W. 1970. Case histories of innovations. Nature, 225: 693-695.

Chen C. 2003. Mapping Scientific Frontiers: The Quest for Knowledge Visualization. London: Springer-Verlag.

Chen C. 2004. Searching for intellectual turning points: Progressive Knowledge Domain Visualization. Proc. Natl. Acad. Sci. USA, 101 (suppl): 5303-5310.

Chen C. 2006. CiteSpace II: Detecting and visualizing emerging trends and transient patterns in scientific literature. Journal of the American Society for Information Science and Technology, 57 (3): 359-377.

Chen C. 2008. An information-theoretic view of visual analytics. IEEE Computer Graphics & Applications, 28 (1): 18-23.

Chen C., Chen, Y., Horowitz, M., Hou, H., Liu, Z., & Pellegrino, D. 2009. Towards an explanatory and computational theory of scientific discovery. Journal of Informetrics, 3 (3): 191-209.

Chen C., & Kuljis, J. 2003. The rising landscape: A visual exploration of superstring revolutions in physics. Journal of the American Society for Information Science and Technology, 54 (5): 435-446.

Chubin D E. 1976. The Conceptualization of Scientific Specialties. The Sociological Quarterly, 17 (4): 448-476.

Collins R. (1998). The Sociology of Philosophies: A Global Theory of Intellectual Change. Cambridge, MA: Harvard University Press.

Crane D. 1972. Invisible Colleges: Diffusion of Knowledge in Scientific Communities. Chicago, Illinois: University of Chicago Press.

Dalen H.P.v., & Henkens, K. 2005. Signals in science-on the importance of signaling in gaining attention in science. Scientometrics, 64 (2): 209-233.

Davis M S. 1971a. That's Interesting! Towards a Phenomenology of Sociology and a Sociology of Phenomenology. Philosophy of the Social Sciences, 1 (2): 309-344

Davis M S. 1971b. That's Interesting! Towards a Phenomenology of Sociology and a Sociology of Phenomenology. Phil. Soc. Sci., 1, 309-344.

Dorigo M., & Gambardella, L M. 1997. Ant colony system: A cooperative learning approach to the traveling salesman problem. IEEE Transactions on Evolutionary Computation, 1 (1): 53-66.

Dunbar K. 1993. Concept Discovery in a Scientific Domain. Cognitive Science, 17: 397-434.

Evans M., & Kaufman, M. 1981. Establishment in culture of pluripotential cells from mouse embryos. Nature, 292 (5819): 154-156.

Fleming L., Mingo, S., & Chen, D. 2007. Collaborative brokerage, generative creativity, and creative success. Administrative Science Quarterly, 52: 443-475.

Fortunato S., Flammini, A., & Menczer, F. 2006. Scale-free network growth by ranking. Phys. Rev. Lett., 96: 218701.

Freeman L C. 1977. A set of measuring centrality based on betweenness. Sociometry, 40: 35-41.

Fuchs S. 1993. A Sociological Theory of Scientific Change (Vol. 71, pp. 933-953): University of North Carolina Press.

Garfield E. 1992. Of Nobel Class: Part 2. Forecasting Nobel Prizes using citation data and the odds against it. Current Contents, 35: 3-12.

Garfield E., & Welljamsdorof, A. 1992. Of Nobel Class - a Citation Perspective on High-Impact Research Authors. Theoretical Medicine, 13 (2): 117-135.

Gill J. 2005. An entropy measure of uncertainty in vote choice. Electorial Studies, 24: 371-392.

Girvan M., & Newman, M.E.J. 2002. Community structure in social and biological networks. Proc. Natl. Acad. Sci. USA, 99: 7821-7826.

Gladwell M.（2007, 01/08/2007）. Open secrets: Enron, intelligence, and the perils of too much information. The New Yorker.

Glymour C. 2004. The Automation of Discovery. Daedelus, Winter, 69-77.

Goffman W., & Harmon, G. 1971. Mathematical approach to the prediction of scientific discovery. Nature, 229: 103-104.

Goffman W., & Newill, V A. 1964. Generalisation of epidemic theory: an application to the transmission of ideas. Nature, 204: 225-228.

Gordon M D., & Lindsay, R K. 1996. Toward discovery support systems: A replication, re- examination, and extension of Swanson's work on literature- based discovery of a connection between Raynaud's and fish oil. Journal of the American Society for Information Science, 47 (2): 116-128.

Griffith B C., & Mullins, N C. 1977. Coherent social groups in scientific change. Science, 177 (4053): 959-964.

Gruhl D., Guha, R., Liben-Nowell, D., & Tomkins, A. 2004. Information diffusion through blogspace. New York, NY.

Guiffre K. 1999. Sandpiles of opportunity: success in the art world. Social Forces, 77 (3): 815-832.

Hansen M T. 1999. The search-transfer problem: The role of weak ties in sharing knowledge across organization subunits. Administrative Science Quarterly, 44 (1): 82-111.

Heinze T., & Bauer, G. 2007. Characterizing creative scientists in nano-S&T: Productivity, multidisciplinarity, and network brokerage in a longitudinal perspective Scientometrics, 70 (3): 811-830.

Heinze T., Shapira, P., Senker, J., & Kuhlmann, S. 2007. Identifying creative research accomplishments: Methodology and results for nanotechnology and human genetics Scientometrics, 70 (1): 125-152.

Hilderman R.J., & Hamilton, H J. 2001. Knowledge Discovery and Measures of Interest. Norwell, MA: Kluwer Academic Publishers.

Hirsch J E. 2005a. An index to quantify an individual's scientific output. PNAS, 102: 16569.

Hirsch J E. 2005b. An index to quantify an individual's scientific research output. Proceedings of the National Academy of Sciences of the United States of America, 102: 16569.

Holton G., Chang, H., & Jurkowitz, E. 1996. How a scientific discovery is made: a case history. American Scientist, v84 (n4), p364 (312).

Hummon N P., & Doreian, P. (1989). Connectivity in a Citation Network - the Development of DNA Theory. Social Networks, 11 (1): 39-63.

Ioannidis J P., & Trikalinos, T A. 2005. Early extreme contradictory estimates may appear in published research: The Proteus phenomenon in molecular genetics research and randomized trials. J Clin Epidemiol, 58: 543-549.

Itti L., & Baldi, P. (Year). A Principled Approach to Detecting Surprising Events in Video. In Proceedings of the Proc. IEEE Conference on Computer Vision and Pattern Recognition (CVPR) pp. 631-637.

Katz E., & Lazarsfeld, P. 1955. Personal Influence. New York: The Free Press.

Klahr D., & Simon, H A. 1999. Studies of scientific discovery: Complementary approaches and convergent findings. Psychological Bulletin, 125 (5): 524-543.

Kleinberg J. 2002. Bursty and hierarchical structure in streams. Proceedings of Proceedings of the 8th ACM SIGKDD International Conference on Knowledge Discovery and Data Mining (pp. 91-101). ACM Press.

Kuhn T S. 1962. The Structure of Scientific Revolutions. Chicago: University of Chicago Press.

Kuhn T S. 1970. The Structure of Scientific Revolutions. (2nd ed.): University of Chicago Press.

Kullback S., & Leibler, R A. 1951. On information and suffciency. Annals of Mathematical Statistics, 22: 79–86.

Kumar R., Novak, J., Raghavan, P., & Tomkins, A. (Year). On the Bursty Evolution of Blogspace. In Proceedings of the WWW2003 (pp. 477). Budapest, Hungary.

Kumar R., Novak, J., Raghavan, P., & Tomkins, A. 2004. Structure and evolution of blogspace. Communications of the ACM, 47 (12): 35-39.

Laudan L., Donovan, A., Laudan, R., Barker, P., Brown, H., Leplin, J., et al. 1986. Scientific Change - Philosophical Models and Historical Research. Synthese, 69 (2): 141-223.

Lazarsfeld P F., Berelson, B., & Gaudet, H. 1944. The people's choice: How the voter makes up his mind in a presidential campaign. . New York: Columbia University Press.

Leydesdorff L. 2007. Betweenness centrality as an indicator of the interdisciplinarity of scientific journals. Journal of the American Society for Information Science and Technology, 58 (9): 1303-1319.

Liben-Nowell D., & Kleinberg, J. 2008. Tracing Information Flow on a Global Scale Using Internet Chain-Letter Data. PNAS, 105 (12): 4633-4638.

Lindahal B.I.B. 1992. Discovery, theory change, and the Nobel Prize: on the mechanism of scientific evolution. Theoretical Medicine, 13 (2): 97-231.

Lindsay R K., & Gordon, M D. 1999. Literature-based discovery by lexical statistics. Journal of the American Society for Information Science, 50 (7): 574-587.

Liqiang G., & Howard, J H. 2006. Interestingness measures for data mining: A survey. ACM Computing Surveys, 38 (3): 9.

Lokker C., McKibbon, K.A., McKinlay, R.J., Wilczynski, N.L., & Haynes, R.B. 2008. Prediction of citation counts for clinical articles at two years using data available within three weeks of publication: retrospective cohort study. BMJ, 336 (7645): 655-657.

Marshall B J. 2005. Helicobacter connections. Nobel Lecture.

Marshall B J., & Warren, J R. 1984. Unidentified curved bacilli in the stomach of patients with gastritis and peptic ulceration. Lancet, 16 (1): 1311-1315.

Mayer R E. 1995. The search for insight: Grappling with Gestalt Psychology's unanswered questions. In R.J. Sternberg & J.E. Davidson (Eds.), The Nature of Insight (pp. 3-32). Cambridge, MA: The MIT Press.

Morris S.A., & Van der Veer Martens, B. (2008). Mapping research specialties. Annual Review of Information Science and Technology, 42: 213-295.

Mullins N C., Hargens, L.L., Hecht, P.K., & Kick, E L. 1977. The group structure of cocitation clusters: A comparative study. American Sociological Review, 42 (4): 552-562.

Newman M.E.J. 2001. The structure of scientific collaboration networks. Proc. Natl. Acad. Sci.

USA, 98: 404-409.

Nowakowska M. 1973. An epidemical spread of scientific objects: an attempt of empirical approach to some problems of meta-science. Theory and Decision, 3: 262-297.

NSF 2007. Important Notice No. 130: Transformative Research. Retrieved Nov 19, 2008, 2008, from http://www.nsf.gov/pubs/2007/in130/in130.jsp

Perkins D N. 1995. Insight in minds and genes. In R.J. Sternberg & J.E. Davidson（Eds.）, The Nature of Insight（pp. 495-534）. Cambridge, MA: MIT Press.

Perneger T.V. 2004. Relation between online "hit counts" and subsequent citations: prospective study of research papers in the BMJ. BMJ, 329: 546-547.

Pincock S. 2005. Nobel Prize winners Robin Warren and Barry Marshall. Lancet, 366 (9495): 1429.

Pirolli P. 2007. Information Foraging Theory: Adaptive Interaction with Information. Oxford, England: Oxford University Press.

Radder H. 1997. Philosophy and history of science: Beyond the Kuhnian paradigm. Studies in History and Philosophy of Science, 28 (4): 633-655.

Redner S. 2004. Citation statistics from more than a century of Physical Review. Phys. Rev. E (Submitted for Publication).

Sandstrom P E. 1999. Scholars as subsistence foragers. Bulletin of the American Society for Information Science, 25 (3).

Schaffner K F. 1992. Theory change in immunology part I: extended theories and scientific progress. Theoretical Medicine, 13 (2): 175-189.

Schwarz J H. 1982. Superstring Theory. Physics Reports-Review Section of Physics Letters, 89 (3): 224-322.

Shibata N., Kajikawa, Y., & Matsushima, K. 2007. Topological analysis of citation networks to discover the future core articles. Journal of the American Society for Information Science and Technology, 58 (6): 872-882.

Shneiderman B. 2002. Leonardo's Laptop: Human Needs and the New Computing Technologies. Cambridge, MA: MIT Press.

Shneiderman B. 2007. Creativity support tools: accelerating discovery and innovation. Communications of the ACM, 50 (12): 20-32.

Simon H A. 1981. The Sciences of the Artificial. Cambridge, MA: MIT Press.

Simon H A., Langley, P.W., & Bradshaw, G.L. 1981a. Scientific discovery as problem-solving. Synthese, 47: 1-27.

Simon H A., Langley, P.W., & Bradshaw, G.L. 1981b. Scientific Discovery as Problem Solving. Syntheses, 47: 1-27.

Smalheiser N R., & Swanson, D R. 1996. Indomethacin and Alzheimer's disease. Neurology, 46: 583.

Small H. 1999. A passage through science: Crossing disciplinary boundaries. Library Trends, 48 (1): 72-108.

Small H. 2000. Charting pathways through science: Exploring Garfield's vision of a unified index to science. In B. Cronin & H.B. Atkins (Eds.), The Web of Knowledge: A Festschrift in Honor of Eugene Garfield (pp. 449-473). Medford, NJ: Information Today, Inc.

Small H., & Crane, D. 1979. Specialties and disciplines in science and social science. Scientometrics, 1: 445-461.

Snijders T.A.B. 2001. The Statistical Evaluation of Social Network Dynamics. In M.E. Sobel & M.P. Becker (Eds.), Sociological Methodology (pp. 361-395). Boston and London: Basil Blackwell.

Soofi E S., & Retzer, J J. 2002. Information indices: unification and applications. Journal of Econometrics, 107: 17-40.

Stewart J A. 1990. Drifting Continents and Colliding Paradigms: Perspectives on the Geoscience Revolution. Bloomington, IN: Indiana University Press.

Sullivan D., Koester, D., White, D.H., & Kern, R. 1980. Understanding Rapid Theoretical Change in Particle Physics: A Month-By-Month Co-Citation Analysis. Scientometrics, 2 (4): 309-319.

Swanson D R. 1986a. Fish oil, Raynaud's syndrome, and undiscovered public knowledge. Perspectives in Biology and Medicine (30): 7-18.

Swanson D R. 1986b. Undiscovered public knowledge. Library Quarterly, 56 (2): 103-118.

Swanson D R. 1987. Two medical literatures that are logically but not bibliographically connected. Journal of the American Society for Information Science, 38: 228-233.

Swanson D R. 1988. Migraine and magnesium: Eleven neglected connections. Perspectives in Biology and Medicine, 31: 526-557.

Swanson D R., & Smalheiser, N R. 1999. Implicit text linkages between Medline records: Using

Arrowsmith as an aid to scientific discovery. Library Trends, 48: 48-59.

Thagard P. 1992. Conceptual Revolutions. Princeton, New Jersey: Princeton University Press.

Thomas J J., & Cook, K.A. (Eds.). 2005. Illuminating the Path: The Research and Development Agenda for Visual Analytics: IEEE.

Valente T W. 1996. Social network thresholds in the diffusion of innovations. Social Networks, 18: 69-89.

Wagner-Dobler R. 1999. William Goffman's "Mathematical Approach to the Prediction of Scientific Discovery" and its application to logic, revisited. Scientometrics, 46 (3): 635-645.

Wasserman S., & Faust, K. 1994. Social Network Analysis: Methods and Applications. Cambridge University Press.

6 知识域分析

本章所关注的内容是如何通过定量分析方法探测科学发展中的新兴趋势和变化。知识域（knowledge domain），这个本章的关键概念取决于我们选择的视角。这与第3章中提到的关于思维方式影响我们的世界观是相呼应的。我们首先介绍递进式知识域（progressive knowledge domain）分析的原则，在本章第二部分中，我们将介绍一种多视角共引分析的新方法，这种方法旨在将传统的共引分析重点从参考文献转向这些参考文献的施引文献。

6.1 累加式知识域可视化

递进式可视化的目的是揭示潜在知识域（underlying knowledge domain）随时间的演化。知识域是可以充分代表潜在知识发展本质的实体，它包括一个主题领域、一个研究领域、一个学科，或者这些实体的任意组合。这是一个宽泛的定义。知识域本身并不存在，而是依赖于我们的观点而存在。

我们的心智模式决定了哪些知识可以作为知识域的一部分。一个知识域通常涉及许多主题，这些主题间的关联可能看起来比较松散，除非人们从某种统一的视角来看待它们。某个"域"看起来相对稳定，仅仅是因为我们习惯了用同一视角来观察它们。如果人们发现了一个具有创造性的视角，那么一个新的"域"可能会出现。这种视角可能受到外界的激发，也有可能源于我们内心。知识域的概念要比范式的概念更宽泛，一个"知识域"可以容纳多个竞争范式。我们采用"知识域"这一术语来强调这一现象的动态特征。在本章中，除另有说明，我们都采用网络来表征一个潜在的知识域。

6.1.1 科学革命

库恩的《科学革命的结构》在许多学科中被广泛引用。在库恩的理论中，科学通过重复一系列的状态来实现演化，即范式的创建、范式的扩展和巩固、范式危机、实现范式变革更替。库恩的理论在检测和跟踪范式演变和转移中引起学者深入的关注。

在范式演变轨迹研究中，人们将日益丰富的学科科学文献作为数据源。科学范式反映了一个科学领域，以及该领域中科学家所掌握的理论、原则和方法。正如库恩所说，科学范式的演变不可避免地反映在该领域科学家的研究文献中。另外，范式的出现、变更和竞争也会在科学文献中留下线索。在文献所体现的线索中，一个特别的信息源就是科学家是如何参考早期科学研究的。科学家的每个见解或贡献，都会体现在他们所发表的文章中，在接下来的几年中该文献会被同行科学家频繁地引用，这一过程为我们了解初始科学观点的影响力提供了大量信息。这种与引证相关的分析方法称为引文分析。斯莫尔在 1977 年根据胶原蛋白领域中文献共被引聚类在网络中随时间的变化，研究了胶原蛋白领域内研究热点的演变，结果发现有些聚类在某一年中出现后，在下一年也许就消失了，同时出现一些新的聚类。斯莫尔的研究早于许多现代的可视化技术，而且他的语言描述生动，让每个人都可以捕捉到这种变化。动画可视化技术可以按照时间序列重构引用和共被引事件，以便生动、直观地展现科学领域的发展历程（Chen & Kuljis，2003）。我们可以通过动画可视化技术识别技术范式，如在超弦理论科学领域文献研究中，共被引聚类所对应的就是领域内的重大技术变革，但是这种动画可视化技术不能简单、直观地识别开创性文献，因为这些文献并没有表现出明显的可视化特征。人们采用递进式的知识域可视化方法来改进动画可视化技术的性能，通过区分可视化特征的方式来表征这些开创性文章（Chen，2004）。一个领域的研究前沿体现的是该领域当前的科学发展水平。在研究前沿和基础科学领域共同演进过程中，新的文献不断替代现有文献。研究前沿所引用的参考文献构成知识基础。由具有紧密共被引关系的参考文献构成的聚类就像是科学前沿的脚印，随着科学领域向前移动，人们可以在文献中检测到该共被引聚类的轨迹或者脚印。通过该聚类以及与其相对应的基础范式间的联系，人们就可以预测一个科学范式到另一个范式的转移（图 6-1）。

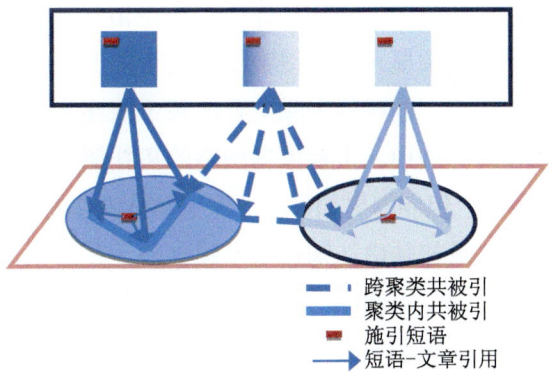

图 6-1　研究前沿与知识基础的关系
资料来源：Chen，2006

6.1.2 任务

在了解科学文献或者基金、专利等文献的主体构成时，知识域可视化主要有以下三项任务。

（1）提高单个网络的清晰度；
（2）突显出邻接网络间的转换关系；
（3）识别出潜在的重要节点。

第一项任务着重于单个网络展现的清晰度。在绘图中的一个主要审美标准就是在准许的情况下尽可能少地出现交叉连线。一个网络中拥有最少的交叉连线不仅是审美上的考虑，同时也能提高人们对其的感知。我们可以通过修剪网络中的各种连接来减少交叉连线的数量。通用的剪枝算法为最小生成树（minimum spanning tree，MST）算法和网络寻径算法（pathfinder network scaling）。这些剪枝技术的优势与局限性将在后面的章节中详细介绍。

第二项任务主要要求两个相邻的网络是可以累加合并的，这样我们就可以清晰地看到先前的网络中哪一部分还留存在新的网络中，哪一部分在新网络中不活跃了，以及在新的网络中哪一部分是全新的。本章中所采用的方法中有很大一部分创新工作都是与此问题相关的。

第三项任务强调的是视觉显著特征在简化知识转折点搜索任务中的作用，具有视觉显著特征的节点包括地标节点（landmark node）、枢纽节点（pivot node）和集线节点（hub nodes）。

6.1.2.1 提高网络清晰度

在共引网络中通常会有较多连线，连线间存在相互交叉现象。有两种常用的方法可以用来减少网络中显示的连线数量：基于阈值的方法和基于拓扑的算法。在基于阈值的方法中，连线的去除主要依赖于该连线的权重是否超出了某阈值。而在基于拓扑的算法中，主要依据网络的拓扑属性来去除连线，尽管该算法的计算复杂度较高，但能够更加可靠地保留网络内在的拓扑属性。

网络寻径定位算法最初是由认知科学家建立的，在主观评价的基础上构建的程序模型（Schvaneveldt，1990）。它使用了一个比最小生成树算法更加复杂的连线去除机制，保留了网络中大部分的重要连线以及网络的完整性。每一网络都有一个独一无二的寻径网络，该寻径网络中包含了所有可替换的最小生成树网络。

采用网络寻径定位算法的目的在于简化网络密度，同时保留网络显著特征。寻径网络的拓扑结构是由两个参数 r 和 q 来决定的。r 参数是基于明科夫斯基（Minkowski）距离定义了一个给定网络的测度空间，从而我们可以测量网络中两个节点间的连接路径的长度。当 $r = 2$ 时，明科夫斯基距离就是我们熟悉的欧氏（Euclidean）距离。当 $r = \infty$ 时，路径的权重就定义为它的组分链接的最大权重。该距离被称为最大值距离。给定一个测度空间，三角不等式可以定义为

$$w_{ij} \leq (\sum_k w^r_{n_k n_{k+1}})1/r \tag{6-1}$$

其中，w_{ij} 表示节点 i 和 j 之间直接路径的权重。$w_{n_k n_{k+1}}$ 表示节点 n_k 和 n_{k+1} 之间路径的权重（$k = 1, 2, \cdots, m$）。当 $i = n_1$，$j = n_k$ 时，i 和 j 之间备选路径可以通过网络中所有 $n_1, n_2, \cdots, n_k$ 节点，只要每一个中间连接都属于该网络。

如果 w_{ij} 比备选路径的权重大，那么 i 和 j 之间的直接路径就违反了不等式的条件。因此，i 和 j 之间的连接被剔除，因为该链接不能够代表节点 i 和 j 之间最显著的联系。

q 参数表示在备选路径中满足三角不等式的最大连接数量。q 值可以被设定为 2 和 $N-1$ 之间的任意整数，N 表示网络中的节点数量。如果选择备选路径比直接路径需要更少的成本（lower cost），那么剔除直接路径。按照这种方式，寻径方法减少了初始网络中连线的数量，但并未影响到网络中的所有节点，由此得到的网络也被称为最小成本网络（minimum-cost network）。

网络寻径定位算法的优势在于它能比其他算法，如多维空间尺度（MDS）和最小生成树（MST）派生出更精确的局部结构。然而，网络寻径定位算法计算复杂度相对较高。当 $q = N-1$ 并且 $r = \infty$ 时，网络寻径算法达到最大修剪能力。同时，由于需要检查每一个连接的所有可能路径，计算复杂程度也是最高的。近来，寻径网络的生成采用了集成最小生成树的办法（这样做更为有效）。

6.1.2.2 合并异质网络

在重大概念变革前后，新理论和新证据的出现，将导致一个知识域的知识结构产生根本性的变化。一个领域中经典文献的共引网络可能会与新的文献所构成的共引网络有所不同。关键的问题就是我们如何能够在合并潜在多样性网络的同时尽可能多地保留原有信息。

一个合并后的网络要能捕捉到一个知识域中共被引结构随时间推移的最重要变化。我们需要找到什么时候、在哪里发生了最有影响的变化，这样就可以表征和可视化一个领域的演化。在以往的研究文献中，很少有研究者从中心领

域视角研究网络合并。我们新方法的中心思想是将一个潜在现象的不同网络表示方法翔实地拼接到一起进行可视化。

6.1.2.3 合并网络中的视觉显著节点

在共引网络中，节点的重要性可以通过节点的局部拓扑结构和节点的其他属性来识别。我们重点研究了以下三种类型的节点：① 地标节点；② 集线节点；③枢纽节点（图 6-2）。

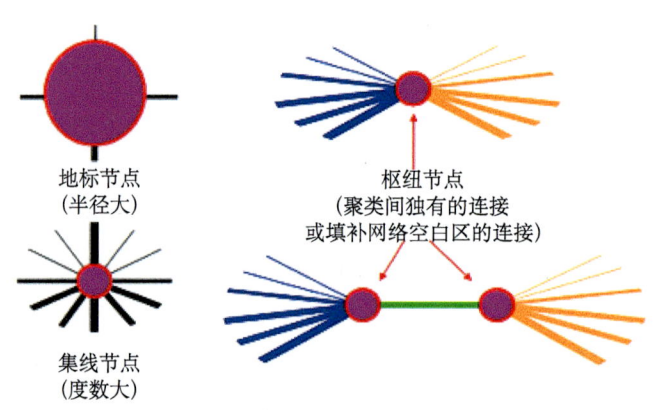

图 6-2　共引网络中三种类型的显著节点
资料来源：Chen，2004

地标节点是指具有特殊贡献值的节点。例如，一个高被引文章，无论与其他文章共被引情况如何，都向我们提供重要的地标信息。地标节点在空间可视化中可以通过大小、高度或者体积来加以区分。集线节点的节点度数相对较高，一篇与其他文章具有广泛共被引关系的文章可以作为重要知识贡献的候选文章。一个高度数的集线节点在可视化网络中很容易识别。地标节点和集线节点在网络可视化中较为常见。尽管枢纽节点的概念在不同的语境中被广泛使用，但是在我们的方法中对于枢纽节点概念的使用方式是全新的。枢纽节点是用来连接两个不同网络的节点，它们或者是两个网络的共用节点，或者处于两个网络交互连接上的网关节点。枢纽节点在我们的方法中起着重要作用。

6.1.3　CiteSpace[①]

CiteSpace 是累加式知识域分析的主要工具。它是可以免费获得的 Java 应用

---

① http://cluster.ischool.drexel.edu/~cchen/citespace

程序，用于对科学领域中文献的新兴模式和重要变革进行可视化和分析（Chen，2004，2006；Chen et al., 2010）。CiteSpace 使用著录集信息作为输入，典型的包括引用文献信息，输出几个连续时间片段下的相互交互的可视化网络，如作者网络、引文网络，以及其他类别的节点网络。这些可视化网络的设计主要用于帮助人们识别知识拐点、知识转移关键路径，以及单个节点的集聚。常规分析程序如图 6-3 所示，更加详细的分析功能将在需要的时候加以说明。

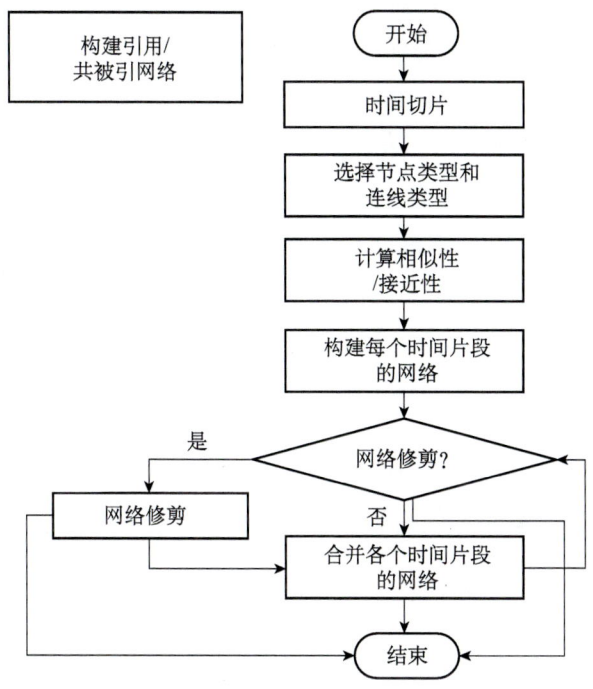

图 6-3　CiteSpace 网络的构建过程

6.1.3.1　时间分割

时间分割方法把整个时间段切分成长度相等的时间区间，这些片段称为时间片段。每个时间片段的长度可以小到 1 年，大到几十年甚至上百年。如果有合适的数据，时间片段可以细化到月或周。虽然重叠的时间区间可能是值得探索的，但目前切分的时间段间互不相交。

6.1.3.2　采样

典型的引文分析和共引分析中，需要选取高被引的科学文献——精华。在 CiteSpace 中构建网络时，用户需要设定自己的标准来选取节点和节点间的链接。用户也可以采用 CiteSpace 提供的默认设置。最简单的选择节点的方法是 Top-N 方法，此中 N 表示每一个时间段被引频次排名前 N 的高被引文章，在最终网络中将包含每个时间段高被引频次排名前 N 的文章。相类似地，我们也可以使用 Top-N% 方法，即选取每一个时间段中排名前 N% 的高被引文章。CiteSpace 还允许用户自己设定三组阈值，将三组阈值插值到所有时间段。每一组阈值都包括以下三部分：引用次数（c）；共被引次数（cc）；共被引率（ccv）。在 CiteSpace 中，用户需要分别设定时间段初期、中期和后期理想的阈值。CiteSpace 会自动将插值分派到剩余的时间片段中。

研究表明，引用次数符合幂率分布。大多数发表的文章从未被引用过。而很小一部分文章被大量引用。发表文章的引用频率和分布受到很多因素影响。一篇高被引文章是高度可视的。它的公开性可能吸引更多的引用。就知识拐点而言，我们尤其关注引文数量近期快速增长的文献。在后面超弦理论的案例研究中，我们使用简单的标准化模型对每一个时间段文章引文数量进行标准化——对文章发行年份取对数，发行年份表示为从发表年年开始至今经历的年份，主要目的是突出在文献发表后接下来的几年中引文增长最快的文章。

6.1.3.3 模型

默认情况下，共被引次数是在每个时间片段内部计算的，采用余弦系数方法对共被引频次进行标准化，公式如下，给定 $c(i) \neq 0$，$c(j) \neq 0$：

$$cc_{\text{cosine}}(i, j) = \frac{cc(i, j)}{\sqrt{c(i)*c(j)}} \quad (6\text{-}2)$$

其中，$cc(i, j)$ 表示文档 i 和 j 的共被引频次，$c(i)$ 和 $c(j)$ 分别表示文档 i 和 j 的被引频次。用户可以指定共被引系数阈值，默认值为 0.15。

我们可以采用信息科学研究中的其他方法测度共被引强度，如 Dice 和 Jaccard 系数。

6.1.3.4 剪枝

有效的剪枝算法可以减少连线的交叉，提高合成网络可视化的清晰度。CiteSpace 支持两种剪枝算法，即寻径算法和最小生成树算法。用户可以选择对单个网络剪枝，或对合并后的网络剪枝，或者同时对这两个网络进行剪枝。剪枝算法增加了可视化过程的复杂性。在接下来的章节中，我们将展示局部剪枝和全局剪枝可视化。在此，我们只讨论基于寻径的剪枝算法。采用寻径算法对单个网络进行剪枝时，参数 q 和 r 分别设为 N_k-1 和 ∞，进而确保算法达到最广泛的剪枝效果，N_k 表示网络在第 k 时间段的网络大小。合并后的网络中，参数 q 设为 $(\sum N_k)-1$ ($k=1, 2, \cdots$)。

6.1.3.5 合并

将一系列的时间片段网络合并为一个综合网络，合并后的网络中将包含每一个体网络中的所有节点。个体网络中的链接或基于最早建立原则，或基于近期增加原则被合并。最早建立原则选择拥有最早时间标识的连接，因此丢失后来形成的连接；而近期增加原则保留了最近的时间标识，去除先前的连接。

在默认情况下，应用最早建立原则。主要依据是为了监测文献间最早的联系是什么时候建立的。通过对阈值的设定，我们可以更加精确地探测到何时该连接首次被增强。

6.1.3.6 绘图

无论是单个时间段网络还是合并后的网络，我们都是采用 Kamada-Kawai 算法进行网络布局（Kamada & Kawai, 1989）。节点的大小与标准化之后的引用次数成比例。地标节点可以通过大圆盘节点很容易识别出来。每一个节点标签的大小和文献引用次数成比例，因此大的节点标签也大。用户可以依据自己的意愿调节标签大小。连线的宽度和长度与共被引系数成比例。连线的颜色表示在设定阈值下连线最早出现的时间。地标节点、集线节点和枢纽节点等突出的节点用肉眼就很容易在图中识别出来。CiteSpace 目前并没有包含探测此类节点的计算算法，得到的视觉效果是网络最直接的体现，尽管加入测度算法可能会进一步增强视觉功能。一个有效的测度算法应该能够反映节点的度数，以及节点间连线的异质性。一个节点的连线所链接的其他节点异质性越大，那么节点所体现的枢纽作用就越大。

6.1.3.7 案例研究：超弦理论

在过去的 20 多年文献记录中，超弦理论发生过两次变革：第一次发生在 20 世纪 80 年代中期，另一次发生在 20 世纪 90 年代中期（Schwarz, 1982; Schwarz, 1996）。超弦理论数据集包括 1985～2003 年的引文数据。我们邀请了超弦领域中著名的科学家来验证我们的可视化网络。我们为加州理工学院的施瓦茨（John Schwarz）和普林斯顿大学的威顿（Edward Witten）展现的是没有剪枝的合并后的可视化图。施瓦茨是引发了第一次超弦理论革命的文章的作者之一。威顿在超弦理论领域拥有一定数量的高被引文章，他位列 1981～1997 年的 1000 名高被引物理学家排名中，该排名是由美国科学信息研究所（ISI）编撰的。我们希望他们能够解释由网络中枢纽节点和集线节点识别出的知识贡献的本质。

按照每三年一个时间段的时间片段划分方法，将 19 年时间段划分为 6 个三年时间片段和 1 个一年时间片段。三年时间片段起止年段分别为 1985～1987 年和 2000～2002 年，一年时间段为 2003 年。我们采用不同的阈值设定方法，分别得到两组运行结果，一组采用较高阈值，得到小的网络（图 6-4）；另一组采用较低阈值，得到较大的网络（图 6-5）。连线的颜色编码采用最早建立连线原则来设定，连线颜色越深，表明连线建立的时间越早，颜色越浅，表明连线建立的时间越近。由于篇幅有限，在此没有展示各个时间片段的单个网络。

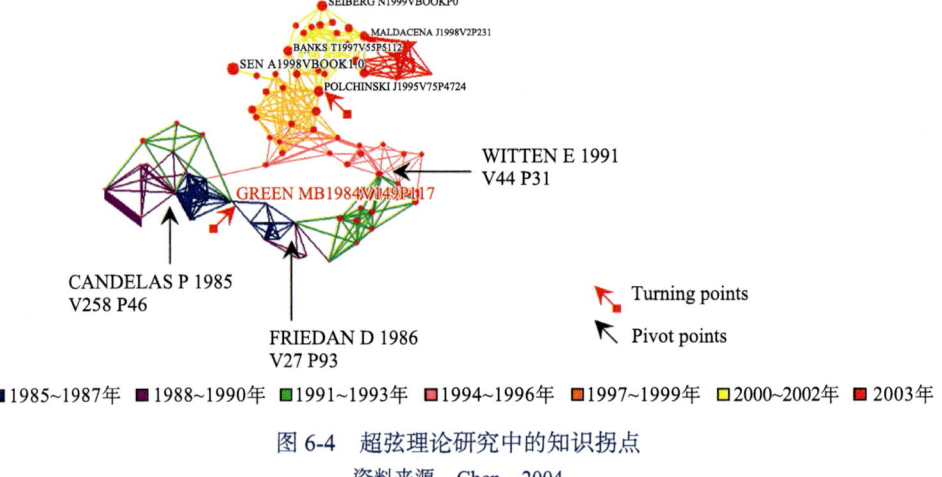

图 6-4　超弦理论研究中的知识拐点
资料来源：Chen, 2004

如图 6-4 所示，1984 年 Green-Schwarz 的文章是一个典型的枢纽，该节点是两个紧密连接的蓝色聚类（1985～1987 年）间唯一的连接点。正是这篇文章引发了第一次超弦理论革命——1984 年著名的 Green-Schwarz 异常取消机制一文。Friedan 在 1986 年的一文是显著的枢纽节点，连接蓝色聚类（1985～1987 年），粉色聚类（1988～1990 年）和绿色聚类（1991～1993 年）。Witten 在 1986 年的文章是蓝色聚类（1985～1987 年）和黄色聚类（2000～2002 年）的枢纽节点。

在图 6-4 中，小的红色聚类（2003）象征着新兴聚类的候选领域。我们可以在较小规模的合并网络中发现钦斯基（Polchinski）发表于 1995 年的文章，却被较大网络中的 4000 多个强连接所占据着。然而，可视化网络的质量还是很令人期待的，在网络中，重要的文章都体现出独特的拓扑特征。

位于主体网络上部的 Maldacena、Witten 和 Gubser-Klebanov-Polyako 的文章，都发表于 1998 年。当向威顿询问他对于先前可视化地图（引用次数没有通过发表年份标准化之前的网络）的评论时，他表示，Green-Scharwz 的文章比该领域中最多被引用的 3 篇文章更加重要。图中没有充分地展示 20 世纪 90 年代早期的文章，节点引用频次和领域专家在对它们的重要性评价上有明显的偏差。威顿的评论向我们提出了一个重要的问题：有没有这样的可能，一篇知识结构上重要的文献可能不总是最高被引用的文章？是的，这是有可能的！

该领域专家的评论已经确认两个版本的合并网络都确确实实突出了重要文献。并且，这些文献都展现了独特的拓扑属性，将自己与其他文章区分开来。

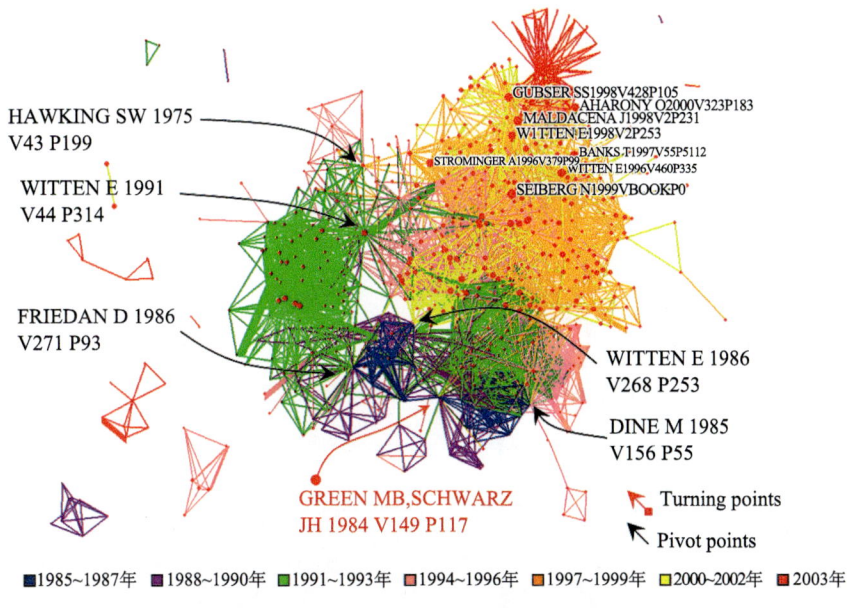

图 6-5　624 篇文献共被引构成的网络

资料来源：Chen，2004

6.1.3.8　其他案例

我们使用 CiteSpace 进行了一系列其他案例研究，包括物种大规模灭绝研究、恐怖主义研究（Chen，2006）、天文学领域中斯隆数字巡天（Sloan Digital Sky Survey，SDSS）项目研究（Chen et al.，2009b）和信息科学研究（Chen et al.，2010）。在此，我们仅展现几个最具代表性的案例。

图 6-6 展示的是恐怖主义研究领域中，共被引文献合成网络的可视化图谱。

整个网络由 3 个紧密的聚类所占据，每个聚类对应一个范式。处于图谱底部的聚类是在 2010 年 9 月 11 日恐怖袭击之后形成的，位于图谱左侧的聚类形成时间较早，主要内容是关于 20 世纪 90 年代早期恐怖袭击所导致的人身伤害。右侧聚类则由涉及生化武器威胁的健康防护准备相关的文章构成。从人身伤害聚类到有健康防护准备聚类的过渡是由一篇单独的文章表征的，这篇文章在可视化图谱中被标识为转折点。值得注意的是，如果没有人在写文章时同时引用了聚类中的文章和拐点文章，那么在独立研究层面，两个聚类的联系就可能根本不会存在。在一个聚类中的研究者，除了了解该篇拐点文章，很有可能不知道另一个聚类中的任何文章。换句话说，这种合并后的可视化网络可以揭示出一些个体研究者通过其他方式没有办法看到的信息。

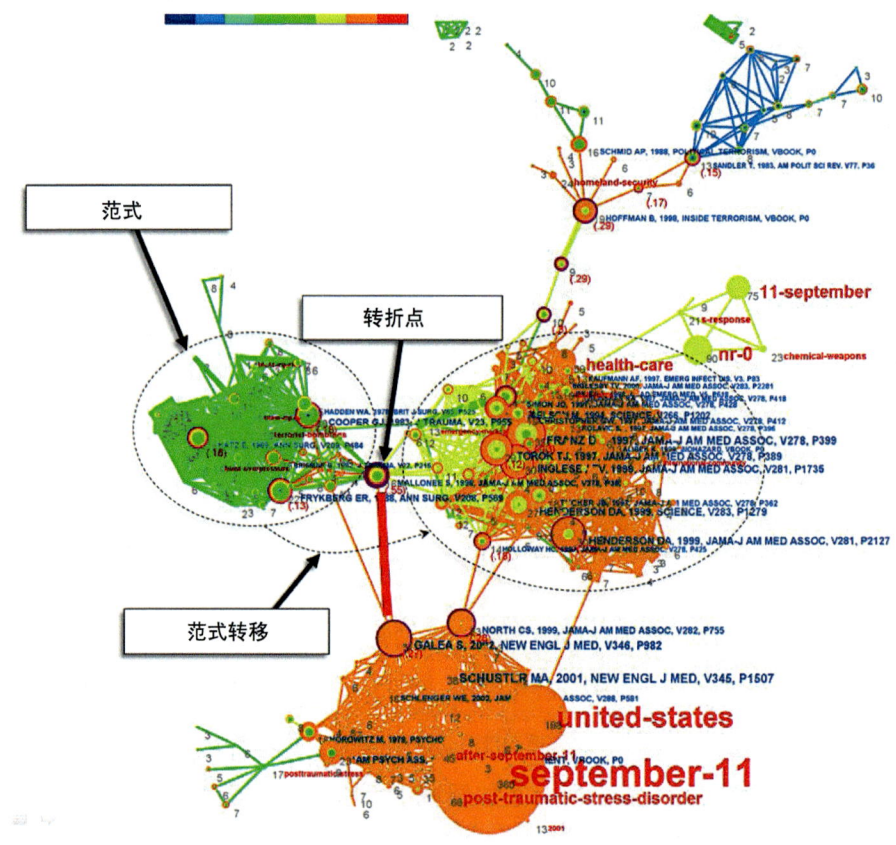

图 6-6　恐怖主义研究的主要领域

资料来源：Chen，2006

另一个有趣的案例是关于物种灭绝研究的可视化。对于该研究领域的历史观点表现为图 6-7。可视化描述了两条主要的研究路线，一条标注为 KTB（65Ma），开始于图的最左端，在 1993 年进入尾声。另一条路线标注为 PTB（250Ma），开始于 1991 年。看起来似乎是研究团体从 KTB 转移了研究重点到 PTB。我们的案例研究中揭示出两条具有高度相似性的研究路线。两条发展路径都是发端于同一个理论以及搜索诊断性证据的同一项任务。可以明显地看到，PTB 这条线路是受到了 KTB 线路研究成功的启发。我们将这一宏观模式发表在 2006 年的文章（Chen，2006）中。令人欣喜的是，在图 6-8 中展现的 2010 年物种灭绝专家发表的文章中，包含了几乎与我们判断完全一致的对于该转变的概述（French & Koeberl，2010）。这是相当令人鼓舞的，因为我们能够在没有该领域专家参与的情况下，单纯地通过累加知识域分析识别出相同的发展模式。

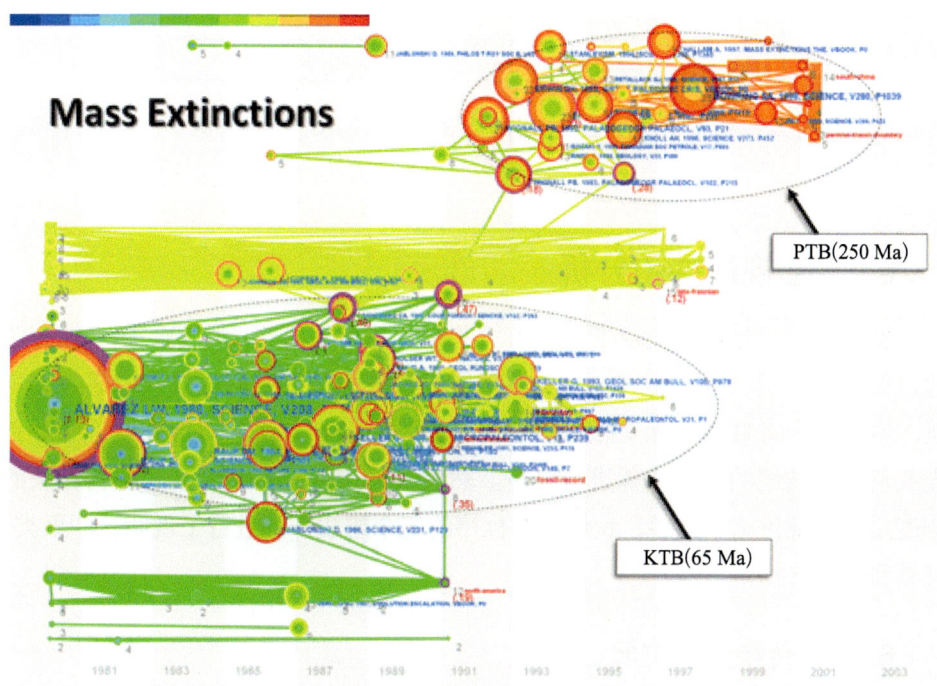

图 6-7　物种灭绝研究趋势图

资料来源：Chen，2006

> Chen, C. (2006) pp. 369
>
> comparable to that of the Chicxulub crater to the K-T impact theory. The discovery of the Chicxulub crater dramatically boosted the credibility of the K-T impact theory. ==Encouraged by the successful puzzle-solving experience, many scientists appear to have adapted the same approach to solve a different puzzle—by applying the impact theory to an earlier mass extinction==. Finding the impact crater is the next logical step. Identifying a Permian-Triassic boundary impact crater has attracted the attention of many researchers. It was in this context that the current research front has emerged.

> French B. M. and Keoberl C. (2010) pp. 152
>
> The end of the Permian period, about 250 Ma ago, is marked by the largest known mass extinction in geological history. At this time, in two closely-separated events, more than the 90% of known marine species disappeared, accompanied by a major portion of terrestrial species as well (Erwin, 1993, 2006). Since the establishment of ==a firm connection== between the later K–T extinction and a major impact event (Alvarez et al., 1980), ==numerous workers have searched for evidence of a similar connection between another large impact event and the Permian extinctions==. Most efforts have concentrated on the younger and larger of the two extinction events, which marks the actual Permian–Triassic (P–Tr) boundary at 251 Ma.

图 6-8　2006 年发表的引用分析中我们识别的宏观模式和 2010 年物种灭绝专家发表宏观模式

6.2　多视角共引分析

多视角共引分析中涉及了一个传统共引分析中所忽略的重要问题。该方法通过结构、时间、语义模式，以及使用施引和被引条目来阐述共被引聚类的本质。本书以作者共被引和文献共被引为基础，对该新方法的原理加以说明。首先我们依照传统的分析步骤进行分析。然后我们引入了几个引文和结构相关的测度用于后继讨论。最后，我们对新程序的三个组成部分进行了说明，即聚类、标签和句子选择。

6.2.1　传统分析扩展

我们通常认为仅仅通过观察影子就能够知道物体是什么。博斯迪尔（Henry Bursill）的《投在墙上的手影》（*Hand Shadows to be Thrown Upon the Wall*）一书中向我们展示了徒手在墙上做出的生动的影子。图 6-9 就是书中展示的影像之一。通过完全不同的东西来制作一个看起来很生动的影子已经成为了一门艺术。

如图 6-10 所示，这个摩托车形状的影子并非真正来自摩托车的投影，而是来自一大堆大块物体的堆积。我们人类的语言很难将影子与它的来源之间的分离表达清楚。这种投影描绘的如此生动和准确，以至于我们很难意识到摩托车和男孩都是根本不存在的。

图 6-9　一个男孩的手影
资料来源：Bursill，1859

图 6-10　一辆摩托车的影子[①]

在抽象世界中，影子和影子来源之间的关系可能会更加微妙。传统的共被

---

① http://epicr.com/wp-content/uploads/2010/07/motorcycle-sculpture_sm1.jpg

引网络分析方法只是分析了研究前沿的众多投影中的一个可能的影像，而并不是研究前沿本身。每一个特定视角下形成的影像为我们提供了解释研究前沿意义的框架。但是从影子追溯到本源并不总是有效的，尤其是我们需要阐明影子是如何形成的时候。通过多视角分析方法，我们试图将研究重心从影子转移到投影物及影像本身。

共引分析的主要目的是，根据科学文献中累积的共被引路径所形成的组群来识别科学知识域中的知识结构。文献共被引分析和作者共被引分析的传统程序包括以下五个步骤。

（1）从数据库中检索引文数据，如科学引文索引数据库（SCI）、社会科学引用索引数据库（SSCI）、Scopus 数据库和 Google Scholar。

（2）构建文献共被引或作者共被引的矩阵。

（3）采用节点-连线图来表示共被引矩阵，或者采用多维尺度与网络寻径定位或最小生成树等可能的剪枝算法相结合来表示共被引矩阵。

（4）采用聚类、社区发现、因子分析、主成分分析或潜在语义索引算法识别出共被引聚类、多元因子、主成分或潜在语义空间规模特性。

（5）解释共被引聚类的本质。

最后一步解释，是此中最薄弱环节。它耗时同时要求较高的认知力，需要了解大量的专业领域知识和综合技能。同时，人们习惯将大部分的精力都放到共被引聚类自身的分析中，而构成该共被引聚类的施引文献作为其中不可分割的一部分有时却没有得到应有的重视。对于引文的关注可能会揭示一个领域中的开创性工作，但是它并不一定反映该领域施引者的影响力变化。研究者们通过施引信息概括共被引聚类的本质，例如，斯莫尔在1986年通过遍历共被引网络，选择共被引聚类中引用核心文献的段落，利用这些段落描述生成领域主题。还有许多其他的研究也将引用信息考虑其中（Schneider，2009）。

考虑到施引者和被引实体间关系的多样性和复杂性（Cronin，1981），共被引聚类的综合本质分析需要很高的认知能力以至于分析者不能过通过手工完成。由于该项任务缺少算法和规则支持，迫使分析者依靠他们自己的领域知识和经验来完成。这使得基于实证的研究结果与基于启发和推测的研究结果间难以区分。这种模糊性可能会阻碍接下来的评价和学者间研究成果的交流。这些问题促使我们进一步发展多视角方法来改进传统分析的鲁棒性。

多视角分析方法在以下两个方面扩展并加强了传统共引分析的功能：①将

结构分析和内容分析有序整合到新方法中；②通过自动聚类标签和自动概要方法使得分析工作更加便利，新方法中的关键部分已经在图 6-11 用黄色标出，包括聚类、自动标签、自动概要、潜在语义分析模型和引用空间（Deerwester et al.，1990）。

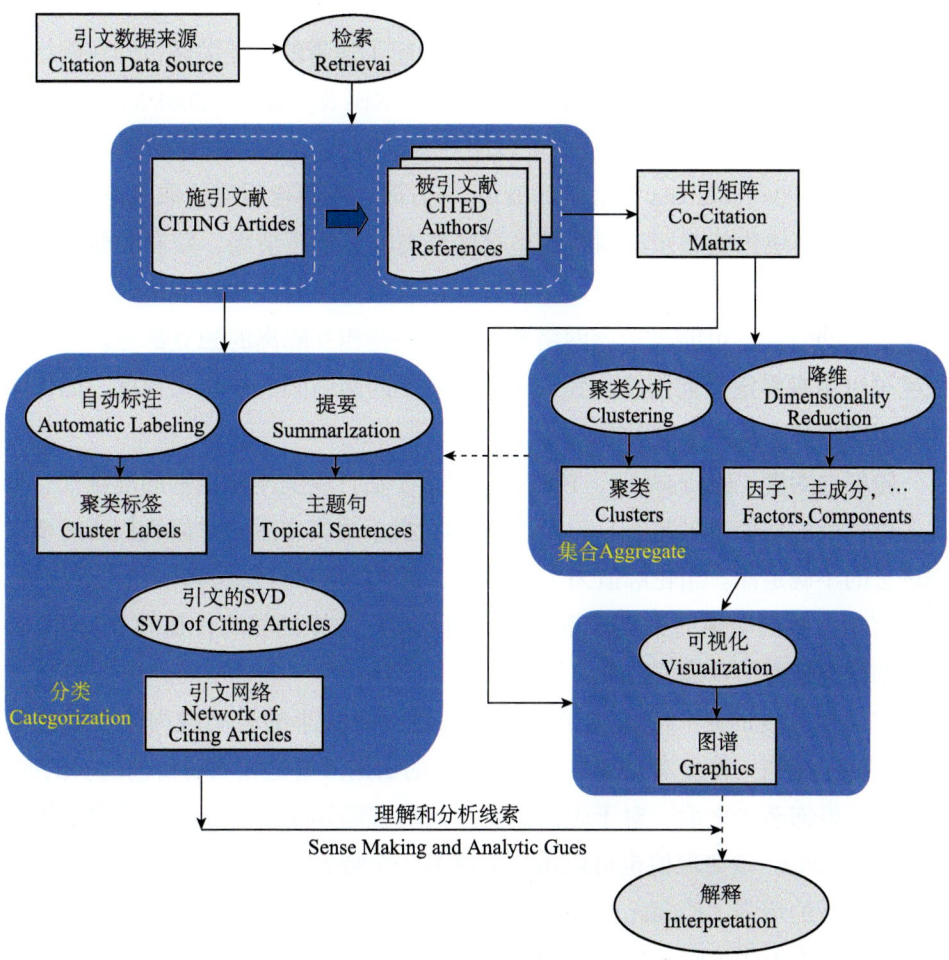

图 6-11　多视角共引分析流程
资料来源：Chen et al.，2010

6.2.2　测度

我们的新方法采用共引分析中的几种结构和时间测度，进而生成聚类。结构测度包括中介中心性、模块化程度和轮廓性（silhouette）。时间测度和混合测度包括引用突现性和新颖性。

中介中心性测度是对网络中的每一个节点进行测度。它计量的是，一个节点在多大程度上位于网络中其他节点连线路径的中心（Brandes，2001；Freeman，1977）。高中介中心性值能够有助于识别出潜在的革命性出版物（Chen，2005），以及社会网络中的潜在信息传递者。如果一个节点连接的两个大类是不相关聚类，那么该节点作者就拥有一个很高的中介中心性值。近年来，玻纳西奇（Bonacich）在1987年提出的权力中心性也引起了学者的广泛关注，即在网络中一个人的权利是依赖于他的社会联系人的权利（Kiss & Bichler，2008）。

模块化程度 Q 值测度的是一个网络在多大程度上可以被分为独立的模块（Newman，2006；Shibata et al.，2008）。一方面，模块化程度值取值范围为[0，1]，较低的模块化值表示该网络纷呈这些聚类时界限不清晰，较高的模块化值就可能意味着网络的结构良好。另一方面，当网络中模块化程度值为1或者相当接近1的时候，可能表示该网络被划分成一些相互隔离的独立部分。模块化程度可以用来界定任何网络，我们可以比较不同网络间的模块化程度，如作者共被引网络和文献共被引网络比较。

轮廓性测度（Rousseeuw，1987）主要用于估计聚类本质识别的准确性。聚类轮廓性值的取值范围是[-1, 1]，它表示在揭示聚类本质的时候我们所需要考虑进去的不确定性。当轮廓值为1的时候，表示能够很好地与其他聚类分离开。本研究中，我们期望的聚类标签或者其他聚集任务中的轮廓性值在0.7～0.9，这样的聚类是更加直截了当的。

突现性测度的是一个给定的频数函数在一个较小的时间段内的波动显著性。这对于探测一篇参考文献在某个时间段的引用激增是相当有价值的。例如，"9·11"恐怖袭击之后，对于先前俄克拉荷马城爆炸案的研究的引用突然增长（Chen，2006）。该突现值也可以用来测度某一个特定的连接在较短的时间段内是否有显著的增强（Kumar et al.，2003）。我们采用了科林伯格（Kleinberg）提出的突现测算方法（Kleinberg，2002）。

Sigma（Σ）用于测度科学新颖性（Chen et al.，2009a）。它根据两个变革发现标准来识别具有创新思想的科学出版物。我们做的很多的案例研究中已经证明了诺贝尔奖和其他奖项获得者的研究具有最高的 Σ 测度值（Chen et al.，2009a）。CiteSpace 软件目前采用（centrality+1）^{burstness} 作为 Σ 值，以便使中介者机制（brokerage mechanism）比同行识别率发挥更加突出的作用。

6.2.3 聚类

我们采用硬聚类方法，这样共被引聚类就被分割为非重叠的几类。尽管软聚类也是可以实现的，但在区分不同共被引聚类本质的时候，采用非重叠的聚类比采用重叠的聚类更有效。随后对生成的聚类赋予标签并加以概述。

文档 i 和 j 之间的共被引相似度是通过余弦系数来计算的。如果 A 是引用文档 i 的一组文献，B 是引用文档 j 的一组文献，那么 $w_{ij} = \frac{|A \cap B|}{\sqrt{|A| \times |B|}}$，$|A|$ 和 $|B|$ 分别表示文档 i 和 j 的引用频次；$|A \cap B|$ 表示共被引频次，即 i 和 j 一起被引用的频次。我们也可以采用其他的相似度测度方法，如 Small（1973）采用的 $w_{ij} = \frac{|A \cap B|}{|A \cup B|}$，就是我们所熟识的 Jaccard 指数（Jaccard，1901）。

一个好的网络划分应该将具有强连接的节点聚在一起，而将松散连接的节点放在不同的类别中。该思想可以表述为一个优化问题，采用截断函数来界定一个网络的划分。技术细节在相关文章中有所介绍（Luxburg，2006；Ng et al.，2002；Shi & Malik，2000）。对于网络 G 的划分被定义为一组子图 $\{G_k, \#172\}$，$G = \cup_{k=1}^{K} G_k$，$G_i \cap G_j = \emptyset$，$i \neq j$。对于给定的子图 A 和 B，截断函数定义如下：cut $(A, B) = \sum_{i \in A, j \in B} w_{ij}$，$w_{ij}$ 就是前面所提及的余弦系数。相同聚类中节点间具有强连接的准则可以通过最大化 $\sum_{k=1}^{K}$ cut (G_k, G_k) 来进行优化。不同聚类中节点间具有弱连接的准则可以通过最小化 $\sum_{k=1}^{K}$ cut $(G_k, G-G_k)$ 来进行优化。本研究中，截断函数采用 $\sum_{k=1}^{K} \frac{\text{cut}(G_k, G-G_k)}{\text{vol}(G_k)}$ 来进行标准化，从而使划分间更平衡。vol (G_k) 是 G_k 中连线的权重和，即 vol $(G_k) = \sum_{i \in Gk} \sum_{j} w_{ij}$（Shi & Malik，2000）。

基于谱图理论的谱聚类是高效通用的聚类算法（Luxburg，2006；Ng et al.，2002；Shi & Malik，2000）。它是基于原始网络中得到的拉普拉斯矩阵中的特征向量来识别聚类的。与传统 k-means 和单链接算法相比较，谱聚类具有以下三个令人满意的特点（Luxburg，2006）。

（1）由于对于聚类形式没有添加任何假设，谱聚类更加灵活和稳健。

（2）采用标准的线性方法来解决聚类问题。

（3）通常情况下，它比传统聚类算法更加有效。

多视角分析方法采用相同的谱聚类算法对作者共被引和文献共被引进行分析。尽管谱聚类算法有一定的不足之处（Luxburg et al.，2009），但是它可以提供清晰的信息，为接下来的自动标签和自动摘要使用。本研究中，聚类的数量不是由分析者确定的，而是谱聚类算法基于我们上文中提到的优化截断函数来统一设定的。

6.2.4 自动聚类标签

备选标签选自于每一个聚类中施引文献中的名词短语和索引词，其中名词短语是从施引文献的标题和摘要中提取的。这些词和短语通过三种不同的算法排序，三种排序算法分别是 tf*idf（Salton et al., 1975），log-likelihood ratio（LLR）检测（Dunning, 1993）和 mutual information（MI）。通过 tf*idf 权重选出来的标签，更多代表了聚类中最显著的特征方面，而通过 log-likelihood ratio（LLR）检测和 mutual information（MI）选出的标签更倾向于表示聚类中独特的方面。

加菲尔德认为，通过计算性的方法来选择科学文献中最有意义的词条作为主题索引是存在很多问题和挑战的。最初，引文索引概念的提出就是作为一个替代策略解决其中一部分挑战。怀特提供了一个新的方法（White, 2007a, 2007b），也就是我们熟识的 tf*idf 方法来计量文档关联性。

一篇好的文章概述应该通过最少的冗余信息来涵盖最丰富的内容信息（Sparck, 1999）。托伊费尔（Teufel）和莫恩斯（Moens）在 2002 年提出可以通过陈述一篇文章内容时所使用的修饰词来概述科学文献。他们的研究策略主要集中于源文献的贡献和该文献与之前研究工作间的联系。自动概要生成技术已经在很多领域得以应用，如从 MEDLINE 中识别药物干预（Fiszman et al., 2009）。

6.2.5 可视化设计

CiteSpace 的交互功能主要对应于 3 个层次单元的分析。在网络层次，功能运行在网络层面，包括全局可视化网络：节点 - 连线聚类视图和时间线视图。在聚类层面，功能主要运行在单个聚类中，如显示聚类中所有施引者或将该聚类隐藏。在基本实体层次，功能主要局限于单个实体，如被引文献的引用历史。

图 6-12 中展现了一个时间线可视化视图的截屏，聚类是依照时间线水平显示的。在时间线视图中，展示区域上部分的标记每隔 5 年做一标示。每一个聚类的标签在聚类时间线的末端显示。被引文献或者作者采用由引证环填充的圆

圈表示，每一个环的颜色对应于引用所发生的时间段。环的厚度与该时间段内引用发生的次数成比例。因此，一个大的圆圈表示一个高被引单元，可以代表引文或者作者等。在被引作者时间显示图中，一个被引用的作者的位置是通过数据集中最早引用它的文章的年份来标定的。对同一个作者不同年份的引文的区分是以后一个可能的扩展方向。

一个节点的特殊属性采用红色和紫色两个颜色来标识。红色表示一篇引文的突现性在相应的时间片段内被探测出来。如果一个节点的中介中心性值大于0.1，节点将被加上一个紫色环，环的厚度与节点的中心性值成比例。

在可视化图中，两个节点之间的连线表示它们的共被引关系，连线的粗细与共被引强度成比例。连线的颜色表示的是共被引首次发生的时间段。谱聚类方法还会产生一个有用的附加效果，即紧密耦合的聚类在图谱中被紧挨着摆放并形成一个超级聚类。

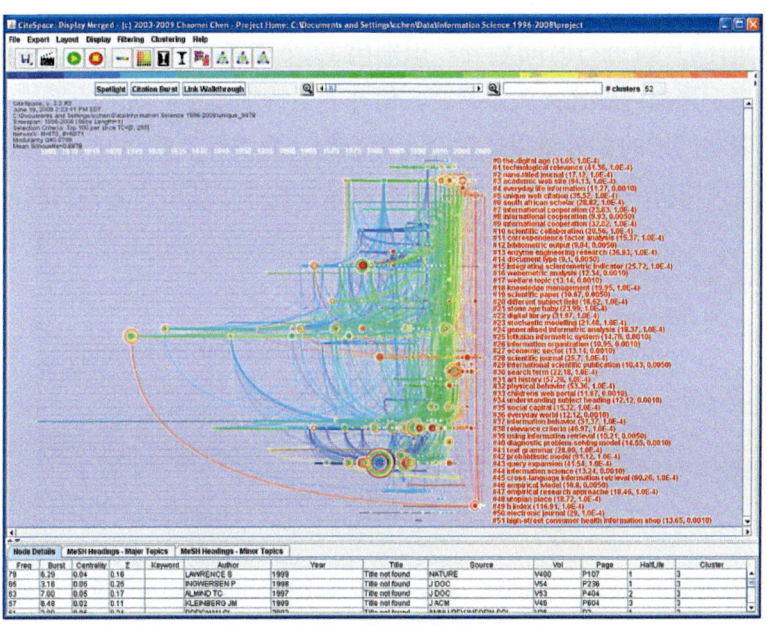

图 6-12　信息科学领域时间线可视化图

资料来源：Chen et al.，2010

6.3　信息科学领域知识分析

本节所讨论的知识域是信息科学。我们首先比较了单年的作者共被引分析（2001～2005年），之后将累加的作者共被引分析和文献共被引分析（1996～2008年）进行了比较。将单年的作者共被引分析结果与赵党志等的研究成果（Zhao & Strotmann, 2008）进行比较。两个累加研究分析的数据集是1996～2008年的信息科学领域的出版物。在每一个研究中，我们都对其中突出的聚类进行了概要分析，包括它们的领导成员、从施引文献中提取信息生成聚类标签，以及从施引文献摘要中提取句子生成句子概要。

6.3.1　作者共被引比较分析（2001～2005年）

赵党志等（Zhao & Strotmann, 2008）对2001～2005年120位最高被引作者的研究领域分别进行手工标注，识别出了信息科学的11个领域。接下来的作者共被引分析，就是将本文采用不同分析方法得到的结果与赵党志等的研究结果进行比较。

我们也选择了同一个时间段的120位最高被引作者，在CiteSpace中以5年为一个时间片段进行时间划分。识别出12个作者共被引聚类，模块化值为0.5691，表示聚类内部连接关系紧密，但并不是特别紧密。聚类的平均轮廓值为0.7219，表明网络的划分结果还是令人满意的。聚类标签采用tf*idf方法从施引文献的标题中提取（图6-13）。赵党志等的标签是通过被引作者得到的。

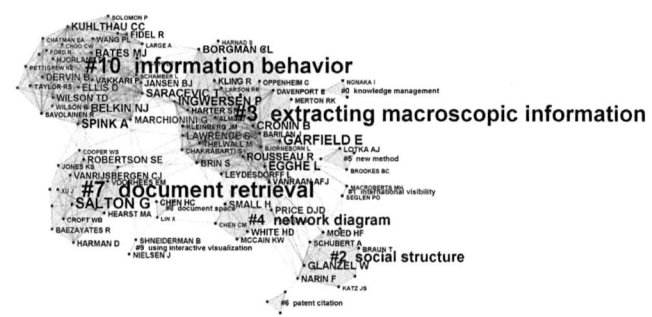

图6-13　5年时间段（2001～2005年）的120位高被引作者共被引网络通过tf*idf方法从施引文献标题词中提取聚类标签，标注的聚类#11被删除

资料来源：Chen et al., 2010

确定知识域的数量是共被引分析中的一个重要问题。在因子分析中通常使用特征值≥1的特征词向量来识别各知识域。赵党志等的研究中也考虑了其他的信息，如碎石图、总方差解释、共同性和相关残差。

我们比较了12个共被引聚类（C_i）和赵研究中的11个因子（F_j）中的重复

成员。每个作者只能出现在一个聚类中，但是可能出现在多个因子中，当该作者的因子载荷绝对值最大时，与之相匹配的因子被选取出来。如果没有找到相匹配的因子，那么该作者就没有匹配成功。依据以下公式计算，得到重复率为82%。

$$\frac{(\cup_{i=1}^{12} C_i) \cap (\cup_{j=1}^{11} F_j)}{|\cup_{i=1}^{12} C_i|} = \frac{98}{120} = 0.82 \quad (6-3)$$

每一个聚类的映射都可以看作其成员在11个因子和未匹配类别中的分布。聚类 C_i 映射到因子 F_j 可以计算为 $\frac{|C_i \cap F_j|}{|C_i|}$。例如，聚类 C_3 在 $F_{\text{webometrics}}$ 的映射是 $\frac{|C_3 \cap F_{\text{webometrics}}|}{|C_3|} = \frac{19}{29} = 0.6552$。

图 6-14 描述了相似图中聚类（方块）和因子（圆圈）间的整体匹配模式。线的粗细（和深浅）表示匹配强度。有以下三种匹配模式。

1a-1c 类型：一个聚类主要和一个因子相匹配，表示为 $C_i \Leftrightarrow F_j$。

（1a）$C_0 \Leftrightarrow F_{\text{知识管理}}$（knowledge management）

（1b）$C_3 \Leftrightarrow F_{\text{网络计量学}}$（webometrics）

（1c）$C_7 \Leftrightarrow F_{\text{IR 系统}}$（IR systems）

2a-2b 类型：两个或者多个聚类是同一个因子的子集，如聚类 K，$\cup_{k=1}^{K} C_{ik} \subseteq F_j$。

（2a）$C_1 \cup C_2 \cup C_4 \subseteq F_{\text{科学计量学}}$（scientometrics）

（2b）$C_4 \cup C_8 \subseteq F_{\text{科学图谱}}$（mapping of science）

3a 类型：一个聚类被拆分为多个因子，如 $\cup_{t=1}^{L} F_{jt} \subseteq C_i$。

（3a）$F_{\text{信息行为}}$（information behavior）$\cup F_{\text{用户评价}}$（users judgements of relevance）$\cup F_{\text{儿童信息行为}}$（childrens information behavior）$\subseteq C_{10}$

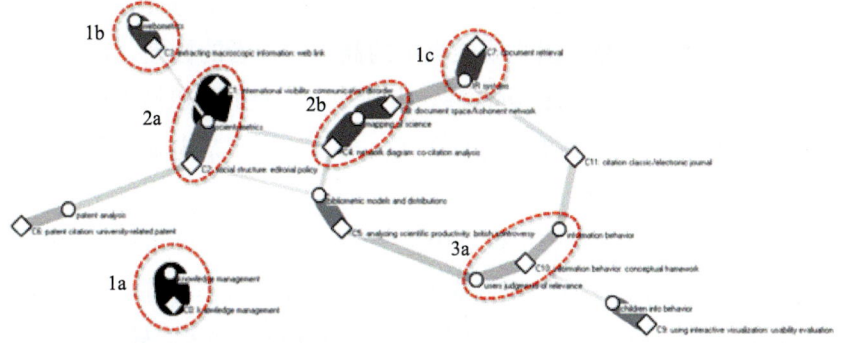

图 6-14　10% 以上重叠（线的粗细）的聚类（方块）和因子（圆圈）关联网络聚类标签采用以下两种方式：tf*idf 选取和 log-likelihood ratio 提取

资料来源：Chen et al., 2010

赵觉志的因子标签比聚类标签所表达的概念更高一层，就像专利分析比专利引文分析的含义更加广泛，IR 系统比文献检索意义更广泛。从结构上来看，谱聚类比因子分类更加详尽。例如，图 6-14 中的 2b，科学图谱因子包含聚类 C_4——网络图（tf*idf）；共被引分析（LLR）；聚类 C_8——文档空间/Kohonen 网络。

总的来说：①谱聚类和因子分析辨识出来的知识域数量基本相同，但是似乎揭示了共被引结构的不同方面。②通过施引文献得到的聚类标签比专家选取的词更加具体。这些结果显示，多视角分析方法是现有方法的一个补充，在揭示知识域本质方面提供中间层次的支撑。

6.3.2　累加作者共被引聚类（1996～2008 年）

这里的累加作者共被引分析包含了 13 年的 5963 篇文章和综述。一个累加的共被引分析是将连续时间片段的多个共被引网络作为输入，得到一个合并网络，此网络可以表示潜在领域的演化（Chen，2004）。大部分数据都是源于信息技术年报（ARIST）的评论类型文献，该期刊为综述类型。我们选取在 1996～2008 年每年前 150 位高被引作者构建当年的作者共被引网络，将每年的共被引网络进行合并，得到一个合并网络，合并后该网络拥有 633 个被引作者和 7162 个共被引连线，以及 40 个共被引聚类。该网络的模块化程度值为 0.2278，低于较小的 120 个作者的共被引网络（0.5691）。该网络的平均轮廓值为 0.6929，也比 120 个作者构成的网络平均轮廓值低（0.7219）。较大的网络聚类间的联通性比较高。

图 6-15 是 40 个作者共被引聚类的时间线可视化图谱，该图谱中的聚类标签是自动生成的。图中只显示出主要聚类中的高被引作者的标签。这些聚类比前面提到的 ACA 聚类具有更好的解释性。直观来看，我们可以辨识出几个与赵觉志研究的因子相对应的大聚类，如聚类 C_2、C_4、C_7 和 C_8 构成一个大聚类，与"文献计量学"因子相对应。

表 6-1 显示的是作者共被引聚类中最大的 6 个聚类的自动标签、聚类规模和轮廓值。采用 LLR 方法选取排名靠前的标题词作为聚类标签。最大的聚类是 interactive information retrieval（#31）聚类，包含 199 名作者，轮廓值为 -0.090，表示它的施引文献是由异质性文献构成的集合。第二大聚类是 #17，包含 95 个作者，聚类标签为 information retrieval，备选聚类标签包括 probabilistic model 和

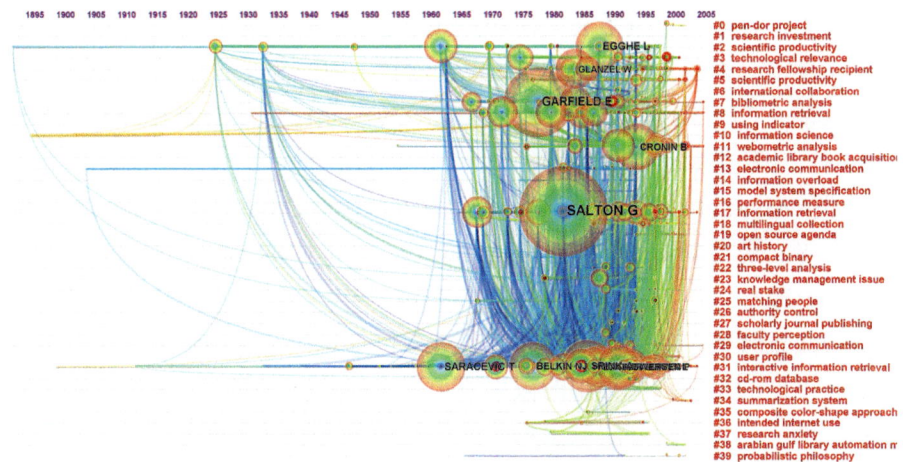

图 6-15　40 个作者共被引聚类（1996～2008 年）（节点数 =633，连线数 =7162，选取高被引的 150 个作者，1 年为一个时间分段，模块值 =0.2278，平均轮廓值 =0.6929）

资料来源：Chen et al., 2010

query expansion，更加确定此类主要研究信息检索相关问题。第三大聚类为 #7，标签为 bibliometric analysis。

表 6-1　633 名作者构成的 6 个大规模聚类（1996～2008 年）

聚类	n	轮廓值	tf*idf提取出的标题词	LLR (p=0.0001)提取出的标题词
31	199	-0.09	(80.30) interactive information retrieval (62.46) information retrieval (55.45) information science	(79.31) **interactive information retrieval** (53.64) user information problem (53.64) various aspect
17	95	0.143	(71.02) information retrieval (41.44) probabilistic model (37.94) query expansion	(68.19) **information retrieval** (49.81) probabilistic model (38.49) magazine article
7	37	0.272	(22.87) bibliometric analysis (17.07) social science (13.82) publication productivity	(31.51) **bibliometric analysis** (22.79) social science (22.67) career path
2	33	0.343	(20.97) scientific productivity (14.98) statistical analysis (14.76) analyzing scientific productivity	(24.24) theoretical population genetic (24.16) **statistical analysis** (23.54) new method
11	32	0.682	(20.72) webometric analysis (18.44) informetric purpose (18.44) data collection method	(32.65) **webometric analysis** (28.16) data collection method (28.16) informetric purpose
8	30	0.33	(19.68) information retrieval (18.42) **citation analysis** (16.12) information retrieval area	(34.42) **journal co-citation analysis** (34.42) intellectual space (34.42) information retrieval area

高被引作者包括，聚类 interactive information retrieval（#31）中的 Spink_A 和 Saracevic_T，聚类 information retrieval（#17）中的 Salton_G、Robertson_SE 和 van Rijsbergen_CJ，聚类 bibliometric analysis（#7）中的 Garfield_E、Moed_HF 和 Merton_RK，聚类 statistical analysis（#2）中的 Egghe_L、Price_DJD 和 Lotka_AJ，聚类 webometric analysis cluster（#11）中的 Cronin_B、Rousseau_R 和 Lawrence_S，聚类 journal co-citation analysis（#8）中的 Small_H、Leydesdorff_L 和 White_HD。

值得注意的是，如果使用不同的聚类标签信息源，我们就会对共被引聚类的本质有不同的见解。聚类中的被引成员界定的是知识基础，而聚类施引文献构成研究前沿。我们的方法最主要的优势就在于它使得分析者可以从多个视角来研究引用关系的各个方面。

6.3.3 累加文献共被引分析（1996～2008 年）

在累加文献共被引分析中，我们在 1996～2008 年选取每一年中（13 个时间片段）前 100 篇高被引文献进行分析。然后将这些网络合并为一个拥有 655 篇文献的共被引网络。合并后的网络随后又被划分为 50 个聚类。表 6-2 对这些聚类进行了概述。我们首先给出这些聚类的整体性概述，之后详细讨论其中 5 个最大规模聚类。

表 6-2　5 个最大规模聚类

聚类	规模	百分比/%	轮廓值	标题词 (tf*idf)	标题词 (LLR) (*p=0.0001)
18	150	22.9	-0.024	(80.82) **interactive information retrieval** (72.92) information retrieval (51.5) user information problem	**interactive information retrieval** (294.13*) user information problem (167.06*) various aspect (167.06*)
43	69	10.53	0.522	(131.97) **academic web** (103.62) web site (54.77) exploratory hyperlink	**academic web** (174.79*) exploratory hyperlink (152.94*)linguistic consideration (152.94*)
13	46	7.02	0.153	(42.16) **information retrieval** (23.47) probabilistic model (22.53) query expansion	**information retrieval** (104.03*) probabilistic model (81.54*) using heterogeneous thesauri (67.95*)
35	44	6.72	0.245	(14.07) **citation behavior** (14.07) citing literature (11.74) citation theory	**citation behavior** (56.66*) citing literature (56.66*) citation theory (43.92*)
2	29	4.43	0.834	(83.69) **h-index** (53.18) successive h-indices (43.03) generalized hirsch h-index	**h-index** (212.76*) generalized hirsch h-index (156.63*) disclosing latent fact (156.63*)

网络中的 50 个聚类的规模差异很大。最大的聚类 #18 包含 150 个成员，占所有 655 篇参考文献集合的 22.9%。5 个最大的聚类总共占到 51.6%。与此相反，有 6 个聚类中仅有 2 个成员。

该网络整体平均轮廓值为 0.7372，是本章节中所分析的 3 个共被引网络中轮廓值最高的。一般而言，聚类轮廓值（-0.654）与网络规模成反比。例如，最大的聚类 #18，轮廓值最低（-0.024），表示该聚类结构具有多样性和异质性。与此相反，第二大聚类 #43，结构趋于同质性，轮廓值也比较高，为 0.522。第五大聚类 #2，拥有非常高的轮廓值（0.834）。接下来我们将集中讨论 5 个最大的聚类及其之间的关系。

最大的五个聚类分别为 interactive information retrieval（#18）、academic web（#43）、information retrieval（#46）、citation behavior（#44）、h-index（#2）。我们对每个聚类做两方面分析：①作为知识基础的聚类中的杰出成员；②作为研究前沿的聚类施引文献的主题。

表 6-3 描述了两个聚类（聚类 #43 和 #2，轮廓值均大于 0.50）的高被引成员，以及两个聚类的结构、时间和显著性测度，如被引频次（φ），中介中心性（σ），引用突现率（τ）和测度创新性的 Sigma（Σ）指标（Chen et al., 2009a）。聚类 academic web cluster（#43）中的两篇核心文章是 Lawrence-1999 和 Kleinber-1999。两篇文章都不是限定的 12 本期刊中的文章，而是分别发表于 *Nature* 和 *JACM* 的文章。这就是一个领域（信息科学）如何受到另一个领域（计算机科学）影响的很好的例证。第五个聚类——h-index cluster（#2）的核心文献就是 Hirsch-2005，该篇文章首次提出 h 指数的概念。在 Hirsch-2005 的引用历史中，我们所观察到的最强突现值为 15.75。后面我们将会论证 h 指数聚类是近年来最活跃的研究领域。

一个聚类中核心文献的平均年龄是对聚类形成时间的一个评估。依据每一个聚类中最核心的 5 篇文献的平均年龄计算，citation 聚类是最老的聚类，年龄为 37，平均发表年份在 1973 年前后。h-index 聚类是最年轻的聚类，年龄为 5，形成于 2005 年。其他聚类居于其中，information retrieval（#13）聚类年龄为 31，形成于 1979 年；interactive information retrieval（#18）聚类年龄为 18，形成于 1992 年；academic web（#43）聚类年龄为 11，形成于 1999 年。

表 6-3　两个文献共被引聚类中的高被引文献

聚类	φ	τ	σ	Σ	被引参考文献
43	6	8.83	0.06	0.17	LAWRENCE S (1999) Accessibility and distribution of information on the Web, Nature, 400, 107
	4	9.00	0.06	0.16	ALMIND TC (1997) Informetric analyses on the world wide web: methodological approaches to 'Webometrics', J DOC, 53, 404
	3	3.44	0.04	0.22	INGWERSEN P (1998) The calculation of Web impact factors. J DOC, 54, 236
	3	6.58	0.02	0.12	Kleinberg, J. M. (1999) Authoritaive sources in a hyperlinked environment. JACM, 46, 604-632
	0	7.12	0.03	0.13	Rob Kling and Geoffrey W. McKim (2000) Not just a matter of time: Field differences and the shaping of electronic media in supporting scientific communication. JASIS, 51 (14), 1306-1320
2	2	15.75	0	0.02	HIRSCH JE (2005) An index to quantify an individual's scientific research output, P NATL ACAD SCI USA, 102, 16569
	4	8.98	0	0.01	Bornmann, L. & Daniel, H.-D. (2005) Does the h-index for ranking of scientists really work? Scientometrics, 65(3), 391-392
	2	7.54	0	0.02	Ball, P. (2005) Index aims for fair ranking of scientists, NATURE, 436 (7053), 900
	9	7.11	0	0.01	Branu, Tibor (2005) A Hirsch-type index for journals, The Scientists, 19(22), 8
	8	6.73	0	0.02	Egghe, L. (2005). Power laws in the information production process: Lotkaianinformetrics. Elsevier: Oxford, UK

研究者通常通过施引文献中的词来表征文献共被引聚类的研究前沿。抽取的词主要来源于三个部分，即标题、摘要和索引词。CiteSpace 分析中采用了三种排序算法，即 tf*idf 权重（Salton et al., 1975），log-likelihood ratio 测试（LLR）（Dunning, 1993；Witten & Frank, 1999），以及 mutual information（MI）（Witten & Frank, 1999）。排序高的词就成为备选聚类标签。

我们通过一致性值 $r = 0.1*(n+1)$ 来测定排序方法的可靠性。公式中，n 表示其他排序算法中也将该词排在首位的排序算法的数量。结果显示最好的三种排序算法如下：① 标题词 +LLR；②索引词 +LLR；③标题词 +tf*idf。tf*idf 和 LLR 算法所选取的标签词中 72% 是重合的，50 个聚类中的 36 个聚类标签是相同的。

最大的聚类（#18）的轮廓值最低，拥有 150 个成员。结果显示该聚类有 185 篇施引文献。从这些施引文献的标题中共抽取标题词 869 个。我们采用奇异值分解的方法（SVD）对标题词相似网络进行分解，来验证施引文献的异质性。结果显示，标题词空间在本质上来看确实呈现出多维性，相似网络中最大的连通分支仅包含了 353 个标题词，占 869 个标题词的 40.62%。与此相反，h-index

聚类（#2）更倾向于同质的，该聚类施引文献仅有 39 篇。

第二大聚类标签——academic web 是依据 LLR 算法得到的，但是该聚类中排名最高的索引词是 webometrics，该词与赵党志等研究中所识别出来的领域名称是相同的。索引词 webometrics 要比标签词 academic web 所表达的含义更加通用和广泛。该发现表明，人工过程标注的标签和内容索引构成的标签是相似的。

h-index 聚类的识别是独特的，因为在 1996～2008 年的 ACA 网络中并没有出现该聚类。该例证也很好地向人们表征了我们应该同时考虑 ACA 和 DCA，这样像 h-index 这样的独特的 DCA 聚类才能够被识别出来。

研究前沿和知识基础间的时间跨度 τ 可以通过它们平均发表年份的差异来进行评估：

$$\tau(C_i)=\frac{\sum_{d\in citers(C_i)}year(d)}{|citers(C_i)|}-\frac{\sum_{d\in C_i}year(c)}{|C_i|}+1 \tag{6-4}$$

例如，聚类 #35 拥有最长的时间跨度，$\tau(C_{35})$ = 2000-1973=28 年。IR 聚类具有第二长的时间跨度 $\tau(C_{13})$ = 2000-1979=22 年。interactive IR 聚类的时间跨度为 $\tau(C_{18})$ = 2000-1992=9 年；academic web（#43），$\tau(C_{43})$ = 2003-1999=5 年；h-index（#2），$\tau(C_2)$ = 2007-2005=3 年。

表 6-4 列出了每个聚类中最具有代表性的施引文章。如 Thelwall 的文章在 academic web（#43）聚类的研究前沿中具有杰出贡献。他参与了该聚类中最重要的 5 篇文献中的 3 篇，其中 Thelwall-2003 引用了该聚类中的 14 篇参考文献。

表 6-4　5 个规模最大的文献共被引聚类中前 2 篇高频施引者文献

聚类	聚类标签	重要施引者文献
8	Interactive information retrieval （交互信息检索）	(16) Robins D (2000) shifts of focus on various aspects of user information problems during <u>interactive information retrieval</u> (15) Beaulieu M (2000) <u>interaction</u> in information searching and retrieval
3	Academic web （学术网站）	(14) Thelwall M (2003) disciplinary and linguistic considerations for <u>academic web</u> linking: an exploratory hyperlink mediated study with mainland china and taiwan (12) Wilkinson D (2003) motivations for <u>academic web</u> site interlinking: evidence for the web as a novel source of information on informal scholarly communication
3	Information retrieval （信息检索）	(8) Ding Y (2000) bibliometric <u>information retrieval</u> system (birs): a web search interface utilizing bibliometric research results (6) Dominich S (2000) a unified mathematical definition of classical <u>information retrieval</u> (6) Sparck-Jones K (2000) a probabilistic model of <u>information retrieval</u>: development and comparative experiments part 2

续表

聚类	聚类标签	重要施引者文献
5	Citation behavior（引用行为）	(5) Case DO (2000) how can we investigate <u>citation behavior</u>? a study of reasons for citing literature in communication (5) Ding Y (2000) bibliometric information retrieval system（birs）: a web search interface utilizing bibliometric research results
	H-index（h 指数）	(14) Bornmann L (2007) what do we know about the <u>h-index</u>? (11) Sidiropoulos A (2007) generalized hirsch h-index for disclosing latent facts in citation networks

注：下划线标出的标签词是通过 LLR 得到的

图 6-16 是由 CiteSpace 生成的文献共被引网络图。该网络由 655 篇参考文献和 6099 个共被引连线构成，该网络被划分为 50 个聚类，模块化值为 0.6205，表明聚类之间具有比较多的连接。在可视化图谱中，主要的聚类标签用红色字体标识，字体大小与聚类规模成比。共被引连接的颜色揭示出聚类间最早的连接出现在聚类 interactive IR 和 IR 之间，随后出现在聚类 interactive IR 和 citation behavior 之间，academic web、citation behavior 和 IR 的连接发生在近期，最后出现的是 h-index、citation behavior 和 academic web 聚类的连接。

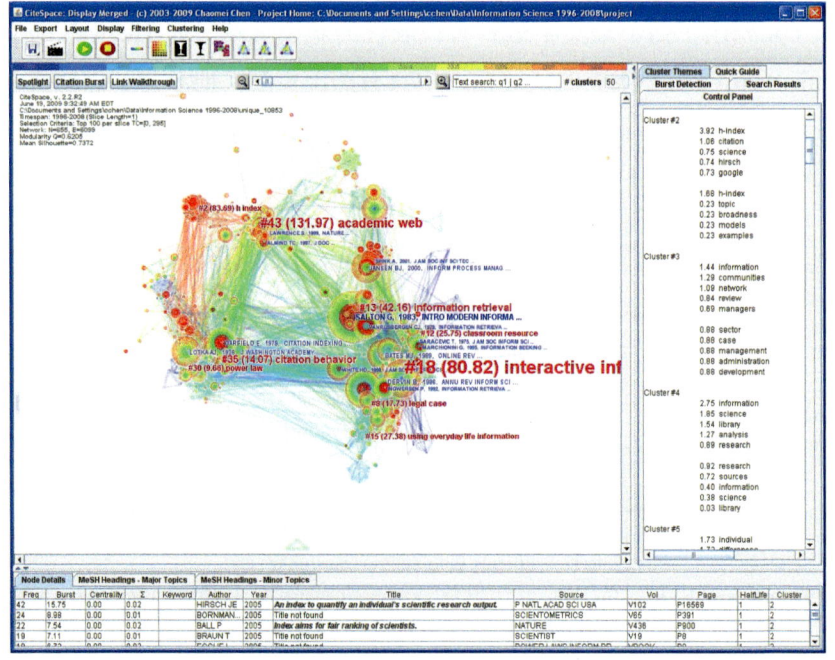

图 6-16　文献共被引网络视图。图中标示出高 Sigma 值的被引文献

资料来源：Chen et al.，2010

图 6-17 是 50 个聚类和它们之间关系的时间线可视化图谱。每一个聚类水平排列，每一条时间线都是从左至右按时间排列，聚类标签显示在最右端。时间线视图可视化的设计是受到莫里森等（Morris et al.，2003）的工作启发，通过多种算法的自动聚类标签来进一步改进。分析者可以通过视觉直接识别出聚类中的特征，如聚类的引用历史、聚类中的经典文献、引用突现，以及该聚类是如何与其他聚类相连的。例如，citation behavior 聚类中，加菲尔德于 1979 年出版的关于引文索引一书拥有最高的中介中心性（0.09），在图中凸显出来。图中很多大的引用节点都可以用来识别一个高影响力的领域，表示引用突增的红色环突出的是一些新兴领域。

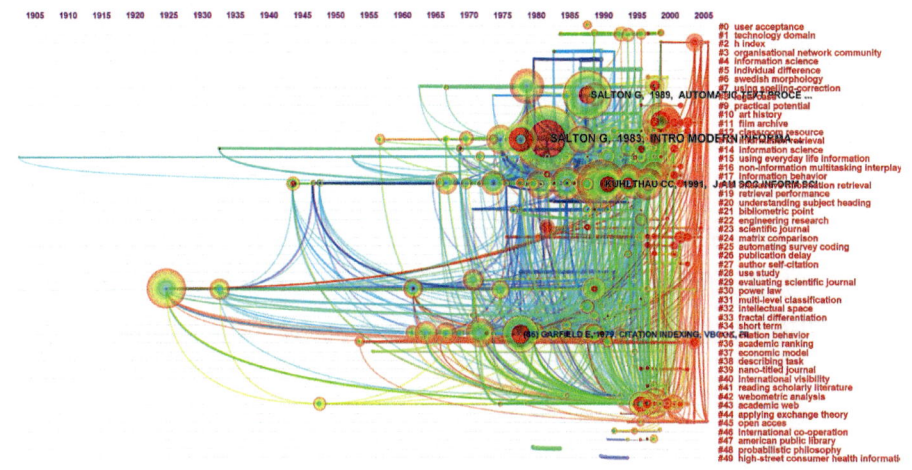

图 6-17　50 个文献共被引聚类的时间线可视化图谱（655 个节点，6099 条连线，模块值 = 0.6205，平均轮廓值 = 0.7372）。聚类标签通过提取施引文献标题词而自动生成

资料来源：Chen et al.，2010

在时间线可视化视图谱中可以明显地看到 h-index 聚类是一个新兴的且快速增长的聚类。新出现的聚类中不但包含一篇高被引文献，同时聚类中文献的被引次数也在不断飙升。Hirsch-2005 一文中首次提出 h 指数概念，具有最强的引用突现率（图 6-18）。

如果我们在时间线可视化视图中从上至下来看每一条线，我们可以发现每一类中很多具有代表性的参考文献。例如，Film Archive（#11）是一个相对较新的聚类，Jansen-2000 的关于网络中的多媒体搜索就是此类中的一篇重要参考文献。information retrieval（#13）聚类中最高被引用的文献是 Salton 的书，citation

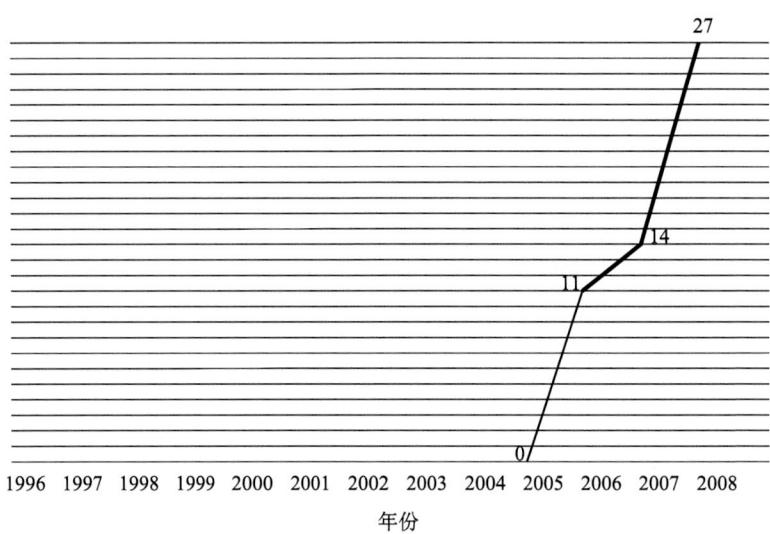

图 6-18　Hirsch-2005 的引用突现
资料来源：Chen et al.，2010

behavior cluster（#35）聚类中，Garfield-1979 突显出来。citation behavior 和 academic web 聚类间有许多共被引连线。h-index 聚类和其他聚类之间拥有一些远程共被引连接，如与聚类 academic web 和聚类 power law 间的连接。

6.4　本章小结

累加知识域可视化方法扩展了传统基于科学文献的引文分析。将领域中的时间片段整合到一起，我们就可以发现领域演化的关键路径。多视角的方法扩展了传统的分析角度，分析者可以从多个视角来分析同一个领域。

单时间片段（5 年）的作者共被引分析表明，专家倾向于使用相当于索引词级别的广义标签，而通过算法在标题和摘要中自动提取的词更加具体，并且使用的是作者在行文时真正使用的词语。13 年累加作者共被引（1996～2008 年）分析中，包含 40 个聚类和 633 个被引作者，我们看到了一个比单时间段（5 年）作者共被引图谱更加清晰的全局结构。上文分析中表明，聚类成员和基于施引文献的标签为全面绘制领域图谱提供了补充信息。通过对 655 篇被引文献的累加文献共被引分析，我们探测到一个显著且快速增长的聚类 h-index 聚类，该聚类在累加网络中并没有出现。此聚类形成于 2005 年。

与赵党志等的研究工作进行比较是有价值的。该文章使我们有机会比较专家工作与自动标签、自动概要生成算法的结果。本章研究中没有包含直接引用网络，在以后研究中将考虑与此领域中的一些新近研究工作（Garfield，2004；Morris & Van der Veer Martens，2008）进行全面比较。

聚类标签的质量依赖于备选词集的种类、广度和深度。我们从施引文献的标题和摘要中抽取备选聚类标签。在以后的研究中，将比较该标签与文献共被引中被引文献的标签词或者与作者共被引分析中作者出版物中的标签词。ISI数据格式中"CR"字段并没有包含被引文献的标题信息，因而并没有现成的数据可供我们使用。此外，被引文献可能不被Web of Science数据库收录。相比较之下，分析者可以从现有数据库之外的更广泛的来源中选择合适的标签词。这也是一把双刃剑。一方面，专家可以摆脱特定数据源的限制；另一方面，他们可能需要处理一个更大的检索空间，对于那些缺乏全面领域知识的人来说，这是一项令人畏惧的工作。针对词空间的限制，我们期待可以采用扩展的信息源，如Wikipedia和World-Wide Web。近期文献中提供了该问题的相关解决方法（Carmel et al.，2009）。

尽管一些聚类标签效果较好，然而还有一些标签令人迷惑，还有一些聚类中的文献不像其他聚类中那样直观。一些标签带有很强的倾向性，该倾向性是由特定的施引文献引起的，尤其是在聚类的规模相对较小的时候。自动生成的聚类标签受到施引文献样本多样性的限制。平均轮廓值较低的聚类比轮廓值高的聚类受到的限制更明显。从积极的方面来看，我们可以从模块化程度值和轮廓值中了解到聚类的不确定性信息，在分析者解释聚类本质时也需要考虑该因素。我们一直在寻找一种一致性比较好的标签算法。由于我们没有标准的数据集，不能够进行系统的验证，只能在9种备选标签之间进行比较。

还有几个基本问题需要详细说明。如果从施引文献中抽出来的标签和被引文献中的标签不同，我们应该如何调和这种差别？我们应该如何理解施引-被引二象性？共引分析的一个基本假设就是共被引聚类确实可以表征大部分的真实现象，尽管这些现象有时候是不可见的。考虑到一些共被引聚类似乎是被某些出版物的引用行为扭曲了，可能有必要重新审查这个假设，尤其要考虑那些共被引聚类聚到一起的科学共同体是否真正是一个整体。

多视角的方法与传统方法相比具有以下几点优势。

（1）它在文献共被引和作者共被引分析中具有一致性。

（2）它采用灵活高效的谱聚类来识别共被引聚类。

（3）它采用聚类标签来标识聚类，应用多种排序算法从施引文献标签词中选择聚类标签，同时它通过分析聚类是如何被引用的来揭示聚类的本质。

（4）它提供了模块性和轮廓值等聚类测度指标来帮助解释聚类。

（5）它提供完整的和可交互的可视化图谱来进行探索性分析。

这些特征加强了共引分析的解释说明能力。模块性和轮廓值测度为聚类和网络分解提供了有效的指标，这是对传统方法的一个有益补充。聚类备选标签需要从多个信息源中选择，证实了聚类标签的选择是一个复杂的过程，需要多角度考虑。

在一个统一的框架下将这些技术整合，使得分析者、研究者和学生可以去探究和理解知识基础与研究前沿的动态关系。多视角方法为评价和比较研究提供了交叉验证的基础。

参 考 文 献

Bonacich P. 1987. Power and centrality: A family of measures. American Journal of Sociology, 92: 1170-1182.

Brandes U. 2001. A faster algorithm for betweenness centrality. Journal of Mathematical Sociology, 25 (2): 163-177.

Bursill H. 1859. Hand Shadows to be Thrown Upon the Wall. Griffith and Farran.

Carmel D., Roitman, H., & Zwerdling, N. 2009. Enhancing cluster labeling using wikipedia. Proceedings of the 32nd international ACM SIGIR conference on Research and development in information retrieval (pp. 139-146).

Chen C. 2004. Searching for intellectual turning points: Progressive Knowledge Domain Visualization. Proc. Natl. Acad. Sci. USA, 101 (suppl): 5303-5310.

Chen C. 2005. The centrality of pivotal points in the evolution of scientific networks. Proceedings of the International Conference on Intelligent User Interfaces (IUI 2005) (pp. 98-105). ACM Press.

Chen C. 2006. CiteSpace II: Detecting and visualizing emerging trends and transient patterns in scientific literature. Journal of the American Society for Information Science and Technology, 57 (3): 359-377.

Chen C., Chen, Y., Horowitz, M., et al. 2009a. Towards an explanatory and computational theory of scientific discovery. Journal of Informetrics, 3 (3): 191-209.

Chen C., Ibekwe-SanJuan, F., & Hou, J. 2010. The Structure and Dynamics of Co-Citation Clusters: A Multiple-Perspective Co-Citation Analysis. Journal of the American Society for Information Science and Technology, 61 (7): 1386-1409.

Chen C., & Kuljis, J. 2003. The rising landscape: A visual exploration of superstring revolutions in physics. Journal of the American Society for Information Science and Technology, 54 (5): 435-446.

Chen C., Zhang, J., & Vogeley, M S. 2009b. Mapping the global impact of Sloan Digital Sky Survey. IEEE Intelligent Systems, 24 (4): 74-77.

Cronin B. 1981. Agreement and Divergence on Referencing Practice. Journal of Information Science, 3 (1): 27-33.

Deerwester S., Dumais, S.T., Landauer, T.K., et al. 1990. Indexing by Latent Semantic Analysis. Journal of the American Society for Information Science, 41 (6): 391-407.

Dunning T. 1993. Accurate methods for the statistics of surprise and coincidence. Computational Linguistics, 19 (1): 61-74.

Fiszman M., Demner-Fushman, D., Kilicoglu, H., et al. 2009. Automatic summarization of MEDLINE citations for evidence-based medical treatment: A topic-oriented evaluation. Journal of Biomedical Informatics, 42: 801-813.

Freeman L C. 1977. A set of measuring centrality based on betweenness. Sociometry, 40: 35-41.

French B M., & Koeberl, C. 2010. The convincing identification of terrestrial meteorite impact structures: What works, what doesn't, and why. Earth-Science Reviews, 98: 123-170.

Garfield E. 1979. Citation Indexing: Its Theory and Applications in Science, Technology, and Humanities. New York: John Wiley.

Garfield E. 2004. Historiographic mapping of knowledge domains literature. Journal of Information Science, 30 (2): 119-145.

Jaccard P. 1901. Étude comparative de la distribution florale dans une portion des Alpes et des Jura. Bulletin del la Société Vaudoise des Sciences Naturelles, 37: 547-579.

Kamada T., & Kawai, S. 1989. An algorithm for drawing general undirected graphs. Information Processing Letters, 31 (1): 7-15.

Kiss C., & Bichler, M. 2008. Identification of influencers: Measuring influence in customer networks. Decision Support Systems, 46 (1): 233-253.

Kleinberg J. 2002. Bursty and hierarchical structure in streams. Proceedings of Proceedings of the 8th ACM SIGKDD International Conference on Knowledge Discovery and Data Mining (pp. 91-101). ACM Press.

Kumar R., Novak, J., Raghavan, P., et al. 2003. On the bursty evolution of blogspace. Proceedings of WWW2003 (pp. 568-576). ACM.

Luxburg U.v. 2006. A tutorial on spectral clustering, from http://www.kyb.mpg.de/publications/attachments/Luxburg06_TR_%5B0%5D.pdf

Luxburg U.v., Bousquet, O., & Belkin, M. 2009. Limits of spectral clustering, from <http://kyb.mpg.de/publications/pdfs/pdf2775.pdf>

Morris S A., & Van der Veer Martens, B. 2008. Mapping research specialties. Annual Review of Information Science and Technology, 42: 213-295.

Morris S A., Yen, G., Wu, Z., et al. 2003. Time line visualization of research fronts. Journal of the American Society for Information Science and Technology, 54 (5): 413-422.

Newman M.E.J. 2006. Modularity and community structure in networks. PNAS, 103 (23): 8577-8582.

Ng A Y., Jordan, M.I., & Weiss, Y. 2002. On spectral clustering: Analysis and an algorithm. Advanced in Neural Information Processing Systems, 14 (2): 849-856.

Rousseeuw P J. 1987. Silhouettes: A graphical aid to the interpretation and validation of cluster analysis. Journal of Computational and Applied Mathematics, 20: 53-65.

Salton G., Yang, C.S., & Wong, A. 1975. A Vector Space Model for Information Retrieval. Communications of the ACM, 18 (11): 613-620.

Schneider J W. 2009. Mapping of cross-reference activity between journals by use of multidimensional unfolding: Implications for mapping studies. In B. Larsen & J. Leta (Eds.), Proceedings of 12th International Conference on Scientometrics and Informetrics (ISSI 2009) (pp. 443-454). BIREME/PAHO/WHO and Federal University of Rio de Janeiro.

Schvaneveldt R W. (Ed.). 1990. Pathfinder Associative Networks: Studies in Knowledge Organization. Norwood, New Jersey: Ablex Publishing Corporations.

Schwarz J H. 1982. Superstring Theory. Physics Reports-Review Section of Physics Letters, 89 (3): 224-322.

Schwarz J H. 1996. The second superstring revolution. Retrieved October 1, 2002, from http://

arxiv.org/PS_cache/hep-th/pdf/9607/9607067.pdf

Shi J., & Malik, J. 2000. Normalized Cuts and Image Segmentation. IEEE Transactions on Pattern Analysis and Machine Intelligence, 22 (8): 888-905.

Shibata N., Kajikawa, Y., Taked, Y., et al. 2008. Detecting emerging research fronts based on topological measures in citation networks of scientific publications. Technovation, 28 (11): 758-775.

Small H. 1973. Co-citation in the scientific literature: A new measure of the relationship between two documents. Journal of the American Society for Information Science, 24: 265-269.

Small H. 1986. The synthesis of specialty narratives from co-citation clusters. Journal of the American Society for Information Science, 37 (3): 97-110.

Small H G. 1977. A co-citation model of a scientific specialty: A longitudinal study of collagen research. Social Studies of Science, 7: 139-166.

Sparck J K. 1999. Automatic Summarizing: Factors and Directions. In I. Mani & M.T. Maybury (Eds.), Advances in Automatic Text Summarization (pp. 2-12). Cambridge, MA: MIT Press.

Teufel S., & Moens, M. 2002. Summarizing scientific articles: Experiments with relevance and rhetorical status. Computational Linguistics, 28 (4): 409-445.

White H D. 2007a. Combining bibliometrics, information retrieval, and relevance theory, Part 1: First examples of a synthesis. Journal of the American Society for Information Science and Technology, 58 (4): 536-559.

White H D. 2007b. Combining bibliometrics, information retrieval, and relevance theory, Part 2: Some implications for information science. Journal of the American Society for Information Science and Technology, 58 (4): 583-605.

Witten I H., & Frank, E. 1999. Data Mining: Practical Machine Learning Tools and Techniques with Java Implementations. San Francisco, CA: Morgan Kaufmann.

Zhao D Z., & Strotmann, A. 2008. Evolution of Research Activities and Intellectual Influences in Information Science 1996-2005: Introducing Author Bibliographic-Coupling Analysis. Journal of the American Society for Information Science and Technology, 59 (13): 2070-2086.

7 文本中的信息

文本在我们的交流沟通中至关重要。我们日常处理的文本主要是非结构性文本，即一篇科学论文不会明确标记出关键术语，科学文献的基本观点也通常不会用彩色来突出显示。我们作为读者能够从自然语言表达的文本中辨别出隐含信息。然而，读者的能力是有限的，特别是面对数百、数千甚至更多这样的对文本进行分辨和区分的需求。对于现实生活中的许多情况，同样需要及时了解大量的文字或迅速分析多种来源的文本。例如，基金资助机构需要处理越来越多的基金申请书；科学家们总是需要跟进他们研究领域诸多看似相关的新发表文献；历史学家需要筛选堆积如山的档案文件。

7.1 区分相互冲突的观点

相互冲突的观点是生活中的一部分。在较高层次，关于数百万年前的生物大灭绝原因的辩论持续了许多年。像《风雨欲来》报告中有关科学和技术竞争力的辩论涉及大范围的利益相关者和决策者。在较低层次，评审者对于某一份研究申请书是否值得资助可能会给出截然相反的结论。对于一本新书或新的产品是否值得购买，消费者可能会有截然不同的观点。这些类型的意见冲突在态势感知和决策中是一种基本的、重要的推动力。正如我们从第 2 章中讨论的例子中看到的，矛盾性往往是创造性的一个必要组成部分。

关键的挑战是从每个角度确定争论的基本前提，评估现有证据和不同观点的可信性，了解一个特定位置的语境和背景，以及跟踪一个大的环境中不同的观点是如何随着时间演化的。虽然对趋势和变化动态的探测吸引了越来越多的关注，但由于我们在感知和认知方面的动态性和复杂性（Thomas & Cook, 2005），在宏观和微观两个层面都存在许多基本的挑战。

虽然诸如主题建模的技术在处理大量文本方面十分强大，解释和诊断的责任实质上仍然落在终端用户，即分析者身上。例如，给定一组两极分化的顾客评价，关键的问题包括有多少争议性的子话题，每个子话题的本质是什么，冲突观点的分歧到底有多大。换成一种更一般的形式，问题可以表述为：如果系统能识别一个新兴的趋势，它与从现有趋势中得到的精确术语有何区别？

表 7-1 举例说明了这种挑战，即利用主题模型从一本畅销书的正面、中性、负面评论中识别出最突出的主题。突出显示的词语对每个子话题都是独特的。我们可以看到树木，但不知道这些树木如何形成森林。

表 7-1 基于主题模型从每一类型评论中识别出的主题的词语

Positive	Neutral	Negative
book read reading story **put great** books good brown **dan** time **page ve** interesting don **recommend find found thought**	book brown read story good **plot code vinci** characters **da fiction** history reading dan **holy grail** author interesting don	book read brown **characters plot** story **writing** time **author** good interesting reading don **people written reader make** history character

在主题层次，每个主题通常由一组词语来进行表征。对于用户来说，很难精确了解哪些观点和争论对最终形成的主题贡献最多。虽然在主题模型的结果报告中很常见的一种实用性的表达方式是这样的：展示一段话，对段落中的一些词高亮显示，这些词与生成的主题相对应，并且可以描述主文件的特征。然而，用户无法在主题层次和文本层次的表示之间来回切换。

为解释和理解一个新兴主题，理想的证据表述应该允许分析者不仅能对统计和机器学习算法得到的模式进行检查，也能对可以区分不同种类模式的固定术语进行核对，如正面的和负面的顾客评论，或者革命性、演化性的趋势。

为了满足这些标准，我们认为，可以用一种新型的决策树来更清楚地表达相关证据。这种表达可以提供一些摘要结果，这些摘要所处的层次位于整体语料库主题层次以下，但是在原始来源的注释文本以上。因此，决策树将提供一个中间层，以方便两个方向之间的导航。通过类似的方式，将更具体的诊断价值的关联规则整合进来，以丰富各种备选证据的总结，并且帮助用户理解一个识别出来的新的主题模式的确切本质。

7.1.1 《达·芬奇密码》

我们用一个正面和负面的评论研究来说明冲突观点区分过程中的技术挑战和分析任务。例如，《达·芬奇密码》这样一本有争议的畅销书的评论具有相互冲突观点的性质（图 7-1）。人们是如何形成自己的观点，以及是什么影响了他们的观点？读者的评论从非常多样化的视角提供了具有洞察力的宝贵数据来源。对冲突性的书评的理解，其意义远超著作本身，包括对商品、电子设备、信息服务到关于战争、宗教和环境问题的各种观点。这个领域的进展有望为以下方面做出实质贡献，即包括证据的潜在可信度、争论强度、不同观点和预期结果。选择这个主题具有明显的优势：无需事先掌握领域知识；很容易解释和评估结果；可以扩展应用于其他种类。

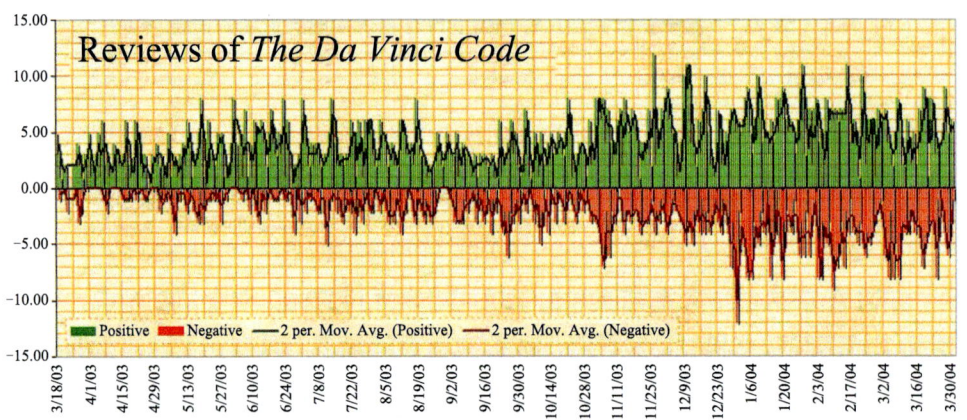

图 7-1 《达·芬奇密码》出版第一年内（2003 年 3 月 18 日至 2004 年 3 月 30 日）在 Amazon.com 上的顾客评论分布。虽然正面的评价始终超过负面评价，但是这些评论背后的论据和理由并不明显

资料来源：Chen, Ibekwe-SanJuan, SanJuan, & Weaver, 2006

《达·芬奇密码》是一本有争议的书。读者对它有许多正面评价和负面评价。是什么让它成为一本畅销书？这本书的哪些方面受到好评？哪些方面被读者批评？更一般地，我们是否可以将相同的技术应用于对畅销书、电影、汽车、电子设备、发明创新和科学论文的分析？归根结底，成功、失败、一个有争议的问题或者多视角的冲突信息背后的原因和转折点是什么？

情感分析是一个与此密切相关的研究手段，其目的是基于在文本中的情感表达来探测潜在观点。Pang 和 Lee（2004）基于情感表达提供了一个对电影评论进行分类的好例子。他们使用文本分类技术在电影评论中来识别情感取向，把这个问题当作一个最小图割问题。与之前文本层次的极性分类相反，他们的方法注重语境和句子层次的主观性检测。这种方法的中心思想是确定两个句子在主观性方面是否一致。它也有可能基于强烈的指示性形容词查找在电影评论中的关键情感句子，如"杰出的"作为一个正面评价，或"可怕的"作为一个负面评价。然而，这样的试探法应该谨慎使用，因为脱离语境、过分强调这样线索的表面价值存在着风险。

大多数相关研究建立在这样一个假设的基础上，即研究者所期望的模式是非常显著的。虽然这对于与主流主题相关的模式来说是合理假设，但是在有些情况，这样的假设是不可行的。例如，检测罕见的、甚至一次性事件，以及基于他们的优劣程度而非嗓门大小来对观点进行区分。

7.1.2 术语变化

术语变化涉及术语之间的象征关系，以及术语是如何通过若干类型的变化和转换产生联系的（Daille，2003）。术语的变化是指一个术语通过语言操作，如形态、句法和语义操作转化到一个相关概念术语。图 7-2 说明了五种类型的转换。

Operations	Term	Term Variation
Syntactic (adding a modifier)	secret society	ancient secret society
Syntactic (adding a head word)	clever plot	clever plot twist
Syntactic (changing a modifier)	renowned Harvard professor	famous Harvard professor
Syntactic (changing a head word)	secret book	secret agenda
Syntactic (synonymous)	ingenious plot	clever plot

图 7-2　语言操作潜在术语变化

TermWatch 系统提供了术语变化研究功能，特别是可以用于术语提取、术语变化关系的辨别，以及对术语进行聚类（Ibekwe-SanJuan，1998；Ibekwe-SanJuan & SanJuan，2004）。TermWatch 通过 LTPOS 来提取术语，利用分类优先聚类链接（classification by preferential clustered link，CPCL）的分层聚类算法来对术语变化进行识别和分组。

CPCL 算法首先将第一组相关概念的术语分成一组。一组术语如果有一个共同的中心词，即意味着它们是概念相关的。它们可能有不同的修饰语，如词组"巧妙的情节"（ingenious plot）和"聪明的情节"（clever plot）。对一组术语来说，如果对它们进行某种术语变化操作，如拼写变化、WordNet 语义变化和修饰语变化，能够从一个变化到另一个，那么就可以认为该组术语在语言学上是相关的。基于一种能代表可观变化的关系，算法对术语组进行迭代聚类。例如，从秘密书籍（secrete **book**）到秘密日程（secrete **agenda**）的改变被视为实质性的。该过程包括以下几个步骤：数据收集、术语变化分析、术语变化的时间序列可视化、基于选定术语的分类和内容分析（图 7-3）。

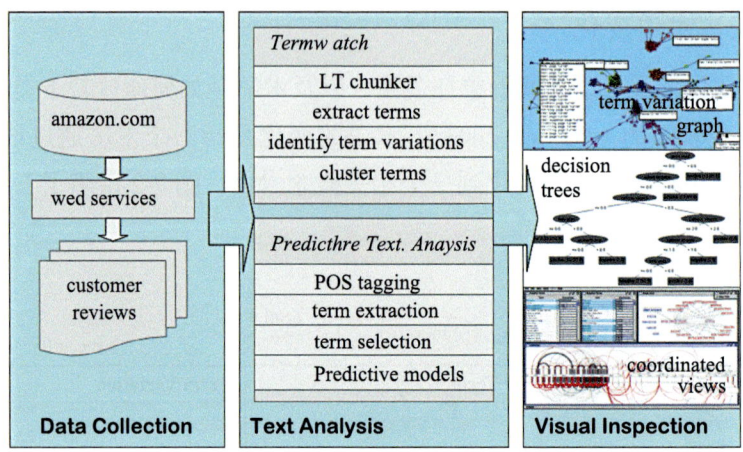

图 7-3　我们的方法的整体结构

7.1.3 《达·芬奇密码》的评论

《达·芬奇密码》的评论是利用亚马逊网络服务（AWS）从 Amazon.com 网站收集的。亚马逊顾客评论基于一个五星评级系统。五星是最好的，而一星是最差的。在我们的研究中，四星或五星的评论被认为是正面评论。一星或二星被认为是负面评论。三星的评论在这个研究中没有使用。

在表 7-2 中，正面评论的数量约是负面评论的两倍。正面评价的平均长度约 150 词和 9 句；负面评论略长，平均 200 个单词和 11 句。就其长度而论，这些评论通常与新闻或科学论文的摘要差不多。

表 7-2　语料库统计

语料库	评论	#字符 （平均值）	#词语 （平均值）	#句子 （平均值）
正面	2 092	1 500 707 （717.36）	322 616 （154.21）	19 740 （9.44）
负面	1 076	1 042 696 （969.05）	221 910 （206.24）	12 767 （11.87）
总计	3 168	2 543 403	544 526	32 507

我们的目标是利用一小部分选定的术语来证实预测评论位置的可行性。此外，我们认为决策树可以作为一个直观可视的代表，为分析者探索和理解选定术语在分辨冲突观点中作为特定证据的作用。如果我们使用选定术语构建一个

决策树,并且使用评论的正面和负面类别作为决策树的叶节点,最有影响力的术语将会出现在树根的朝向。我们将能够探索各种替代路径,以找到正面或负面的评论。

为了在语境中赋予决策树的预测能力,我们提出了与其他广泛使用的分类器有相同数据的额外的预测模型,即朴素贝叶斯分类器和支持向量机(SVM)分类器。我们预期,决策树虽然可能不会给我们提供最高的预测准确度,但在给定可解释性收益的前提下,这是一个值得的取舍。

我们使用的程序如下:首先通过词性标注对评论进行处理。提取名词短语,删除停用词,并去掉每个条目最后一个字。将形容词作为短语的部分,从而捕捉情绪化和感情色彩浓厚的表达术语。然后,采用对数似然值测试来选择那些不仅高频出现,而且可以很好地从不同类别中对评论进行区分的术语。选定的术语反映了很好的降维效果,范围为 94.5% ~ 99.5%。选定术语与其他分类器一起用于决策树学习和分类测试。

SVM 能被用来对不同种类的评论进行可视化。每个评论都被表示为一个在高维空间 S 的点,它包含三个独立的子空间 Sp,Sq,Sc,且 $S= Sp \oplus Sq \oplus Sc$。$Sp$ 代表纯粹正面评论;Sq 代表纯粹负面评论;Sc 则两者兼之。换句话说,一个评论被分解成三个部分,以反映正面评论术语、负面评论术语和两者都有的术语的存在。请注意,如果评论不包含这些选定的任何术语,那么它在这个空间里不会有意义。所有这些评论被映射形成高维空间,并将在后续分析中被去除。

SVM 分类的最佳配置取决于许多参数,而这些参数又是通过多次交叉验证(k-fold cross-validation)依次确定的(Chang & Lin, 2001)。这个过程被称为模型选择。最佳模型是通过一个简单的网格搜索平均精度来找到的,从而避免模型过度拟合。

表 7-3 显示了术语抽取和利用 TermWatch 进行变量聚类的统计结果。我们将在下面的章节中对这些结果进行更详细的解释。

表 7-3 使用 TermWatch 多层次特点选择

评论类别	条目	级别	成分	独特特点
正面	20 078	1 017	1 983	879
负面	14 464	906	1 995	2 018

图 7-4 有助于识别一本书正面评论的共同特点。例如，许多评论者发现这本书是一本引人入胜的书，但是评论用语有着各种各样的细微变化，如说成是一本惊人的引人入胜的书或一本多变的引人入胜的书。这表明书之所以畅销的部分原因是由于其扣人心弦的情节。为减少所有这些术语的复杂性，将这些术语组合在一起，将会对后续分析产生明显的作用。

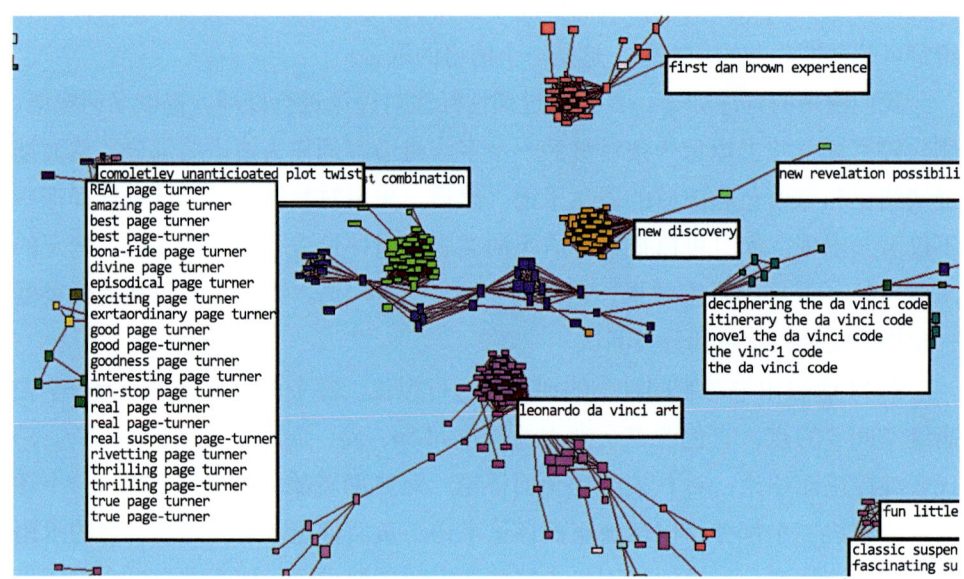

图 7-4　基于语法和语义关系对从正面评论中提取的术语进行聚类
资料来源：Chen et al.，2006

7.1.4　主要主题

一个术语变化网络有三个层次：最高层次的聚类，然后是要素层次，最后是最低层次术语。

7.1.4.1　正面评论

最大的聚类被标记为列奥纳多·达·芬奇艺术（leonardo da vinci art），该聚类在与正面评论相关的术语网络中被其他"文学小说""完整的死海古卷""哈佛大学教授"和"艾萨克·牛顿"所环绕。聚类结构高度互联，其内容似乎是一致的，因为它抓住了正面评论的主要方面：主要人物评论（"Langdon 教授"）、赞美（"极好的故事叙述""巧妙的故事""扣人心弦的小说""历史小说"），以及其他主要角色（"索菲·奈芙""达·芬奇""艾萨克·牛顿爵士"）。

另一个主要聚类"达·芬奇密码"也是关于这本书的本身("达·芬奇密码争论""达·芬奇小说""达·芬奇密码评论")。因为术语的变化,它们被归为同一聚类(这里指的是分类器替代)。

"达·芬奇密码争论"聚类与另一个标记为"达·芬奇密码"的聚类有一根连线,这反过来又连接到另一个标记为"玛利亚的传奇"(mary magdelen legend)的聚类。"玛利亚的传奇"聚类与书中描写的事件、人们和组织的历史可信性有关。例如,对于玛利亚和耶稣之间所谓的联系存在很大争议。其他很多争议的主题是郇山隐修会(Prieure de Sion)和主业会(Opus Dei)组织的作用,书中所描述的关于今天基督徒宗教信仰的历史事件的影响,作者声称是基于历史事件完成的这项研究。因为在这个聚类中术语的不同性质,大多数的链接是由于关联(共现)而形成的。

还有一个孤立的子网络涉及作者的写作历史:他的下一本、以前的或新的书。显然,在评论中谈论这个所使用的术语与被用来赞美当前书的术语是不同的,因此导致孤立子网络的形成。

7.1.4.2 负面主题

在负面评论中高频出现的术语包括"抹大拉的玛利亚""主业会""圣杯""太多""艺术历史""好书""引人入胜的书""秘密社会""最后的晚餐""阴谋论"和"坏人"。负面评论质疑本书的历史和宗教基础,而作者(Dan Brown)指出是"基于研究的事实"。作者的主张受到负面评论者猛烈的批评,他们着手逐一证明作者是一个冒名顶替者。最有争议的观点集中在书中所描绘的宗教事实,如耶稣和玛利亚间所谓的恋情和随后的婚姻。事实上,自从这本书2003年3月出版后,术语"玛利亚"始终出现在所有负面评论中。

7.1.5 预测性文本分析

书评的预测性文本分析有两个目的:验证选定术语的预测能力,以及为分析者提供一个可视化结果来探索和理解不同类别评论中术语的作用。

术语根据文档频次和对数似然比进行排名,结果会有所不同。如表7-4所示,文档频次高的术语往往是描述性的(如"图书""故事""小说"),而对数似然比高的术语往往更与意见、判断、推荐相关(如"金钱""炒作""伟大的读物""失望""浪费")。

表 7-4　根据文档频次（DF）和对数似然比对术语进行排名的不同结果

条目	文档频次	对数似然比	条目	文档频次	对数似然比
书	2456	2.99	金钱	83	68.27
故事	697	14.25	写作	179	66.61
读者	571	0.23	炒作	146	61.37
人物	561	59.32	人物	561	59.32
达·芬奇密码	559	10.85	作者	504	53.04
小说	539	0.00	伟大的读物	92	48.40
小说	536	4.89	不能	135	48.10
时间	512	21.17	失望	39	46.77
作者	504	53.04	浪费	33	39.26
情节	499	17.25	不浪费	22	37.63

表 7-5 总结了由对数似然值所选术语的数量，以及 10 倍交叉验证的三个分类器的精确度。原设定的提取术语包含 28 763 个术语。降维率在 94%～99.5%。相反，如果我们选择基于文档频次（≥2）的术语，如果一个 C4.5 决策树为 68.89%，将有 6 881 个术语和分类准确度，这低于所有用对数似然值检测的模型。更重要的是，决策树（C4.5）根据 10 次交叉验证精度（略超过 70%）是相对稳定的，而 SVM 模型的准确性是 80% 以上，这意味着用这些术语来对评论进行分类是可靠的。这些分类方法在 Weka 上都可以使用（Witten and Frank，1999）。

表 7-5　10 次交叉验证的分类精度

对数似然值（p水平）	选定条目	C4.5	朴素贝叶斯	SVM
0.05	1 666	70.26	77.54	84.59
0.01	360	71.67	76.67	83.14
0.001	146	70.01	75.74	81.72
文档频次（≥2）	6 881	68.89		

虽然使用文档频次作为特征选择计量指标与诸如信息增益（information gain）等计量指标的结果不相上下，但是如果需要主动降维，它的效率就比不上其他计量指标（Yang & Pedersen，1997）。利用对数似然比检验一个评论相关类别的术语是否出现，从而选定一些术语，可视化结果如图 7-5 所示。一方面，它显示大部分术语的文档频次相对较低。另一方面，诸如"金钱""炒作""人物"和"伟大的读物"的术语是由完全不同的文档频次选出来的。

7 文本中的信息   193

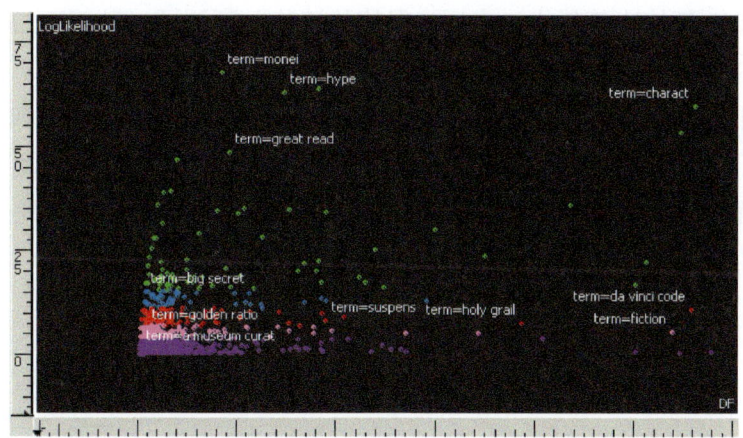

图7-5 选定术语的分布。点的颜色显示相应术语的统计显著性水平，即绿色（$p<0.001$），
蓝色（$p=0.001$），红色（$p=0.01$），粉红色（$p=0.5$）

资料来源：Chen et al.，2006

7.1.5.1 决策树

图7-6和图7-7展示的是两个决策树，阐明了它们是如何区分对立观点的。位于树的顶部的术语对一个评论类别预测能力较强，而位于树的枝叶部分的术语的预测能力则相对较弱。

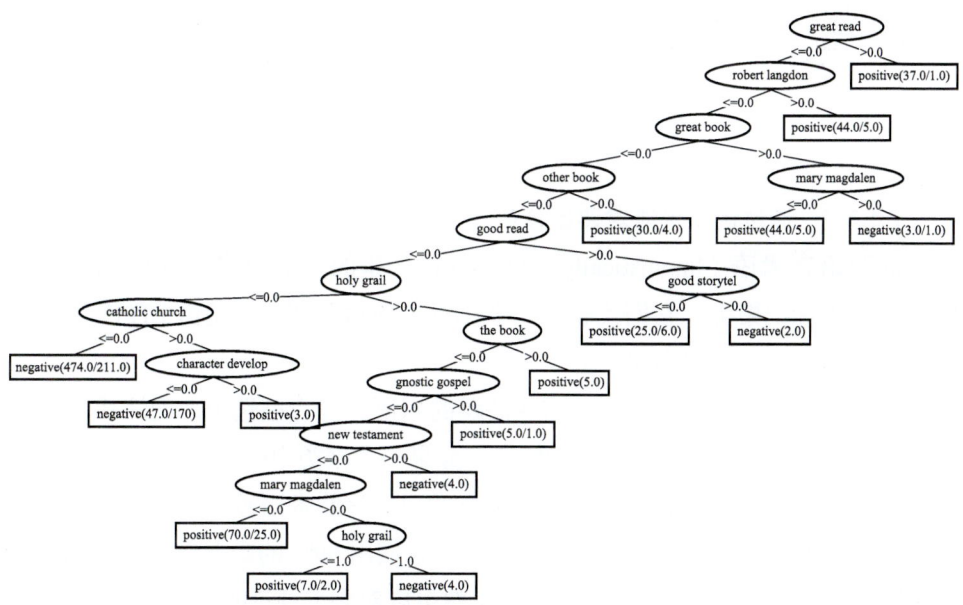

图7-6 制作于2003年的区分正面评论和负面评论的术语决策树展示

资料来源：Chen et al.，2006

在2003年的决策树中，术语"很棒的读物"预测了一种正面的评论（图7-6）。有趣的是，如果评论没有提到"很棒的读物""罗伯特·兰登"，而谈到的是"玛利亚"，它更可能是负面评论。同样，右下角的分支展示出，如果一个评论提到了"玛利亚"和"圣杯"，那么就可能是一个负面评论。相比之下，2004年的术语决策树第一页预测了一个正面评论（图7-7）。如果一个评论提到了"玛利亚"和"圣杯"，那么很可能是一个负面评论。

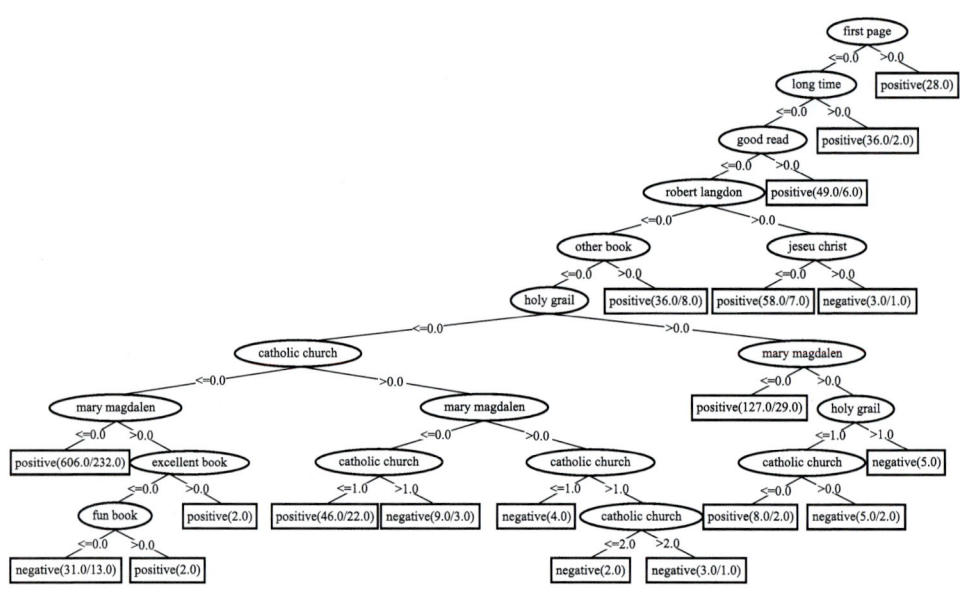

图7-7　2004年制作的基于评论的决策树
资料来源：Chen et al., 2006

7.1.5.2　通过活跃术语对评论分类

活跃语言术语（linguistically active terms）指的是有许多变体的术语。活跃术语用于标记聚类，它们代表了一个小得多的短语部分，是由LTPOS的LT-chunker抽取的名词短语的8.3%。

基于在评论中出现的频次，这些活跃的术语并没有被选中，无法成为一个分类任务中对评论进行索引的最佳候选。如果一个聚类中的术语出现在评论中，我们利用TermWatch聚类标签对评论进行索引。这些术语被一条短的变量链连接，因此本应该与聚类标签紧密相关。然后我们用60%的数据作为一个训练集生成一个额外的决策树。这个合成的决策树可以对剩下评论的68%正确地分类。这个精度比之前分类器获得的要低，但它仍然是有意思的，因为它主要基于多词长术语，这往往比单个词语术语的频率低得多。

这个决策树的精度主要依赖于 30 个最活跃的术语，即它们有最大数量的评论变量。例如，"罗伯特·兰顿故事"（Robert Langdon story）有 250 个评论变量，而其中 85% 是正面的。同样，诸如"主业会网站"（opus dei website）、"千年历史的秘密社会"和"历史事实启示"有 100 多个评论变量，而其中 66% 是正面的。

查看没有包含在决策树模型中的术语也是有用的。例如，术语"反基督""秘密圣杯会"等，以及"天主教阴谋"每个只有 6 个评论变量，并且都是负面的，可以确定读者被这本书震惊到了。

查看评论和 TermWatch 聚类间的相互关系，可以看到同时出现在正面/负面两个种类从而被决策树忽略了的那些主题。事实证明，像"耶稣基督妻子""抹大拉的玛利亚信条""阴谋论"和"基督历史"等术语每个都有 50 多个变量，正面和负面评论不相上下。

术语变量视角可以帮助确定正面和负面评论的主要主题。对于负面评论，一系列持久性和变化多端的术语表明了这本书所提出的沉重的宗教争议，这些术语包括"抹大拉的玛利亚""主业会"和"圣杯"，这些术语在正面评论中从未达到相同地位。正面评论中之所以有那么多热情洋溢的词语，通过那些有辨别力的术语，如"假期阅读""沙滩阅读"和"夏季阅读"，表明这本书只是一本虚构的小说，而非学术著作。

图 7-8 显示了一个对 iPod 的意见区别树。这个决策树模型的分类精度高达 91.49%。术语"视频质量"预测的是一个正面评论，然而电池寿命是负面评论的一个标志。更具体的"电池寿命短"术语出现的位置在决策树顶部下来的第六层级。

相同技术适用对一项研究领域的新兴主题的识别过程。图 7-9 描述了一个名词短语的决策树情况，用来确定一项恐怖主义研究的新旧主题。如图 7-9 中决策树所示，对于 2004 ~ 2005 年时间段来说，恐怖袭击术语是一个旧主题。相比之下，心理健康是一个新课题，特别是生物武器的风险评估是一个新课题（在数据分析的时间）。

综上所述，对于《达·芬奇密码》评论的分析说明了意见冲突的性质。人们持不同意见的主要原因之一是，他们通过不同的角度查看相同的现象。iPod 和恐怖主义研究的例子说明了此方法在更广泛范围具有应用潜力。

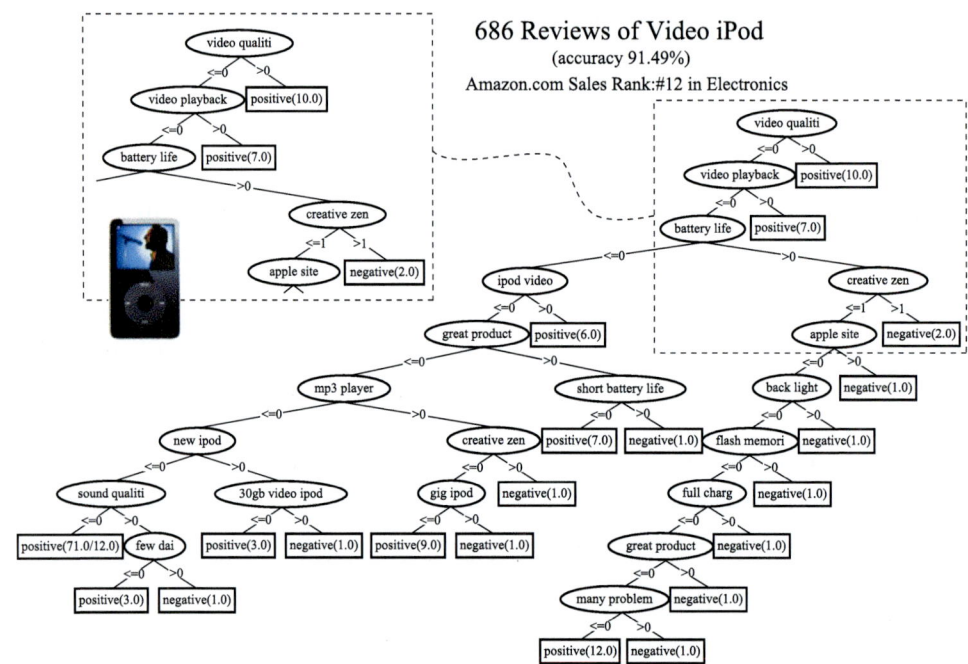

图 7-8　iPod 产品评论的一个意见区别树

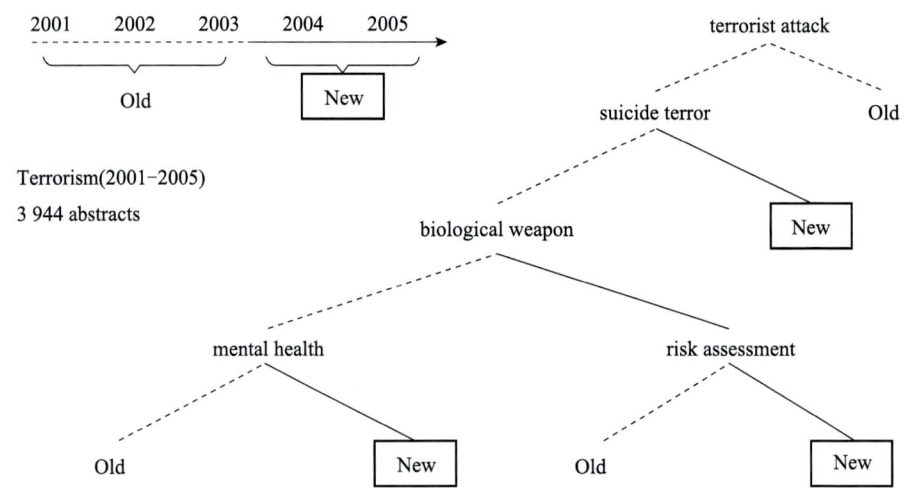

图 7-9　在有关恐怖主义文献的 3944 篇摘要中的代表性新兴主题

7.2　分析非结构化文本

在我们的顾客评论分析中，评价信息的有用来源是由顾客提供的评级。一般情况下，这样的评级信息并不容易获得。我们如何理解非结构化文本中的诸多文档？在本节中，我们将介绍一种新的方法来识别基本概念和来自非结构化文本的概念间的关系。这种方法的独特之处是无需任何先验知识。关于术语变化的角度，我们通过对自然语言段落中什么正在变化、什么没有变化来进行对比，从而实现对潜在概念相对应词句的自然分组。

7.2.1 文本分析

文本分析技术正在日趋成熟，可以处理大量文本。在文档层次，基于信息的术语频次和其他的数据模型，信息可视化技术可以呈现整个文档集合的一个全景视图（Chalmers, 1992; Havre et al., 2002; Hetzler et al., 1998; Kohonen, 1995）。用户能够探索和研究各种文本分组，并可以深入到单个文档。在单词和句子层次，可视化也已经被用来描绘单词的关联情况（Callon et al., 1983; Rip & Courtial, 1984; Tijssen & Vanraan, 1989）。在所有这些层面的可视化可以揭示出富有洞察力的模式，并发现了许多有价值的应用。与此同时，在文本可视化的两个主要层次间仍然存在着相当大的差距，这妨碍了用户在两个层次间顺利地来回迁移。

相对被忽视的中间地带部分是由于文本可视化的缺乏，并且过分强调文本的输入源中的核心概念和观点。虽然我们可以通过词共现的网络可视化获取原始文本，从而跟踪一个特定单词所在的确切语句，但是观点的要点不容易从可视化中得到。因此，如何从原始文本中识别和合成关键观点和陈述，这是分析者仍然面临的挑战。

我们引入一个文本可视化的新方法来弥补以文档为中心和以单词为中心这两种方法的差距。与文本可视化方法，如短语网（Ham et al., 2009）和单词树（Wattenberg & Viégas, 2008）有所不同，我们专注于在观点聚合基础上的文本导航支持，而不是逐词跟踪文本。从这个意义上说，新方法为文档导向和单词导向这两种可视化方法间的交互式可视化提供了一个中间层。因此，新的方法可以促进现有可视化层之间的转换。

新方法利用自然语言处理技术来进行词性标注，利用正则表达式（regular-expression）所定义的规则来进行模式匹配。两种主要模式被用于从原始文本中捕捉概念和述词（predicate）。在这里，我们广泛使用述词这个名词，包括主语、谓语和宾语。通过在编译器后端使用 Prefuse 工具进行编译，抽取的模式表示为一个树状结构，绘制成一个 DOI（degree of interest）树，即兴趣树（Budiu et al.，2006；Card & Nation，2002）。对于每个文本的来源，生成了两棵树：一个概念树（图 7-10）和一个谓语树。这些树木的突出分枝揭示突出的概念和主张。谓语被串连在树的生成过程中，这可能导致了一长串的连锁谓语。通过将一个来源中发现的模型添加到另一来源中的模型中，新方法使用户能够比较两个文本来源。我们稍后将就此进行详细讨论。

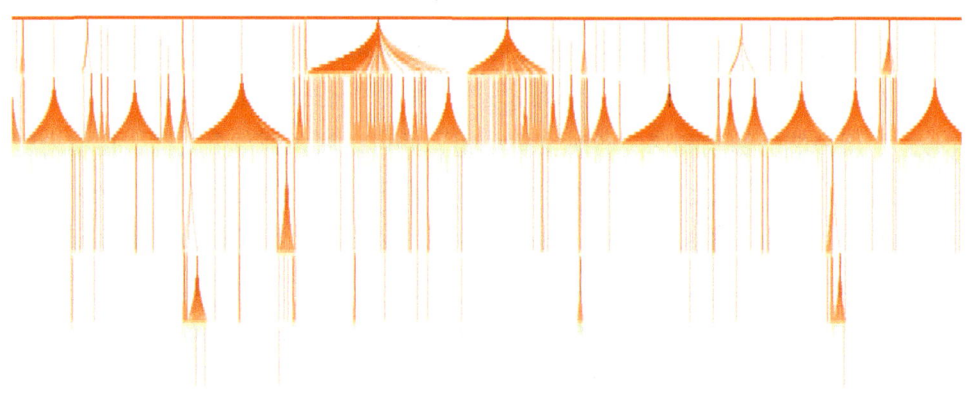

图 7-10　概念树的结构：每一个子树都有一个潜在的概念

文本总结提供了一个可以用来构建多个文档短摘要的技术。一个好的总结应该有最小的冗余信息，但是有充分和均衡的覆盖度。多文档自动摘要通过从一组主题相关文件中选择有代表性的句子形成一个简短的总结。托伊费尔（Teufel）和莫恩斯（Moens）基于一篇文章中陈述句的修辞状态，提出一种有趣的科学文献总结方法。其方法可以识别一篇原始文章的新贡献，以及与之前工作的联系。自动化摘要技术已经被应用到这些领域，例如，Fiszman 等从 medline 素菊科中识别出药物干预。然而，许多文档的摘要仍然是一个黑盒方法。用户们没有能力和途径去了解内在的选择机制。统计驱动的总结算法可能丢失掉重要的句子。

文本可视化长期以来都是信息可视化研究领域的一支。早期的系统有 Bead、ThemeRiver、Inspire 和 Self-Organized Maps 等。许多早期的系统都集中在全局图，以及单词和文档分组方面。

文本可视化的另外一支更多地关注在可视化的方式中保留原始文本的顺序。例如，TextArc 能够将单词可视化，而且提供了一个引导用户遵循原始文本的方式。本·弗莱（Ben Fry）创建了一个对达尔文的书《物种的起源》不同版本的一个概述，使读者可以了解不同版本之间有什么区别。

最近像 Word Tree 和 Phrase Nets 这两个来自 ManyEyes[①] 的软件，提供了一个在文本中阅读句子的新方法。在 Word Tree 软件中，对于普通的单词，用户可以进入这个单词然后开始追踪锚定这个单词的固定语句。在 IEEEInfoVis 摘要中，我们可以很容易地了解到最常用的单词是"数据""可视化"和"信息"。但是，用户可能不容易知道这些单词在文本的语境中是怎样准确连接起来的。

值得注意的是，Phrase Nets 软件特意不选择使用复杂的自然语言解析器，而是主要考虑了设计的简单性。就像 Toutanova 等（2003）所指出的，我们想要探索结合词类标记的优点和缺点，在无结构文本中使用正则表达式来识别更深层次的模式。

DOI 的概念是弗纳斯（Furnas）在他 1986 年关于鱼眼视图（fish eye views）的论文中提出的。2004 年的时候，希尔（Heer）和卡德（Card）再次提到了 DOI 树的可视化。DOI 树有独特的优点，尤其适合使用自然语言形式显示更深层次的语义模式，因为它们为用户提供了一个可以从节点读取到子节点的功能。从子节点可以立即访问文本中的父节点。使用简单的鼠标悬停技术，用户就可以利用在用户和原文之间界面的附加层，这样树上的入口可以是部分语句或者树干，而且通过交互可以去掉语句的剩余部分。

DOI 树布局的另外一个优点与 Prefuse 软件的执行结果一样，体现了涌现边绑定效应（emergent edge bundling effect），这个效应在全景层次尤其明显。这个效应为更详细的分析提供了一个重要的线索。

7.2.2　寻找丢失的链接

斯旺森提出了一个可以通过链接先前不同的知识体系形成新假设的一种方法，例如，1986 年，斯旺森在鱼油和雷诺氏综合征之间建立了联系（Swanson，1986）。我们对于突破性发现理论是建立在广义结构洞理论（Burt，2004）之上的，这个理论强调许多突破性的发现是由两个或多个先前孤立的知识结构组合

---

① 一个在线可视化平台，译者注

而成的。例如，物理学的弦理论，其中一个最重要的基本发现是两个先前被认为完全不同的系统，但是数学证明是等价的。另外一个例子是在恐怖主义研究中，之前认为只有直接外伤经历的人们才会引发创伤后应激障碍综合征，但是到了 2006 年，研究证明，人们通过大众媒体看到一个创伤性事件的清晰报道之后，也可以导致这种疾病（Chen, 2006）。

为了确定这些假设是否正确，对于分析者来说，能够有效获取到非结构化文本中的各种观点和声明是很有必要的。实现这个目标的第一步，分析者需要有超越原文本阅读顺序的能力。因为他可能处理一个不熟悉的文本，分析的过程首先需要了解所有模式的概况，而不是一个预先定义的查询。

基于引文趋势分析的研究为这项工作提供了新的动机。科学领域新趋势分析的一个典型的方法是，首先通过形成一个引用网络来分析网络的结构和文献的动态发展，然后研究网络的动态变化。分析者经常使用聚类算法来将文档空间划分成不同的文档聚类。眼下分析者们需要的是这样一些模式，即能够准确描述那些根据假设和发现所表达的关系，而通过统计方法往往无法快速捕捉到这些模式。换句话说，这些模式必须反映自然语言的表达方式。

分析者们经常需要区分两个实例的文本，这两个文本可能有相关的话题，也可能是两个来自不同时间点的文本。举例来说，科学技术史家为了弄清楚一项科学理论之前被大家拒绝但是后来又被接受的原因，他们需要研究术语的变化。在研究大陆漂移理论的例子中，这个理论被接受是因为许多基础的理论发生了变化。

7.2.3 概念树和谓语树

分析者们在文本分析中需要回答一些常见的问题。例如，原文中的核心概念是什么？它们是在什么语境中出现的？原文中最常见的观点是什么？最长的谓语链条是什么？两篇文章的概念和谓语有什么区别？

基本的设计包含两个组织化的可视化单元：概念树和谓语树。这两个单元分层次表示了在原始文件中非结构化单词之间的本质联系。概念树代表了名词周围的词组集。当输入文本中通过正则表达式对被找到的所有谓语进行模式匹配，再进行合并，所呈现的累积和突现结构，称为谓语树。简单地说，在该设计中，谓语这个名词包含了主语和谓语（如动词和宾语名词）。

处理非结构化文本的最基础挑战之一就是结构的缺失。我们的目的在于从非结构化文本中构建一个有意义的组织结构。该组织结构可以发挥如下的作用，在浏览全局的上层结构（如浏览文档空间）和理解底层的局部细节（如在给定输入数据中，单词的不同类型和句子的形成等诸多关系）之间发挥中介作用。我们的基本假设是处理过程除了输入数据本身之外，无需其他更多的语义资源。建立这个限制性假设的原因有两点：一是我们想要为处理过程的更深入发展建立一个基准线；二是我们想知道目前的自然语言处理和通用编程技术在多大程度上能解决问题。

我们的方法受到一个观察的影响，该观察在本质上与"兴趣度"DOI 的概念相关。根据众所周知的对 DOI 的解释，观察者兴趣的函数是在场景中感受细节的变化。这个函数反映了观察者兴趣所在的位置。通常，我们将更多的注意力放在我们身边的事情上。相反，对离我们稍远一些的事情，我们花费相对较少的精力。如果我们把这些想法转换成自然语言，我们发现有些事情惊人的相似：文本描述的细节变化是作者兴趣的函数。如果我们在描述一些主题，那么对于其中我们认为比其他相对重要的主题，我们自然而然会更多地描述、明确、区分和反复强调这些主题。我们会努力寻找更多的案例，并且从多个角度思考这些案例。结果是比较重要的话题将会有更多种类的单词。新的方法步骤的设计利用了这一发现，并专注于识别在文本中作为概念象征的集合的要点。另外，我们决定重视主题的谓语链、动词和句子的对象，以便简化原始的句子，使用户或者分析者们决定是否值得这么做。我们希望有一个足够大量的输入，一个句子的基础结构，尤其是重要话题的基础结构会变得越来越频繁地被发现。在这种情况下累积的、突现的模式可能会显现出来。为了理解非结构化文本，人们都希望这种模式更深刻一些。它们可能在进一步对看似非结构化的文本进行可视化分析时发挥很大的作用。

7.2.3.1 程序

图 7-11 中的流程展示了步骤的核心单元，以及单元之间的联系。

程序是从选择文本来源开始的。用户将选择一个或多个文件，也可以选择整个文件夹作为原始的输入数据源。选择的文件被称为程序的来源。目前的版本支持两种来源。选择来源的文本是基于词性标记 [part-of-speech（POS）tagging] 顺序处理。对于原始文本中的每一个单词都用一个词性标记标签注释。例如，名词树是用 tree/nn 标注，而动词是被 grow/vb 标注。

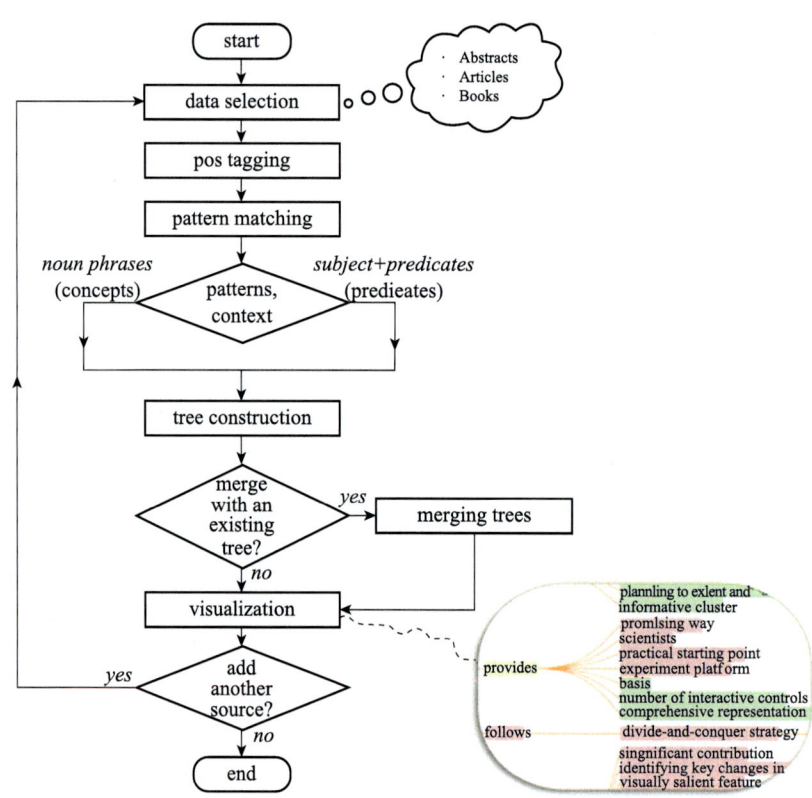

图 7-11　方法的程序流程图

下一步是模式匹配，通过它们的词性标记标签来识别单词序列的片段，然后根据隐含层次关系中的试探法来组织这些片段的不同部分。例如，名词短语 large-scale network 可以分为两个部分 large-scale 和 network。名词 network 被称为中心名词。Large-scale 被称为中心名词的修饰语。这样 network 这个单词代表了一个概念，然后这个名词将被作为层次表示中的一个父节点。Large-scale 这个单词将会被看成是概念的属性，称为 network 这个父节点的子节点。模式匹配过程在图 7-12 中显示。

表 7-6 总结了通过词性标记标签法处理文本的正则表达式所定义的主要模式。为了让这些模式的结构更简单，我们使用了自底向上的方法。从名词、动词和形容词这样的基本建构模块开始，一些复杂的模式与这些基本模块相连。例如，谓语模式是根据主题、动词和对象来定义的，这些主题、动词和对象是轮流根据名词短语和动词词组来定义的。

正则表达式模式的长度可以起到一个有趣的基准测试程序的作用。未来可以对这个方法进行如下改进,即在保持对整体的覆盖和提取、模式匹配步骤的准确性的基础上缩短长度。此外,更加复杂和冗长的模式在非结构化文本中可以用来设计捕获更多微妙和复杂的观点。

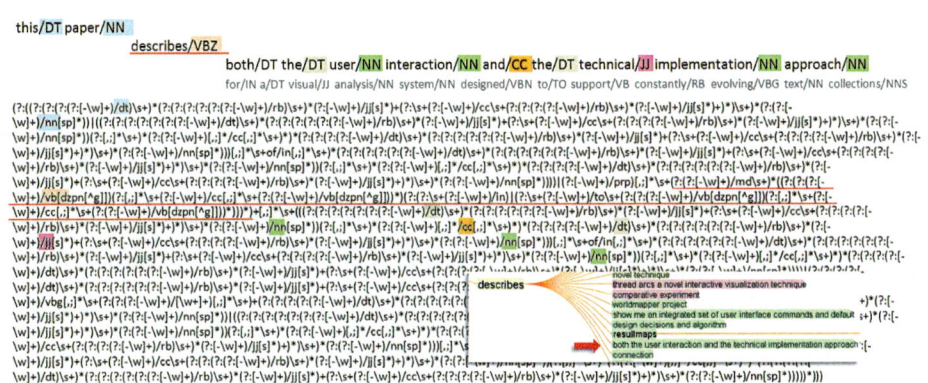

图 7-12　正则表达式的主谓模式,包括 3480 个字符。在图顶部的这句话是最先被标记出来的。相应的模式是基于谓语规则匹配正则表达式的。识别出来的模式被添加到树中

表 7-6　模式的构建块

模式	定义	例子	长度(模式)
名词	(article OR adjective)* + word /nn[sp]*	heavy and cold rain	181字符
名词短语	various combinations of nouns and other types of words	Information visualization research	858字符
主语	noun OR noun phrase OR word/prp	this article	1 057字符
简单动词	word /vb[dzpn[^g]]	discover	27字符
动词	Various combinations of verbs	could have been discovered	257字符
概念	noun phrase, including noun of noun	exotic plant	858字符
谓语	subject + verb + (noun phrase OR noun OR word/vbg)	we + introduce + a new algorithm	3 480字符

作为模式匹配步骤的结果,将会生成概念树和谓语树。概念树由文本中所有扩展名词短语构成,首先,有相同中心名词的短语对齐,然后将它们的属性单词对齐。例如,heterogeneous information space 和 exploration of aninformation space 有相同的概念 information space。heterogeneous 和 exploration 作为 information space 的属性被放在子节点的位置。类似的,如果发现一个谓语短语 we + introduce + a new algorithm,构造算法将首先检查是否在谓语树上有一个节点。如果 we 结点存在,然后检查是否存在名字为 introduce 的子结点,最后检

查下一层是否有 new algorithm 的合适位置。像前边的 a，an 和 the 这样的单词在树结构表示中都被忽略。

具有相同类型的树通过相同的规则可以被合并。也可以结合更先进的图谱挖掘技术，从而在这些树中找出相同的子结构。此外，通过规范概念树中概念结点的主观名词和客观名词，可以对谓语树进行精炼和加强。例如，谓语 we + introduce + a new algorithm 标准化后是 we + introduce + algorithm。

合并的时候，将不同来源生成的解析树（tree representation）进行集成，但保留了每一个来源的识别标记，从而能够逐一比较不同来源的贡献。除了现在考虑的数据来源之外，不同数据来源的合并模式在源结构方面遵循相同的规则。从第一来源的模式和那些第二来源的模式能够进行内在区分。用三种颜色来为三种可能的关系编码：粉红色——来自相同第一来源的两个模式；绿色——来自相同第二来源的两个模式；黄色——它们有不同的来源。原则上，可以允许添加一系列的来源，但是来源太多也会增加分析者对模式进行确认的认知负担。

最后一步是用户利用可视化进行交互分析，以及通过分层表示的概念和谓语来挖掘潜在的数据。使用解析树的过程中，可以利用许多现有的树可视化工具。例如，Prefuse 软件支持多种方式的可视化解析树，包括气球布局、径向布局、节点和链接布局。我们尝试不同的布局，最终决定选择最适合我们的节点和链接布局。

Prefuse 构建的 DOI 树结构为基准原型提供了一个有效的工具。一方面，它允许用户放大和缩小，这种缩放是较为合理的方案。对于拥有超过 200 000 个节点的概念树，其响应率有所降低。另一方面，可以对树结构进行修剪是可取的，因为它有可能增加清晰度和交互的速度。

分析者可以通过移动鼠标指针到节点，访问与每一个实例相关联的原始上下文。当一个模式被找出来之后，上下文信息显示数据来源的名称和完整的句子。

用户界面的一个原型如图 7-13 所示，它显示了由 110 年的科学文章的摘要（1900～2010 年）形成的谓语树。谓语树是由 111 507 个节点组成，包括名词和动词，以及谓语形式。圆圈中的术语"演示"是这些结果一部分谓语模式，即"这些结果表明"。在文中完整的句子都显示在屏幕的顶部，实例当前所聚焦的树用黄色标示。

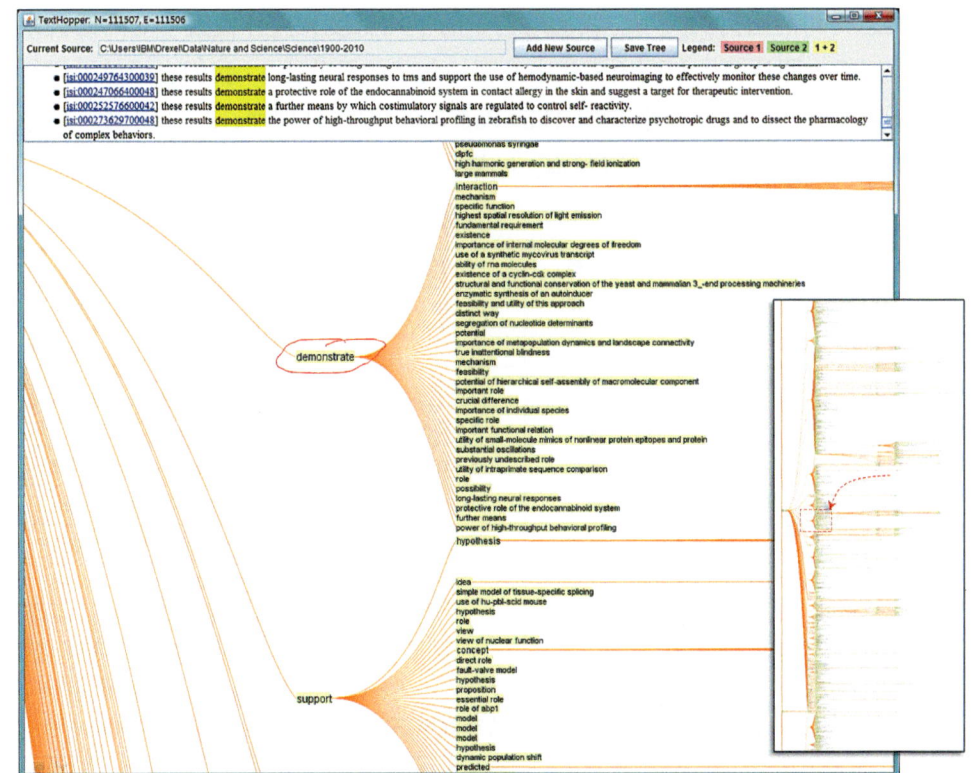

图 7-13 用户界面的一个原型。图中谓语的一部分树图中展示了这样一种模式："这些结果证明……"，该模式形成了一个小的分支，由基于 110 年的科学文章摘要（1900～2010 年）的 111 507 个节点组成

7.2.3.2 使用示例

我们用三种类型文本对程序进行了测试，即科学论文摘要、专利摘要、论文全文和专著。特别是，科学论文摘要包括 2000～2009 年 IEEEInfoVis 信息可视化文献摘要，以及 1900～2013 年发表在 *Science* 上的论文摘要。专利摘要包括 823 项谷歌专利和 15 227 项雅虎专利。全文文献包括施奈德曼的高被引文献 *The Eyes Have It*（Shneiderman，1996），以及陈超美关于 CiteSpace 的两篇期刊文献 Chen-2004，Chen-2006。两本著作分别是由伯特（Burt，2005）写的《中介与闭合》（*Brokerage and Closure*），以及查尔斯·达尔文 1872 年版的《物种起源》（Darwin，1872），著作的内容不包括术语表和索引。我们打算使用这组例子来设置一个基准进行后续评估。

我们记录了每个文本中句子和单词的总数、标注词性的名词和动词的比例，以及概念树和谓语树的大小。我们对句子的平均长度和整体覆盖率之间的关系特别感兴趣（即从概念和谓语模式中发现的句子的百分比）。我们也记录了运行完成所需的时间。实验使用 IBM ThinkPad T500 双核处理器，2.53 GHZ，3 GB 的 RAM 和 Java1.6.0_11 的运行版本。结果见表 7-7 和表 7-8。

表 7-7　测试数据集

来源	类型	句子	词	名词/%	动词/%
Yahoo Patents（15227）	摘要	9 342	189 662	40.72	13.84
Google Patents（823）	摘要	4 372	83 586	39.40	14.40
InfoVis（2000-2009）	摘要	2 139	42 472	34.40	12.35
Darwin（1872）*	著作	5 635	197 332	23.05	13.77
Burt（2005）	著作	5 201	112 556	30.94	12.87
Science（1900-2000）	摘要	98 370	2 062 010	37.09	10.98
Chen（2004）	全文	358	6 440	30.45	13.23
Shneiderman（1996）	全文	258	4 500	34.04	12.51
Chen（2006）	全文	659	10 831	33.60	12.55

* 不包括术语表和索引

表 7-8　覆盖率排序记录

来源	类型	概念	谓语	覆盖率（句子百分比）/%	运行时间/毫秒
Yahoo Patents（15227）	摘要	15 227	12 082	67.90	71 666
Google Patents（823）	摘要	7 091	5 393	63.63	577
InfoVis（2000-2009）	摘要	5 364	2 535	58.85	6 957
Darwin（1872）*	著作	13 583	5 538	50.22	279 622
Burt（2005）	著作	11 187	5 896	49.51	147 826
Science（1900-2000）	摘要	279 932	111 506	49.44	4 852
Chen（2004）	全文	899	375	41.06	8 722
Shneiderman（1996）	全文	747	279	37.60	6 514
Chen（2006）	全文	1 463	589	34.90	14 756

* 不包括术语表和索引

图 7-14 表明，平均长度的句子在文本中与整体覆盖率有关，专利摘要和信息可视化论文摘要比其他样本数据集的覆盖率更高。这似乎暗示每句话的字数越多，覆盖率越高，在中间的三个尤其显著。一个可能的解释是，所有那些在中间的学科主要是信息科学和相关的计算机科学，相比之下，*Science* 期刊的摘要数据集更多地与其他数据集保持一致，这也许是因为它的多学科性质以及对

于生物医学文献来说，其词性标记的质量已经下降了。雅虎和谷歌的专利摘要获得了最高的覆盖率，其次是信息可视化 InfoVis 摘要。两本著作的覆盖率处于中间位置。在所有的样本数据集中，陈超美的两篇全文的覆盖率最低。

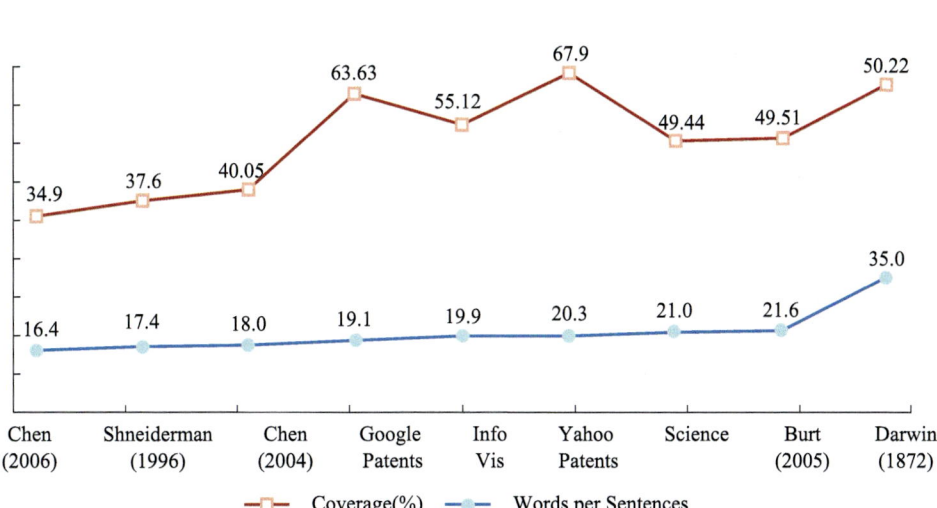

图 7-14 长句子中的词更可能被包括在树结构中

7.2.3.3 使用方法

本节中的概念树和谓语树方法虽然在许多方面都可以使用，在此介绍三种主要的使用方法。

第一种使用方法是分析一个多文档集合。分析者需要确定主要主题和观点，以及它们的原始上下文。分析者可能有几种选择。在宏观层面上，他可能会选择基于词频的相似度来对内部文档的关系进行可视化，以及将全部文献集合分解成相关文档的局部集合。在微观层面上，也可以使用诸如 Phrase Nets 和 Word Tree 之类的工具，在字词和句子层次形成自己对内容的理解。在这两个层次之间，可以通过概念树和谓语树来获取信息，使其可以更好地利用工具对其他两个层次进行操作。例如，在图 7-15 中，信息可视化的重要主题显示为在其概念树中许多节点的子节点，如数据、信息和可视化。

此外，分析者可以通过放大或缩小来获得一个概念的更多的上下文细节，例如，在一个具体的文本来源中，各种类型的形容词和名词分布在术语"数据"的周围。

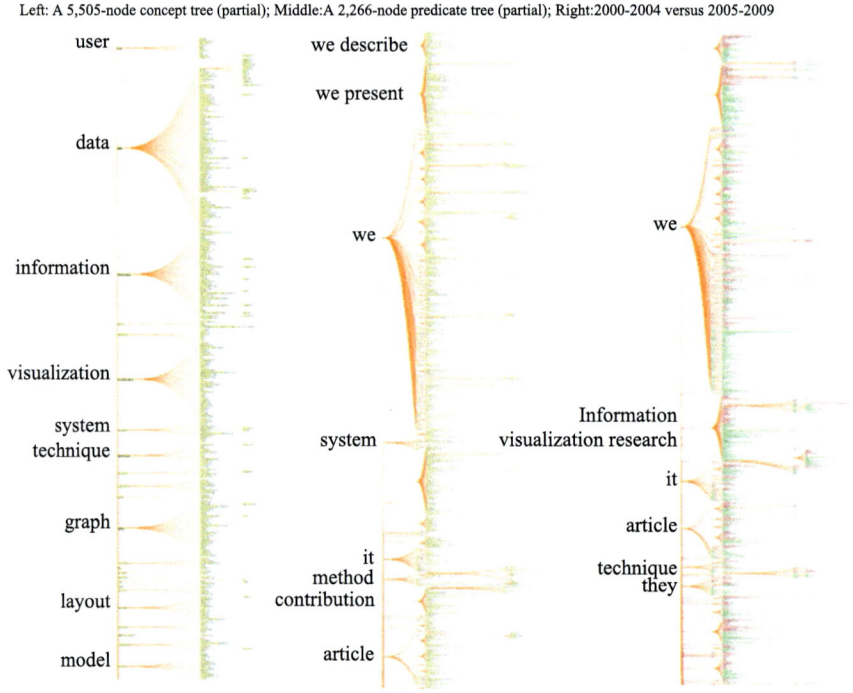

图 7-15　概念树、谓语树和信息可视化抽象数据集的比较谓语树

一个潜在的优势是，使用树而非网络进行可视化展示，能够提高清晰度和可读性。树表现法可以对主要的主题进行突出显示，利用网络的形式对数据集进行可视化时会出现混乱的交叉链接，但是在树结构表示图中就不会出现这种混乱。另一个潜在的重要优势是，分析者可以很快地在数据源中跟踪最主要的文本模式。在对主要主题相关知识了解的情况下，分析者可以浏览整个集合而不被局限于个别文档；事实上，分组模式允许分析者在不同文档集中比较类似的观点。在目前的规则中，可以通过拖动树结构中的节点找到所有的实例模式。

第二种使用方法是，比较两个来源或同一来源中的两个样本。如果我们想了解关于信息可视化（InfoVis）的早期与后期文献的区别，我们可以将 10 年的数据分成两部分，在第一部分中生成树结构，将第二部分添加到树结构中。图 7-16 就是这种合并树结构的例子。在第一个来源中的样本标注为粉色；在第二个来源中的样本标注为绿色；相同的模式标注为黄色。这些谓语与主要的文献节点相关联。我们能够发现，早期的信息可视化数据集中最常用的模式包括"article + presents + *""article + introduces + *""article + proposes + *",以及"article + describes + *"的搭配。这些修辞语句可能也普遍适用于大多数学术文献。挖掘更深层次的树结构,能够揭示重点语句的语义,如"GPU + requires + data parallel programming"。

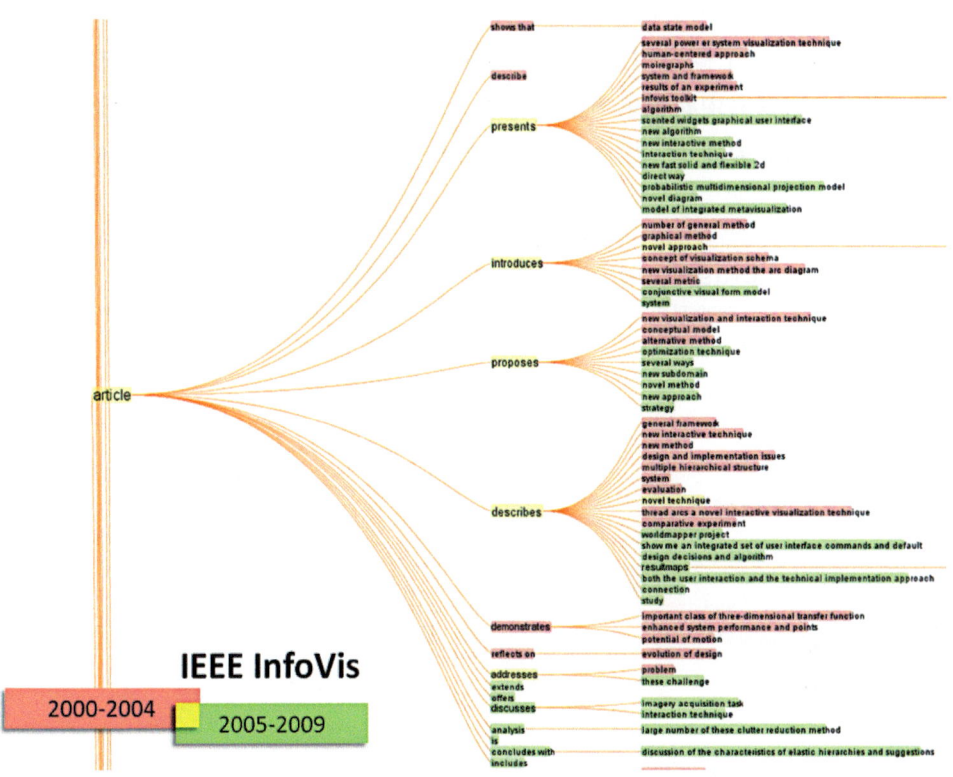

图 7-16　IEEE 信息可视化论文的两个时间段合并后的谓语树结构:
2000～2004 年及 2005～2009 年

除了集合与集合的比较,有时可能需要比较两个文档,或一个文档与一个集合。源的概念使这种比较变得灵活。源可以是一个或多个文档。这种灵活性允许分析者在一组文档中应用标准聚类算法,以及在每个聚类中应用这种新方法,并通过把聚类作为输入的文本来源来比较不同的结构。这种新方法通过使用譬如文本归纳来对聚类进行理解。可视化方法相对于传统文本归纳的优势是,分析者可以在不同层次的词语、句子、文档和整个数据集中来回迁移,这将减少分析者的认知负担。

第三种使用方法是研究冗长的文档。在这个用法中,分析者可以使用交互式可视化的概念和谓语作为索引机制。因为所有的实例和上下文的概念可以从概念的子树中找出来，这对于分析者来说很容易实现。我们通过两本著作来举例说明这种用法。

《中介与闭合》（*Brokerage and Closure*）是社会学家罗纳德·S.伯特于2005年出版的，书中引入了社会网络中介和闭合的概念，并且包括它们的实际意义。图7-17显示了概念树与谓语树的顶部，这些主要的模式通常是在显著位置。例如，这本书中有很多方法来描述人、网络、信任和想法，如左边概念树图所示。同样，在右边谓语树显示，这本书中的主要词汇是你、我们、他们及它。

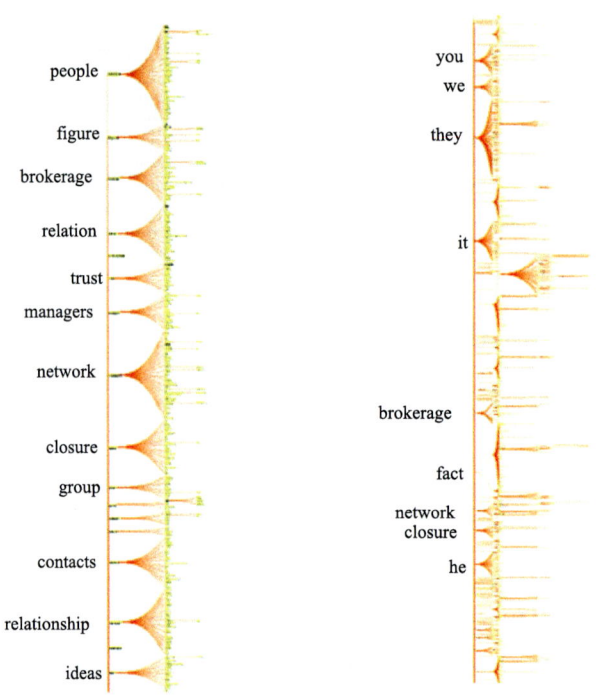

图 7-17　罗纳德·S.伯特 2005 著作的概念和谓语树结构

图7-18的例子是达尔文的经典之作《物种起源》。该图显示，物种是最主要概念，随后是形成、种类、差异、动物、植物及种群。它的谓语树包括"forms of life + are + *""it + * + *""we + * + *""they + * + *"和"many exotic plants +

have + *"。

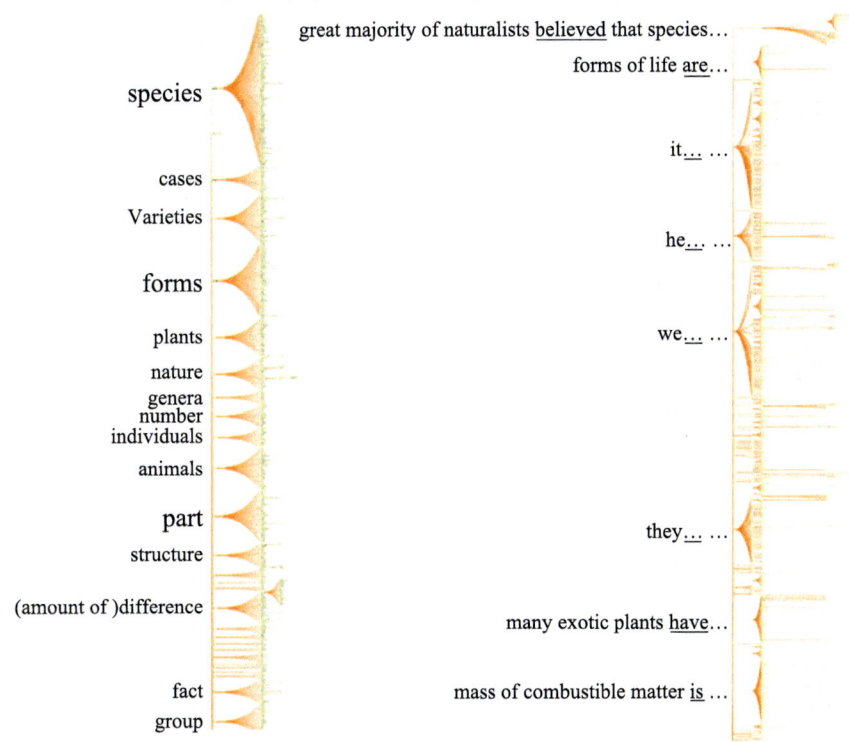

图 7-18　达尔文的《物种起源》概念树和谓语树

7.2.3.4　进一步改进

接下来主要讨论设计和技术问题，它可以作为进一步改进的基础。

在 9 个数据集中，覆盖率最高的是雅虎专利摘要（67.90%）。覆盖率最低的是发表在 Journal of the American Society for Information Science and Technology（JASIST）的一篇论文全文（34.90%）。信息可视化 InfoVis 摘要数据集的覆盖率位居第三（58.85%）。目前的试探法和正则表达式模式显然无法处理所有的句子。有些问题是由于词类错误，还有一些是由于句子结构的复杂性。

下面我们列举一些例子，希望它们可以作为进一步丰富和增强的启发式方法和模式匹配规则的测试数据。需要进一步改进的地方包括通过缩短正则表达式的长度来改善效率的模式匹配机制，扩大处理程序的覆盖范围，以便可以处理更多种类的句子，以及提高算法的时间效率，缩短整体的运行时间。

1. Our/PRP$ tool/NN replaces/VBZ manual/JJ and/CC in/IN some/DT cases/NNS pen-and-paper/JJ based/VBN analysis/NN tasks,/NN and/CC we/PRP discuss/VBP how/WRB user/NN feedback/NN was/VBD incorporated/VBN into/IN iterative/JJ design/NN refinements/NNS

2. The/DT method/NN is/VBZ widely/RB used/VBN in/IN many/JJ research/NN fields/NNS including/VBG biology,/JJ geography,/NN statistics,/NN and/CC data/NN mining/NN

3. However,/NNP most/RBS dendrograms/NNS do/VBP not/RB scale/VB up/RP well,/JJ particularly/RB with/IN respect/NN to/TO problems/NNS of/IN graphical/JJ and/CC cognitive/JJ information/NN overload/NN

4. The/DT overview/NN displays/VBZ only/RB a/DT user-controlled,/JJ limited/JJ number/NN of/IN nodes/NNS that/WDT represent/VBP the/DT "skeleton"/NN of/IN a/DT hierarchy/NN

5. The/DT contribution/NN of/IN the/DT paper/NN includes/VBZ a/DT new/JJ metric/JJ to/TO measure/VB the/DT "importance"/NN of/IN nodes/NNS in/IN a/DT dendrogram;/NN the/DT method/NN to/TO construct/VB the/DT concise/NN overview/NN dendrogram/NN from/IN the/DT dynamically-identified,/JJ important/JJ nodes;/NN and/CC measure/NN for/IN evaluating/VBG the/DT data/NNS abstraction/NN quality/NN for/IN dendrograms/NNS

6. We/PRP evaluate/VBP and/CC compare/VBP the/DT proposed/VBN method/NN to/TO some/DT related/JJ existing/VBG methods,/NN and/CC demonstrating/VBG how/WRB the/DT proposed/VBN method/NN can/MD help/VB users/NNS find/VB interesting/JJ patterns/NNS through/IN a/DT case/NN study/NN on/IN county-level/JJ U.S/NNP

还有很多更基础的问题需要解决。例如，所提取的这些模式的实质是什么？难道它们更偏向于修辞而非语义？顶层的谓语模式似乎是修辞的，如"we + propose + a new algorithm"。由于我们感兴趣的是事实和假设，我们正在寻找诸如"吸烟引起肺癌"（smoking + causes + lung cancer）的谓语模式。我们在 *Science* 期刊 11 156 个节点的谓语树上发现了这样的语句，但是我们不知道其中有多少可以让我们能够从修辞语句辨别出科学性的陈述。为了建立分析推理功能，提取谓语树就显得很有必要。就像我们之前提到的，另一种改进谓语树结构的方法是利用概念树的结构。

新方法的可扩展性对进一步研究来说也是一个重要课题。目前的程序可以处理一本著作的全文。虽然在使 111 506 个节点的谓语树和 279 932 个节点的概念树在交互方面存在较大的延迟，但是它在处理 Science 期刊 110 年来发表论文的摘要数据集的时候，效果出奇的好。可视化程序运行的性能负担中，有一部分是由于对每个节点的上下文信息的内置存储。使用索引机制在树结构之外存储大量的数据可以对性能进行改善。

程序的实现用的是我们自己手工编写的正则表达式模式。利用自然语言处理工具（如 GATE）可以开发出更复杂的模式。它对于比较多种自然语言处理资源（包括各种词性标记工具 Pos-tagger）在覆盖率和其他基准得分时很有用。

新方法有若干应用意义。例如，通过度量一个节点的子树的大小，树结构步骤可以用于开发一个可替代的索引和排名算法。人们也可以根据树节点的位置得出语义度量，以及测量两个节点间的关联度。这种索引具有如下优势，即可以保留原始上下文，以及为多文档的所有实例提供一个易于访问的接口。

这个新的方法在可视化文本和文本之间提供了一个额外的接口层，使人们可以专注于探索聚合模式，这种模式是特定的单词、句子和更广的范围的中间连接。这个额外层使分析者可以在文档的边界来回迁移，将精力聚焦于文本的精髓。

新兴的结构化模式使用户有能力从整个数据集的全景概况中识别出想要研究的领域。这个新方法允许分析者对不同细节层次的两个文本来源进行对比和比较，如对竞争对手公司专利的研究，或对不同学校发表文献的比较研究。

未来的研究应该解决上述讨论的问题。另外，构建一个信息可视化领域的权威本体，从而实现全面的实验测试，以及整合本体构建技术，进行用户评估和田野调查也是未来值得研究的工作。

7.3 突变检测

传奇般的流行音乐之王，迈克尔·杰克逊死于 2009 年 6 月 25 号。他去世的消息在互联网上的搜索量激增，数量之巨连谷歌新闻的服务器都无法承受。在图 7-19 中标注 B 的地方为峰值。

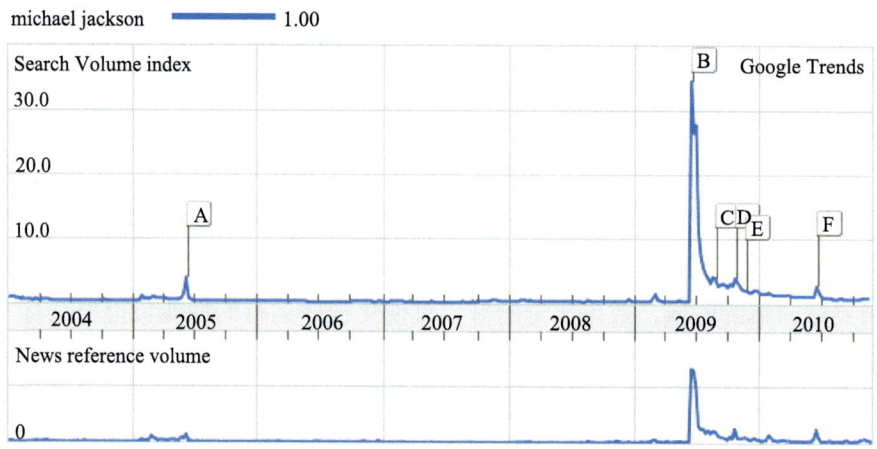

图 7-19 "迈克尔·杰克逊"搜索量的峰值
资料来源：Google Trends

这种类型的激增也被称为一个突现。及时识别这种突现是突现检测的主要目标。虽然追踪这种突现的原因和它们的时间规律以及持续时间相当简单，但是在其他情况下它可能会变得更复杂和更具挑战性。在图 7-19 中，是否有一个明显的对《达·芬奇密码》的正面或负面评论的突现？在这些评论中是否有一个特殊术语的突现？在科学领域的文献中，当一个话题突然变得受欢迎时，我们是否希望看到一个话题的突现？如果一个领域正在经历库恩范式的转变或者观念革命，我们能否探测到代表新范式的文章的一个突现？

7.3.1 引文的突现

我们已经在之前的结构分析和发现理论的章节中解决了这些问题中的一部分。在本章中，我们将展示如何把突现检测应用于比较研究，以使我们回答像正面评论是否倾向于在负面评论之前突现，或者新范式的突现将持续到什么时候和持续多长时间这样的问题。

首先，让我们来看看引文突现的一个例子。图 7-20 展示了一个大的论文网络的一部分，这一部分在复杂的网络分析文献中被一起引用。事实上，这部分就是所谓的整个网络的最大连通子网络。在中间突出显示的节点是沃瑟曼（Wasserman）在社会网络分析的代表作。该节点处于连接两个子网络的关键位置。它是主题发展的一个关键点。在关键节点上方的聚类被标记为"无标度网络"（scale-free network），在关键节点下面的聚类被标记为"社会网络"（social network）。这两个聚类中，关键节点下方聚类主要是由社会学家研究的社会网络分析文献组成，而上方的聚类则是由物理学家在近些年研究的复杂网络分析文献构成。

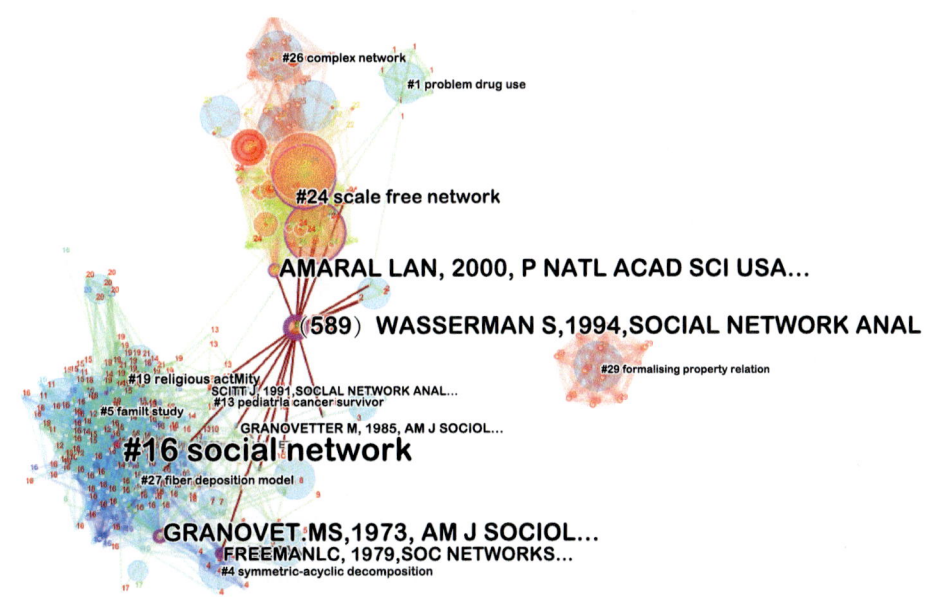

图 7-20　复杂网络分析研究的最大连接组成（1980～2009 年）

关键节点的独特地位表明它本质上是两个群体都有的少数共同点之一。是否存在一些引文突现到关键点的情况？假如我们可以检测到一个突现，它将告诉我们关于两个群体进化的什么内容？

事实证明，确实存在引文突现。这个突现始于 1998 年并持续到 2000 年（图 7-21）。在 1998 年的其他早期引用中，其中的一个是由沃茨（Watts）撰写并发表在 Nature 上的开创性论文——《复杂网络分析》。令人不解的是在整个 20 年历史中突现的位置。在事后看来，引文数量在突现时期的水平不是最高的，但是对于识别一个新兴的趋势或新领域的目的来说，这个时间更有意义。这个时间和开创性文章——《新的复杂网络分析》的出版是同步的。此外，它确实是被开创性文章所引用了。从 2002 年开始，关键成果的引文迅速增加。部分的延迟反映了知识传播和新的范式建立需要的时间长度。

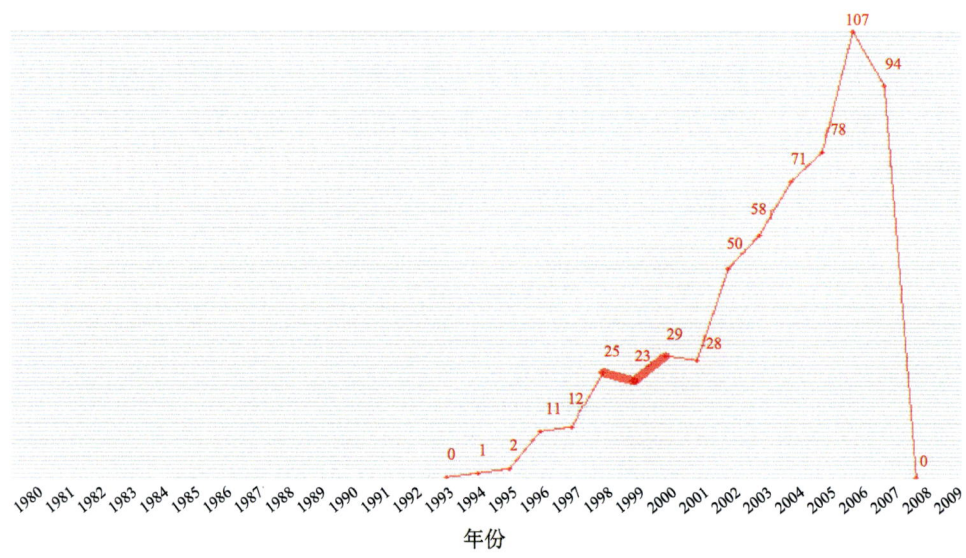

图 7-21 在 1998～2000 年检测到的引文突现

7.3.2 突现的生存分析

生存分析（survival analysis）是回答关于生存时间，即到一个事件发生所经历时间的问题的一种静态方法。生存分析着眼于在不同的时间点生存的概率。生存分析也考虑数据的截删问题，它是指在整个观察时间或到观察停止从来没有遇到一个事件发生。对生存时间的一个典型的应用是，对一种新药的效力和现有药物效力的比较。例如，生存分析可以用于评估新的止痛药是否比现有的止痛药更有效。止痛药的生存时间可以被定义为从吃药直到恢复疼痛的时间，在这种情况下，恢复疼痛就是问题中的事件。如果服用新的药物的患者比服用现有药物的患者有较高的生存率，那么新药更为有效。

我们的研究包括科学文献、引文模式、基金资助及其他类型的知识表征。我们主要关注发表论文的引文突现和主题出现频率的突现。我们可以分析生存概率，它是相对于两种和突现有关的事件类型来说的：①突现之前经过的时间；②突现持续的时间长度。图 7-22 表明了两种类型的比较。受影响的时间是最初突现之前的等待时间。然而，等待时间越短越好。相同的原理应该可以适用于引文突现和主题突现。同样，引文突现的持续时间越长越可取。主题突现的持续时间越长也越可取。

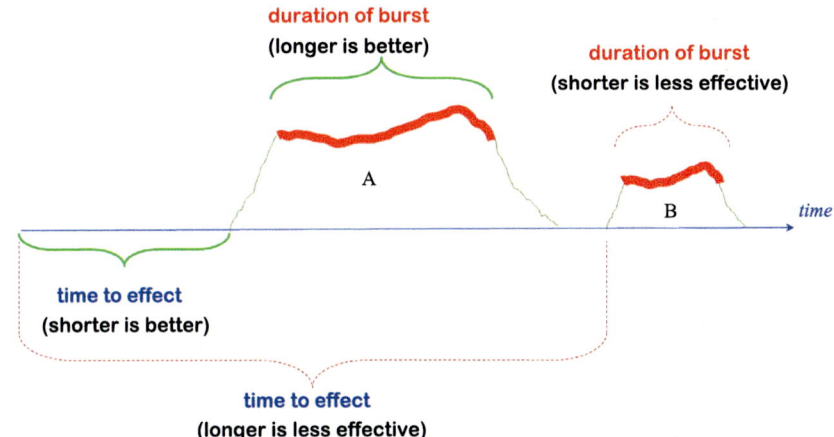

图 7-22　用生存分析比较影响的时间和突现的持续时间

图 7-23 展示的是一个由 Juan Maldacena 用弦理论撰写的高被引论文被引用历史的具体例子。该文发表于 1998 年。在 1999～2003 年检测到了一个引文突现。等待时间为 1 年。引用的一共 288 篇参考文献，如图 7-24 所示。它们被 19.50 的引文中值分为高引文组和低引文组，进而可以利用生存分析解决两个论文组是否在引文突现模式和论文方面有所不同的问题。

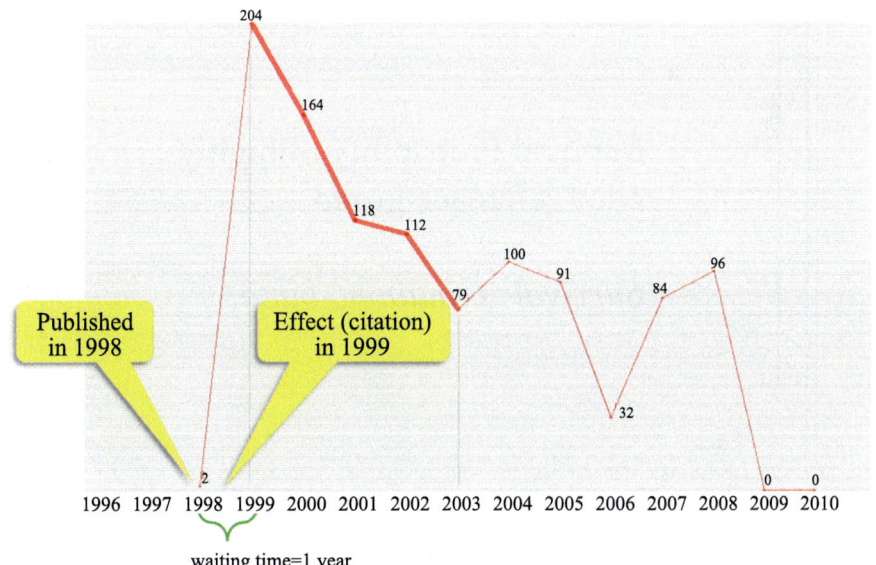

图 7-23　Maldacena 在 1998 年的论文引用突现的等待和持续时间，引用数量在发表后 1 年，也就是 1999 年开始突现，在 2003 年结束

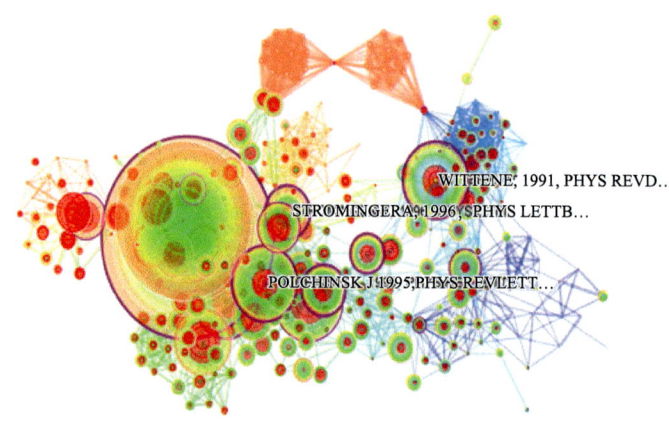

图 7-24　在生存分析网络中,输入数据是 288 篇参考文献,通过 h 指数成高被引和低被引两组

生存分析发现高被引的参考文献组比低被引的文献引用突现要更快一些。一篇高被引的文献平均等待时间为 2.2 年,而低被引的文献则需要等 5.2 年(图 7-25)。一篇高被引文献突现的出现要比低被引的更快一些。

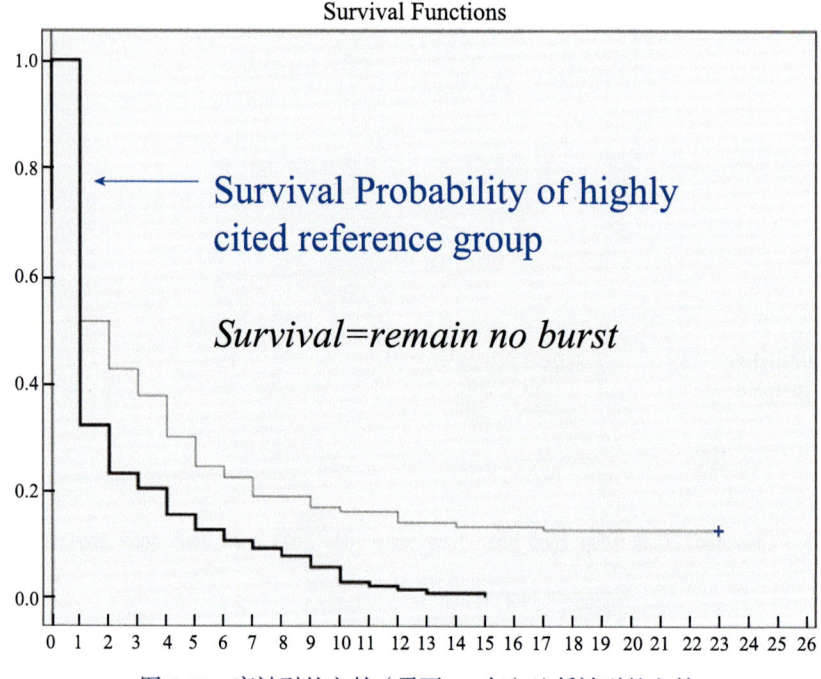

图 7-25　高被引的文献(需要 2.2 年)比低被引的文献
(需要 5.2 年)突现需要等待的时间短

7.3.3 对获得和未获得基金资助的项目申请书进行区分

在以前例子中,生存分析加上突现的探究能够帮助我们区分两种类型的文献,一种是高被引的,另外一种是被引频次相对较低的。如果我们仔细观察这个步骤,很明显这个步骤是具有普适性的。这个步骤过去不仅被用来比较两种类型的差别,也用来比较多种类型的文献,还可以扩展到其他的方面。因此,这个过程可以用来区分不同种类型的科学文献。在下面的例子中,我们将阐述怎样用这个步骤来区分成功获得和未获得基金资助的项目申请书。

假设成功获得和未获得基金资助的项目申请书在"如何"和"何时"处理热点问题方面有区别。热点出现的时机可以用突现探测来测量。生存分析比较了获得和未获得基金资助项目申请书的两个组,并能够让我们研究两种类型的文献在统计意义上形成热点的时间和持续时间的差别。结果表示这些在统计意义上确实是可以探测的,只是从提取的名词词组中进行选择时会有警告提示,因此正文分段似乎影响灵敏度分析。

我们提出以下假设可以对成功获得和未获得基金资助的项目申请书进行区分:

(1)获得资助的项目书比未获得资助的项目书提出的研究话题更具时效性。

(2)获得资助的项目书比未获得资助的项目书提出的研究话题更深刻。

(3)从核心段落中提取出的名词词组比单页项目摘要中的名词更详细地关注于所提出的问题。

(4)对单页项目摘要中提取的名词词组进行生存分析与对从核心段落中提取的词组进行生存分析的结果一样。

第一个假设可以证明获的资助的项目申请书能够更早地研究热点问题。第二个假设说明在获得资助的项目申请书中一个词突现持续的时间要比未获得资助的项目书要长一些。

我们使用 4 年(2007～2010 年)的美国自然科学基金的一个研究计划中获得资助的 1206 个项目书和 4305 个未获得资助的项目书来验证这些假设。结果如表 7-9 所示,包括被提取的名词词组的数目和探测到的突现词的数目。突现时间列表示在成功获得和未获得基金资助的项目申请书在统计意义上的 p 值。成功获得和未获得基金资助的项目申请书在单个词和两种类型的名词方面有显著的差异,这两种类型的词包括单个名词和包括 4 个词以上的名词词组。我们发现在使用两个词和更多个词所使用的名词词组中并没有差别。结果表明成功获得和未获得基金资助的项目申请书在使用单个词或更短的词组中有区别。

表 7-9 美国自然科学基金的一个研究计划作为样本，在项目书描述中术语出现突现的时间

名词词组		被授予			被拒绝			突现时间
最小值	最大值	小计	突现	百分比/%	小计	突现	百分比/%	p 值
1	1	9 238	1 241	13.4	26 358	3 928	15	0.001
2	2	6 018	591	9.8	21 961	2 159	9.8	0.990
3	3	4 204	338	8	15 809	1 295	8	0.760
4	4	4 092	323	7.8	15 492	1 274	8	0.500
1	4	9 541	1 039	10.9	29 394	3 721	12.7	0.000
2	4	5 743	506	8.8	21 064	1 939	9	0.367
单个词		3 963	1 059	26.7	7 689	3 389	44	0.000

从统计上的意义来说，成功获得和未获得基金资助的项目申请书在 1～4 个词的名词词组在突现前的存活时间有所不同。现在，我们进一步比较项目主持人（principal investigator, PI）提供的单页项目摘要和从 15 页项目描述中提取出的核心段落是否与 1～4 个词组成的名词词组在突现之前的存活时间有着统计学意义上的差异。关于怎样提取核心段落，我们将会在第 8 章详细描述。

我们从 5412 个项目（1150 个获得资助和 4262 个未获得资助）中，抽取核心段落。排在第一位的核心段落（762 个词）的平均长度比项目摘要的长度相对要长（613 个词）。通过使用双尾 t 检验，这个区别在统计意义上显著不同，$p=0.000$。这证明了我们的假设，即核心信息要比单页摘要要长，但是比 15 页的项目描述要短。另外，单页项目摘要更倾向于使用更宽泛的词语，相对来说，排在前几名的重要段落倾向于包含更详细的词语。我们发现在成功获得和未获得资助的项目书的生存率存在一个很显著的统计差异（表 7-10）。这表明核心段落比像授权申请书这样的单页摘要作为文本的来源要更好一些。

表 7-10 在核心段落中获得资助的项目和未获得资助的项目在突现前存活时间的区别

来源	名词词组	被授权			未被授权			突现前的时间
	最小值/最大值	小计	突现	百分比/%	小计	突现	百分比/%	p 值
单页项目总结	1/4	6 815	571	8.3	23 620	1 990	8.4	0.916
核心段落	1/4	9 541	1 039	10.9	29 394	3 721	12.7	0.000
总结段落		71%	55%		80%	54%		

对单页项目摘要中突现的名词词组（1～4个词）进行生存分析，揭示了获得资助的项目和未获得资助的项目在突现前持续的时间。如图7-26所示，尽管并没有发现显著的统计差距，获得基金资助项目书中突现的词语比未获得资助项目书的突现持续时间要短，获得资助项目书的持续时间平均为1.972年，未获资助的项目书平均是2.381年。

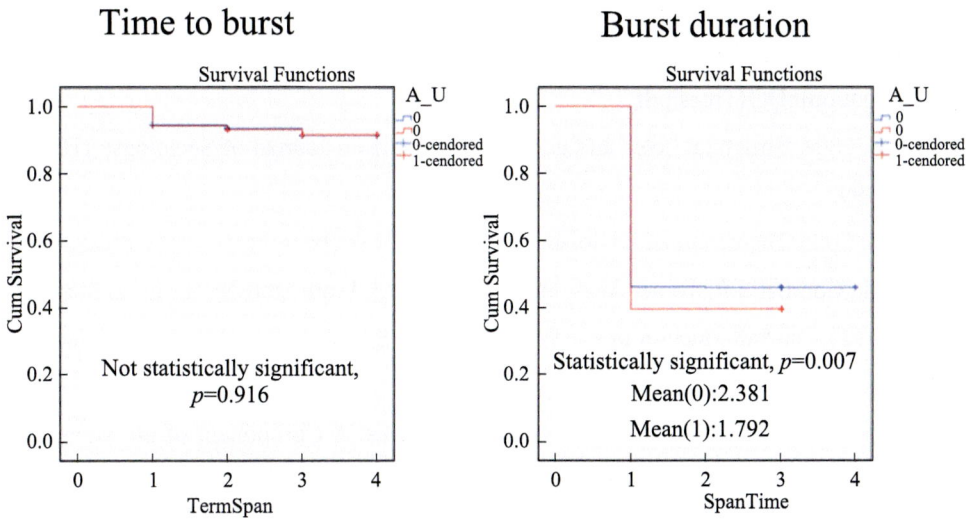

图7-26　获得基金资助项目书和未获资助项目书在突现持续时间中有不同的存活概率
　　　　资料来源：项目的单页摘要（1获资助项目书，0未获资助项目书）

7.4　本章小结

在这一章中，我们首先提出了一些关于怎样使用循证方法区分相互冲突的观点，特别是决策树在定位顾客评论取向上所起的作用。这种方法利用了评论的五星分级。术语决策树和评论者的位置不仅提供了一个辩论中心问题的描述性模型，而且为预测他人可以遵循的参数路径提供了一个预测模型。

本章的第二部分解决了这样的一种情况，我们在解决问题的时候，并没有从用户或者专家那里得到数值形式的判断，而且也没有分类或者本体。我们介绍了一个通过点击可以辨别语言关系的模型，并且还在逐步完善。由于自然语言的模糊属性，需要一定的灵活性来在一个层次结构中组织概念和谓语。

本章的第一部分关注时态模式的作用，如在不同类别中区分多种类型文档的突现性。对科学文献和基金申请书被引用的时间和引用持续的生存分析，表明了这种方法的有效性。

参 考 文 献

Budiu R., Pirolli, P., & Fleetwood, M. 2006. Navigation in degree of interest trees, from http://www2.parc.com/istl/groups/uir/publications/items/UIR-2006-02-Budiu-NavigationinDOITrees.pdf

Burt R.S. 2004. Structural holes and good ideas. American Journal of Sociology, 110 (2): 349-399.

Burt R S. 2005. Brokerage and Closure. New York, NY: Oxford University Press.

Callon M., Courtial, J.P., Turner, W.A., & Bauin, S. 1983. From Translations to Problematic Networks - an Introduction to Co-Word Analysis. Social Science Information Sur Les Sciences Sociales, 22 (2): 191-235.

Card S., & Nation, D. 2002. Degree-of-Interest Trees: A Component of an Attention-Reactive User Interface. Proceedings of AVI (pp. 231-245).

Chalmers M.（Year）. BEAD: Explorations in information visualisation. In Proceedings of the SIGIR '92 (pp. 330-337). Copenhagen, Denmark. ACM Press.

Chang C.-C., & Lin, C.-J. 2001. LIBSVM: a library for support vector machines: http://www.csie.ntu.edu.tw/~cjlin/libsvm.

Chen C. 2004. Searching for intellectual turning points: Progressive Knowledge Domain Visualization. Proc. Natl. Acad. Sci. USA, 101 (suppl), 5303-5310.

Chen C. 2006. CiteSpace II: Detecting and visualizing emerging trends and transient patterns in scientific literature. Journal of the American Society for Information Science and Technology, 57 (3): 359-377.

Chen C., Chen, Y., Horowitz, M., Hou, H., Liu, Z., & Pellegrino, D. 2009. Towards an explanatory and computational theory of scientific discovery. Journal of Informetrics, 3 (3): 191-209.

Chen C., Ibekwe-SanJuan, F., SanJuan, E., & Weaver, C.（Year）. Visual Analysis of Conflicting Opinions. In Proceedings of the Proceedings of the IEEE Symposium on Visual Analytics Science and Technology (VAST) (pp. 59-66). Baltimore, MA.

Daille B. (Year). Conceptual structuring through term variations. In Proceedings of the Proceedings of the ACL-2003 Workshop on MultiWord Expressions: Analysis, Acquisition and Treatment (pp. 9-16). Saporro, Japan.

Darwin C. 1872. The Origin of Species. (6th ed.): Project Gutenberg.

Fiszman M., Demner-Fushman, D., Kilicoglu, H., & Rindflesch, T.C. 2009. Automatic summarization of MEDLINE citations for evidence-based medical treatment: A topic-oriented evaluation. Journal of Biomedical Informatics, 42: 801-813.

Fry B. 2009. On the Origin of Species: The Preservation of Favoured Traces, from http://benfry.com/traces/.

Furnas G W. (Year). Generalized fisheye views. In Proceedings of the CHI '86 (pp. 16-23). ACM Press.

Ham F v., Wattenberg, M., & Viégas, F B. 2009. Mapping text with phrase nets. IEEE Transactions on Visualization and Computer Graphics, 15 (6): 1169-1176.

Havre S., Hetzler, E., Whitney, P., & Nowell, L. 2002. ThemeRiver: Visualizing thematic changes in large document collections. IEEE Transactions on Visualization and Computer Graphics, 8 (1): 9-20.

Heer J. 2007. the prefuse visualization toolkit, from http://prefuse.org/

Heer J., & Card, S K. 2004. DOI Trees revisited: scalable, space-constrained visualization of hierarchical data. Proceedings of AVI (pp. 421-424).

Hetzler B., Whitney, P., Martucci, L., & Thomas, J. (Year). Multi-faceted insight through interoperable visual information analysis paradigms. In Proceedings of the IEEE Information Visualization '98 (pp. 137-144). Los Alamitos, CA. IEEE.

Ibekwe-SanJuan F. (Year). A linguistic and mathematical method for mapping thematic trends from texts. In Proceedings of the Proceedings of the 13th European Conference on Artificial Intelligence (ECAI'98). (pp. 170-174). Brighton, UK.

Ibekwe-SanJuan F., & SanJuan, E. (Year). Mining textual data through term variant clustering: The TermWatch system. In Proceedings of the Recherche d'Information assistée par ordinateur (RIAO 2004) (pp. 487-503). University of Avignon, France.

Kohonen T. 1995. Self-Organizing Maps. Springer.

Paley W B. 2002. TextArc, from http://www.textarc.org/.

Pang B., & Lee, L. (Year). A Sentimental Education: Sentiment Analysis Using

Subjectivity Summarization Based on Minimum Cuts. In Proceedings of the Proceedings of the ACL.

PNNL. IN-SPIRE, from http://in-spire.pnl.gov/.

Rip A., & Courtial, J P. 1984. Co-Word Maps of Biotechnology - an Example of Cognitive Scientometrics. Scientometrics, 6 (6): 381-400.

Shneiderman B.（Year）. The eyes have it: A task by data type taxonomy for information visualization. In Proceedings of the IEEE Workshop on Visual Language (pp. 336-343). Boulder, CO. IEEE Computer Society Press.

Sparck Jones K. 1999. Automatic Summarizing: Factors and Directions. In I. Mani & M.T. Maybury（Eds.）, Advances in Automatic Text Summarization (pp. 2-12). Cambridge, MA: MIT Press.

Swanson D R. 1986. Fish oil, Raynaud's syndrome, and undiscovered public knowledge. Perspectives in Biology and Medicine (30): 7-18.

Teufel S., & Moens, M. 2002. Summarizing scientific articles: Experiments with relevance and rhetorical status. Computational Linguistics, 28 (4): 409-445.

Thagard P. 1992. Conceptual Revolutions. Princeton, New Jersey: Princeton University Press.

Thomas J J., & Cook, K A. (Eds.). 2005. Illuminating the Path: The Research and Development Agenda for Visual Analytics: IEEE Computer Society Press.

Tijssen R.J.W., & Vanraan, A.F.J. 1989. Mapping Co-Word Structures - a Comparison of Multidimensional- Scaling and Leximappe. Scientometrics, 15 (3-4): 283-295.

Toutanova K., Klein, D., Manning, C., & Singer, Y. 2003. Feature-Rich Part-of-Speech Tagging with a Cyclic Dependency Network. Proceedings of Proceedings of HLT-NAACL 2003 (pp. 252-259).

Viégas F B., Wattenberg, M., Ham, F.v., Kriss, J., & McKeon, M. 2007. Many Eyes: A Site for Visualization at Internet Scale. IEEE Transactions on Visualization and Computer Graphics, 13 (6): 1121-1128.

Wattenberg M., & Viégas, F B. 2008. The Word Tree: an Interactive Visual Concordance. IEEE Transactions on Visualization and Computer Graphics, 14 (6): 1221-1228.

Witten I. H., & Frank, E. 1999. Data Mining: Practical Machine Learning Tools and

Techniques with Java Implementations. San Francisco, CA: Morgan Kaufmann.

Yang Y., & Pedersen, J.O.（Year）. A comparative study on feature selection in text categorization. In J.D.H. Fisher（Ed.）, Proceedings of the The 14th International Conference on Machine Learning (ICML'97) (pp. 412-420). Nashville, US. Morgan Kaufmann Publishers.

8

变革的潜力

识别和支持高风险和高回报的研究已经不仅是科学政策所关心的问题，也成为科学家及其所在研究机构所关注的焦点。NSF 对于识别和资助变革性研究已经有几十年的历史。本书开头所提出的"风雨欲来"，不仅让美国感受到紧迫的压力，英国研究理事会（Research Councils UK，RCUK）也开始考虑发展那些具有极大潜能和深远影响的研究，这样的研究具有冒险性、投机性、革新性、创造性、根本性、开创性、优先性、非传统性、远见性、挑战性、不确定性、破坏性、革命性，并且令人兴奋且雄心勃勃（RCUK，2006）。加拿大自然科学与工程研究委员会（Natural Sciences and Engineering Research Council of Canada，NSERC）也基于研究成果的非常规性和不确定性定义了风险的概念（NSERC，2003）。

由于国际竞争加剧，公共基金紧缩，资助机构的标准也日益严格，如何争取到充足的研究经费已成为世界范围内各层次机构普遍关注的问题。面对研究经费申请成功的机会日益减少和申请资助项目的评审人日益挑剔的现状，科学家们必须做出艰难的决定来平衡在这两个方面所耗费的宝贵时间和精力。虽然许多资助机构鼓励高风险和高回报的研究，但对这种研究的变革性潜能评估已变得日益困难。

8.1　变革性研究

变革性研究是能够变革研究主题、研究领域，甚至学科的一项科学工作。创造性成果有几种常见的类型，包括新理论、新发现、新方法、新仪器、新合成等①。科学革命就是变革性研究，科学突破也是变革性研究，具有高风险和高回报的想法也属于变革性研究。在高端的变革性研究和"传统"的研究之间进行区分已变得不那么清晰了。根据 TRACES 和最近的很多科学评估所达成的共识，科学突破往往在很长时间之后才能被广泛接受。美国国家科学委员会指出，资助新的变革性研究项目的主要问题在于申请者一方缺乏信心。

欧洲学者把变革性研究看作是突破性研究和开创性研究（Häyrynen，2007）。具有解决异常宽泛、复杂问题的潜能，并有可能对现有的理论和科学范式发起挑战，引入全新的方法和无偏见的组合，以及跨学科整合不同的研究视

---

① http://www.cherry.gatech.edu/crea

角，这些都是变革性研究的特点。突破性研究还要承受失败的风险，事实上，人们普遍认为过于保守的同行评审系统是阻碍突破性研究的一个主要因素。

在变革性研究和非变革性研究之间有一个明确的界限吗？对于一项数年前就已完成的变革性研究或是新近提出的具有变革性潜能的研究，我们需要多久才能认识到它们的价值呢？

芬兰科学院的年度科研经费是 2.6 亿欧元，大约是芬兰政府年度研发经费总额的 15%。早在 2006 年，芬兰科学院要求对突破性研究成果的性质、经费需求及资助标准进行调查研究，尤其要寻求以下两个主要问题的答案：

（1）在项目申请书评审过程中如何识别突破性研究。

（2）科研经费如何才能既鼓励这些新思想的繁荣，又承担风险。

Maunu Häyrynen 受科学院之托开始了这项研究工作，主要是与科学院的高级管理人员、科学院的管理办公室的研究单位负责人及其他关键人物进行讨论。Häyrynen 对四个研究委员会在 2005 年提交给芬兰科学院的一般研究资助项目申请书进行了详尽的分析。发表于 2007 年的分析报告（Häyrynen，2007）指出，目前对于如何识别突破性研究成果和以何种资助形式对其鼓励都还没有形成共识，但得出以下结论。

（1）专项科研经费分配到当前人们关心的或战略优先领域。

（2）突破性研究应该有专门的评判标准。

（3）给予突破性研究足够的认识，包括成功和失败两方面。

（4）修改标准来支持创新和容许风险。

Häyrynen 的报告描述了一个 2004 年的芬兰科学院审核计划。审核计划主要是依据科学院的主管、副主管（研究和管理部门）及董事会成员的采访。采访指出，变革性研究可能具有以下七个特点。

（1）包含有创新性非常强的基础研究。

（2）已经在某领域有所成就的研究者转向从未涉足的新领域。

（3）将某个领域的一系列方法应用于另一个完全不同的领域。

（4）开发那些在短时间内不太可能应用的新方法和新技术。

（5）可能推翻主流理论。

（6）新的并未经证实的想法。

（7）需要不同学科之间的合作研究。

通过对芬兰科学院在处理提议时所感知的风险记录进行跟踪，我们发现这些风险是多种多样的。一方面，有些被科学院拒绝的项目，后来受其他资金支持获取成功。另一方面，科学院也为从未产生有价值的科研成果的项目提供资金。在资助研究者的年龄方面，相对于高级研究者，应该降低对年轻研究人员的评估标准，科研经费要支持这些年轻人和那些转向其他领域的成熟研究人员。

Häyrynen 报告了一个 2005 年的调查，芬兰科学院的四个研究理事会，共收到 206 份普通研究项目资助申请。四个研究理事会是专为发展生物科学和环境、卫生、文化、社会、自然科学和工程科学而设立的。根据这份报告，"初步筛选的结果表明很难从那些评分较低（如 5 分中只得 1～2 分）或专家意见中看出那些代表着突破性研究的项目申请。

换言之，想要从质量参差不齐的申请书或者是评审意见中找出哪些是突破性研究项目是不现实的。最后，分析范围缩小到得分为 3～5 分的申请项目，尤其关注初审意见和终审委员会评估之间有冲突的项目。

评阅人通常用来描述项目创新性的术语包括原创的（original）、新颖的（novel）、独特的（unique）、前沿的（forefront）、创新的（innovative）、令人兴奋的（exciting）、变革性的（transformative）、开拓性的（cuttingedge）和雄心勃勃的（ambitious）。项目评阅人从七个方面来判断项目的风险，即研究目标、方法、领域、人员、学科、资源和伦理方面的风险。

在资助决策方面，那些被评定为特别新颖和有雄心的申请有可能得到资助，而那些被认为有高风险的申请则有可能被拒绝。Häyrynen 的报告得出结论：突破性研究主要是为了开辟另一条发展的途径，它应该成为基于预见和科研指标导向的科学政策的一个必要补充。

8.2 探测变革性潜能

我们开发出一些通用标准用来识别某个研究思想的变革性潜能，特别是在关于当代知识网络表征方面。假设在一个给定时间点 t 时刻，该时间点的主题、领域或者学科知识累积表示为 $K(t)$，即由若干子主题或概念关联网络与其相互关系构成的混合体。对于任何在 t 时间点之后 $(t+\Delta t)$ 出现的以主题或以概念表示的科学思想，测量这些新思想在多大程度上远离 $K(t)$，即到时点 t 的累积知识。

在这一章，我们证明这种评价方法可以识别潜在的变革性思想，从某种程度上而言，这些思想有助于了解 $K(t+\Delta t)$ 相对于 $K(t)$ 的局部结构变化。换句话说，如果我们能测量知识从基准表征到更新表征之间的距离和散度差异，那么我们就能够实现通过随时间而产生的结构和主题变化来识别变革性研究本质，并将其概念化。本章接下来主要关注网络表征，它对于实现我们的目标具有许多潜在的价值。例如，Δt 后累积的知识集合的知识的发展可以通过基于大量相关科学出版物的主题模型近似获得和测量。

促使我们关注网络表征中的结构变换有很多原因。首先是理论方面，我们的解释性发现理论认为科学知识发展的机制是在先前彼此不相连的知识体之间创建新的连接。这个理论意味着新建连接的新颖性可以通过先前互不相连的知识体之间通过新连接而相连的范围来衡量。如果一个新连接开创性地连接两个或更多相距遥远的研究领域，那么它的新颖性测度值就大。相反，如果一个新添加的连接只是重复表达现有的连接，那么它的新颖性测度值就低。在两个极端之间，就特定知识表征而言，一个没有引发结构变化的新连接可能会引发对现有证据新的解释。其次，从寻找知识的角度，可预知的收益率符合变革性研究的高风险和高回报的期望。我们将给予这些新颖的和开创性的连接更高的评价，因为这些概念是很难获取的。最后，探测网络结构的变化能使我们准确描述那些改变现有知识的特定连接，这对于其他的验证是非常有价值的信息，如通过咨询科学家和专家。此外，准确描述特定连接的潜能，使得分析者可以跟踪它们随时间变化的影响演变，这样就可以验证那些今天被确认的有变革性潜能的科学思想是否在发展过程中显示出明显的变革性。

为了评估这些指标方法捕捉变革性研究的有效程度，我们采取回顾性预测方法，该方法是通过预测科学出版物的引文数量，这些出版物在过去已经产生了很强大的结构变化。换句话说，我们的假设是由科学出版物（作为科学思想的一个象征）引入的结构性变化程度，是一个预测未来被引用数量的有意义的指标。

8.2.1 引文和参考文献的联系

图 8-1 展示了两条与"1975～2010 年大规模灭绝"相关原创性研究论文折线。有趣的是这两条折线在大部分时间内似乎都是彼此平行的，直到最近几年状况才有所变化。这只是纯粹的巧合吗？这种情况是否也发生在其他研究领域？

在回答这些问题之前，我们需要引入一些符号和术语。我们用符号 $d_{source} \rightarrow d_{target}$ 表示科学出版物 d_{source} 引用了另一出版物 d_{target}。对于一个给定的出版物 d，它的参考文献 R 作为它所引用的科学出版物，如参考文献 references(d) =

$\{r_i | d \to r_i\}$；引用了科学出版物 d 的一系列文献则表示为 citations（d）=$\{c_i | c_i \to d\}$。图 8-1 的两条曲线引发了一个假设，即一篇文章的参考文献数量与引用它的文献数量有关。换句话说，一篇具有较多参考文献的论文要比具有较少参考文献的论文得到更多的引用次数。

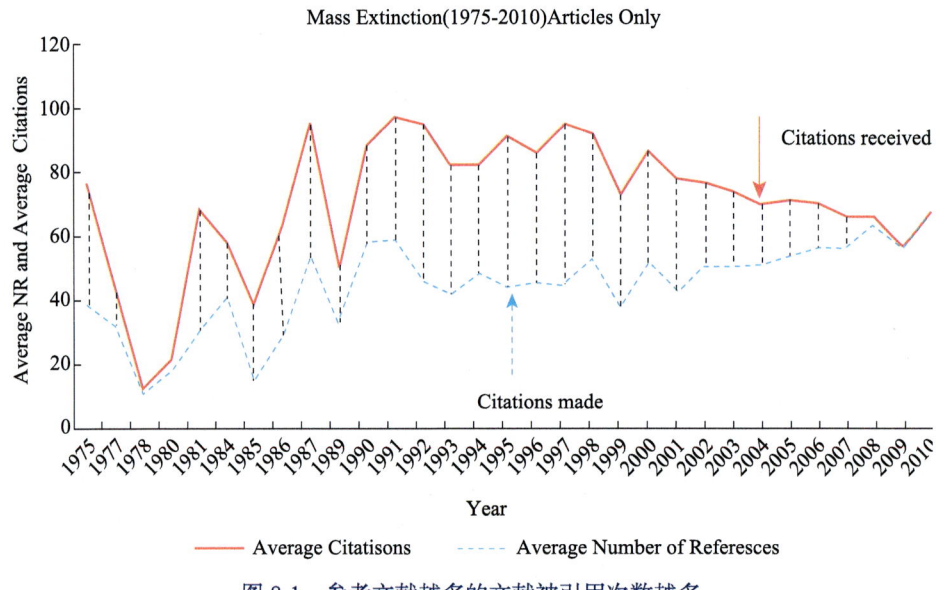

图 8-1 参考文献越多的文献被引用次数越多

2010 年 8 月 13 日的《自然新闻》（Nature News）发表的一篇文章结论很清楚地表明增加更多的参考文献可以获得更高的文章引用次数。如图 8-2 所示，心理学家在对 50 000 篇科技论文进行研究的基础上发现参考文献数目和引用数目之间有着很强的相关性，由此肤浅地断言："如果你想要你的文章获得更多的引用，那么你最好多引用其他人的文章。"首先，这个结论将一个简单的关联引申为一种因果关系；其次，该结论缺乏解释性理论的支持。一些情报学家对此提出质疑。其中之一，国际社会科学计量学和情报计量学（ISSI）主席罗纳德·鲁索（Ronald Rousseau）推测，涉及若干主题的文章要比单一主题的文章更可能被其他文献使用和引用。引文数量本身并不是产生这种关系的原因。鲁索期待这个推测被证明或被驳斥。

事实上，鲁索的推测可以从我们解释性变革发现理论推导出来。根据我们的理论，中介建构机制是一种能导致变革性研究的重要机制。中介建构机制，也称边界融合，它创建了本不相关的知识体或知识主题之间的连接。一篇变革性发现潜能的文章很可能在多主题，甚至不同的研究领域和学科之间构架概念桥。因而，这篇文章就会引用多个主题或者研究领域的文献，相较于单主题文章，它必定会拥有更多数量的参考文献。更重要的是，由于文章的变革性意义，它很可能获得比变革性较弱的文章更多的引用。因此，并不是参考文献的数量导致较高的引用次数；相反，高被引更可能源于变革性论文所引发的结构变化。

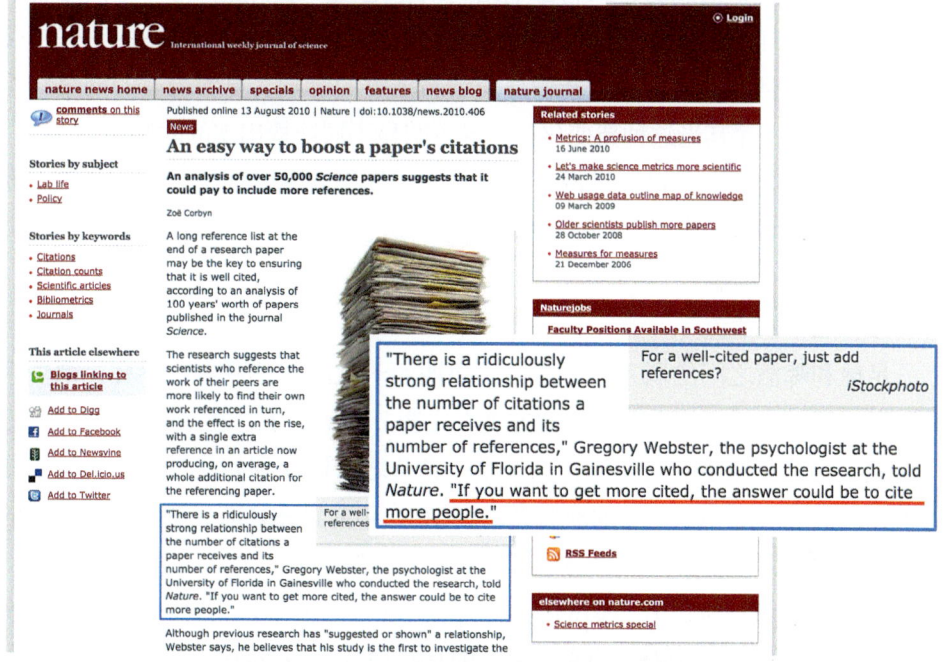

图 8-2　一篇有争议的增加被引用次数的文献

接下来我们要验证这个假设。最直接的办法是首先计算科学论文在时间点 t 发表之后关于 $K(t)$ 的结构变化指标，$K(t)$ 是到时间 t 为止的知识结构，然后结合相关文献中发现的变量（如文章的长度、合作者数量，以及参考文献的数量）测试这些论文在接下来 5 或 10 年引用的程度，如一篇文章的协同作者数量，以及文章的参考文献数。

事实上，许多变量来源于一个核心假说，即异常的概念连接很可能意味着变革性潜能。例如，一篇论文的质量可能真的与它的合作者数量无关；相反，它可能与合作者们的研究主题领域数量有关。类似地，论文的质量可能与合作者国籍的数量无关，但可能与合作者所属的不同学科的数量有关。

理论好坏的一个必要标准是其连贯性。也就是看这个理论是否能够在同一框架下解释很多看似不同的事物，因为考虑到同一底层解释理论已经大量减少了变量个数。我们在下面的章节中介绍测度结构变量的设计原理。

8.2.2 通过结构变化测度新颖性

网络的结构就是一系列实体之间的相互关系和关联。网络动态发展关注的一个重要问题是新信息的进入将影响结构的稳定性。事实上，每一个网络都有自己的语境或环境。如果它的环境有变化，通常我们会考虑环境中的这些变化是否会影响网络的结构。受到新信息或者新证据的影响，更新现有的网络结构或许是必要的，尤其当这种新变化可能导致明显不同结构出现的时候。

结构变化的概念可以通过两个概念之间的期望联系强度来说明。考虑下面的例子，哪一个你认为理所当然，哪一个听起来更新奇？

（1）足球～啤酒

（2）足球～章鱼

足球和啤酒之间的联系似乎源自于每四年一次的球迷观看世界杯，很多人在酒吧、酒馆或任何接近啤酒的地方观看比赛。相比之下，在南非世界杯之前，章鱼这个词几乎与足球运动没什么关系。章鱼之所以受到如此重视是因为它能够神秘地准确预测多场比赛的获胜者。在2010年世界杯之前足球和章鱼之间的关系是新颖的，大多数人不知道足球和章鱼之间有关联。

在科学技术领域也有类似的例子。在2001年"9·11"恐怖袭击之前创伤后应激障碍综合征（PISD）的文献关注的是在现场受伤或目击受伤的人。然而，2001年9月11日之后，研究人员意识到人们在没有受到任何伤害的情况下仍然会受到新闻及大量媒体广泛的专题报道的影响而患上创伤后应激障碍综合征。

（1）人类～目击/经历创伤～PTSD

（2）人类～大量媒体报道～PTSD

搜索潜在变革性研究至少可以部分完成，我们通过寻找那些可以使某个主题领域（如PTSD）的知识结构发生结构性变化的论文，至少部分地实现了具有变革性潜能研究的搜寻。那么我们的假设就变为，能有如此贡献的文章比起那些仅带来微小结构变化的文章更易得到引用。

在科学史上，有很多例子来说明新理论是如何彻底改变当代知识结构的。例如，2005年诺贝尔医学奖授予了幽门螺杆菌的发现者，这种细菌被认为不会在人类的胃肠系统中发现（Chen et al.，2009）。基于文献发现，斯旺森发现了先前没有被注意到的鱼油和雷诺氏综合征的联系（Swanson，1986）。在药物发现方面，一个重要的挑战就是在满足一系列约束的巨大化学空间中发现有效的新复合结构（Lipinski & Hopkins，2004）。在科学图谱前沿（Chen，2003）和科学学（Price，1965）中，如果科学家、资助机构、政策制定者能够有工具帮助他们通过当代域知识的概念距离来评价观点的新颖性，这将是特别有价值的。在这些以及更多的场景中，为应对持续变化环境的一个共同挑战是评估网络结构能够应对新知识的进入而进行更新的程度。

下面介绍的指标适用于各种各样的网络。为了说明这些指标的用途，我们专注于科学领域知识网络，并通过指标来探测具有潜在重要性的新出版物。

一个文献共被引网络 $G(V, E)$ 可以形成于一系列科学出版物 S。在这样的一个网络中的每个节点 n 都是网络 V 中的一个成员，代表科学出版物集 S 中的一篇引文。在网络中，连接节点 n_i 和 n_j 的边 e_{ij} 表示共被引关系，这意味着在集合 S 中存在一篇 s 同时引用了文献 n_i 和 n_j。边的权重通常用来反映关系的相对强度。共被引频次越高，二者之间边的关系越强。我们对下列问题很感兴趣：从一系列新的出版物集合 S 中选出一个新的出版物 s，新要素 s 的进入会对之前形成的文献共被引网络 G 带来什么样的结构变化？换句话说，我们试图测量 δE，即在新文献共被引网络 $G(V, E')$ 中 E 到 E' 的变化。注意 V 保持恒定。在本文中，我们限制 V_S 为常量。V 为变量的情况更为复杂；一旦我们对相对简单的常量 V 的实例有更好的理解，更为复杂的情况才会提上日程。

我们将相对于 E 的 δE 定义为结构变化指标，最简单的指标是 $|\Delta E|$，即新的 s' 进入导致不同的连接的数量。如果论文 s' 只是引用了已有网络 G 中的参考文献，则它没有给网络的结构带来任何新的变化，因此 $|\Delta E|=0$。如果新的论文 s' 所引用的参考文献都已经在 E 中，那么对于网络的拓扑结构而言它对网络的结构贡献很小，即使它实际上增强了网络的子结构。如果 s' 为初始网络增加了一条新边，那么我们就获得了可能导致网络全局变化的新信息。

一个更为复杂的指标将网络中所有节点的位置都考虑进去了。例如，一个指标可以通过网络中所有节点的中心度值变化进行定义。网络 $G(V, E)$ 的节点中心度 $C(G)$ 是所有节点的中心度值的分布集 $\langle c_1, c_2, \cdots, c_n \rangle$，这里 c_i 是节点 n_i 的中心度，n 是 $|V|$，即节点总数。结构变化度 δE 可以用 K-L 散度的形式定义，我们定义这个评价指标为 $\Delta_{centrality}$。

另外一个指标 $\Delta_{modularity}$ 是用以测量结点聚集间新奇的关联。首先将网络 $G(V, E)$ 分解为一系列聚类 $\{C_k\}$，C_k 就是共被引聚类（Chen et al., 2010）。给定一个聚类配置，我们就可以计算出网络的模块化程度。模块化测量的是网络能否很好地分解给定的聚类。模块化值高，意味着既定的聚类配置能够很好地将网络分解为交叉较少的相对彼此独立的部分。相反，模块化值低则意味着既定的聚类配置无法分解这个没有许多交叉聚类连线的网络。一方面，如果一篇新文章 s' 增加了一条在同一聚类中的连线，它将不会对模块化产生影响，模块化值不会改变。另一方面，如果 s' 为两条原本没有连接的两个不同聚类间增加了一条边，新结构的模块化程度将低于原来结构的模块化程度，$\Delta_{modularity}$ = modularity（G'）/modularity（G）。

网络的模块化是一个网络可选择分区集的函数。某些分区导致更高的模块化值，而另一些分区则导致低模块化值。最优的分区可以依据对同一网络不同分区计算出的模块化值来进行选择。因为最大的模块化值意味着最大化地分离各网络组件，我们通常用模块化值作为选择最具代表性的解决方案的相应聚类的依据。例如，如果一个共被引网络分解成 8 个聚类的话，模块化值为 0.4838，那它的模块化程度要低于分成 9 个聚类（模块化值为 0.4891）或更少聚类（如 7 个聚类的模块化值为 0.3355）的模块化程度，因而我们选择 8 个聚类的网络模块值 $\Delta_{modularity}$。

图 8-3 显示新加入的 #3 文章如何使鱼油和雷诺氏综合征网络结构发生变化。#3 文章通过同时引用 #1 文章和 #2 文章而增加了一个新的连接。新连接导致网络模块化值减少 0.022%，中心度变化 0.016%。#3 号文章最近被引用 14 次。我们的假设是，统计学上的模块化和中心度变化指标可以对用于价值评估的引文数量做出解释。

图 8-4 以早先恐怖主义研究中的词共现网络为例展示了同样的方法在探测论文新颖性方面的应用。马多克斯（P. J. Maddox）在 2001 年写的一篇论文中提出，在"恐怖袭击"和"意外爆炸"之间建立联系。这导致模块化值降低 0.108%，中心度变化 0.002%。更大的结构变化是由 Y. Matsuda 1980 年的论文引发的，因为它将"恐怖袭击"和"东京地铁"两个词联系起来，这说明"东京地铁"这个词可能还没有在恐怖主义研究文献中出现过。

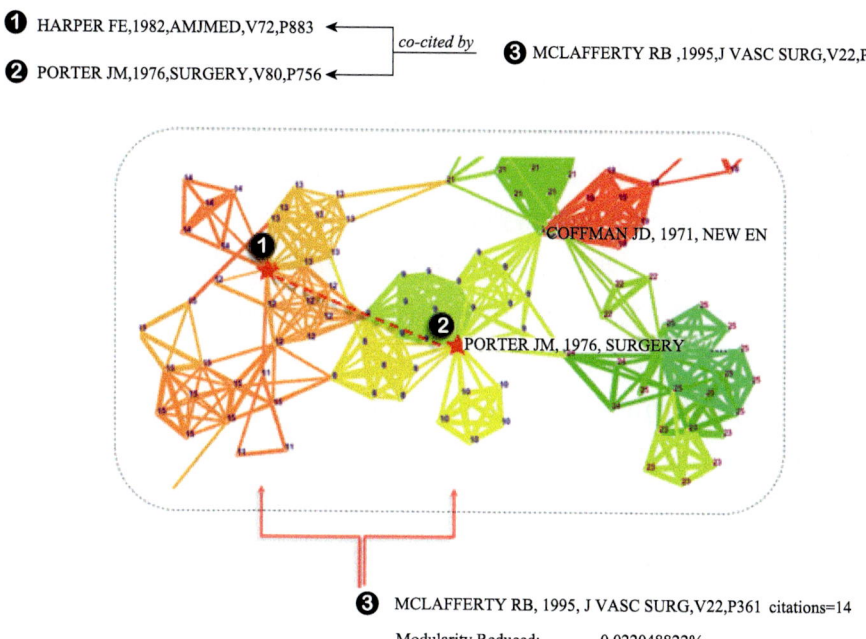

图 8-3　一篇新文章 #3 在参考文献 #1 和 #2 之间增加了一个新的连接。
#3 使得模块化值较之前变化为 0.022%
资料来源：鱼油和雷诺氏综合征

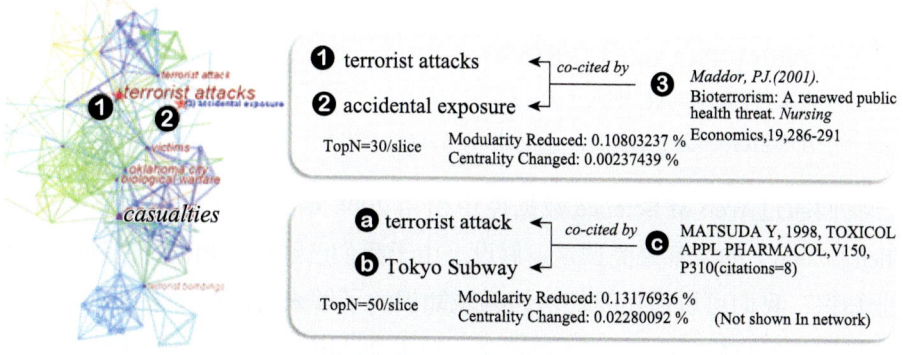

图 8-4　网络中新出现论文的新颖性也可以通过共词网络的模块化值
和中心性的变化来判定
资料来源：恐怖主义研究

8.2.3　统计验证

为了验证这些指标计量，我们将假定能为网络结构提供新连接的论文依据这些指标进行排序。这样我们就能够用这些指标建立一种方法用于探测新论文的新颖性。依据我们的解释性和计算性发现理论，潜在的重要科学发现多是在不同领域的科学知识交叉领域的边界融合研究（Chen et al.，2009）。本章开头定义的指标能够反映新进入文章思想的新颖性，这是因为结构变化指标的值越高，新论文就越可能提供当前网络结构没有的新连接。另外，我们可以推测新颖性强的论文要比新颖性较差的论文得到更多的引用。

为了证明这个假设，我们需要验证新论文结构变化指标是否能够正确预测它们今后的被引情况。首先，我们用一个简单的变量分析（ANOVA），然后采用一个负二项回归模型测试假设。

对于方差分析中的单变量方差分析（UNIANOVA），结构变化指标$\Delta_{modularity}$和$\Delta_{centrality}$被用作协变量（co-variant variables）来预测因变量Citations。我们同时引入两个额外的变量alpha和beta，一篇新文献的引入会添加一些冗余的连接和新的连接，其中alpha是冗余连接与已有连接的比例，而beta是新连接所占比例。我们控制总参考文献数NR的影响。因变量Citations是指到2010年为止文章被引用的次数。

```
UNIANOVACitationsWITH Δ modularity Δ centralityalpha beta
/REGWGT=NR
/METHOD=SSTYPE（3）
/INTERCEPT=INCLUDE
/PRINT=PARAMETERETASQ
/CRITERIA=ALPHA（.05）
/DESIGN= Δ modularity Δ centralityalpha beta.
```

我们通过Web of Science数据库中引用2006年的一篇重要CiteSpace文献（Chen，2006）的文章来测试这条假设。由于我们已经拥有相关研究领域的大量专业知识，我们可以应用我们对该领域知识的了解来对测试结果进行分析和解读。我们分析的数据源包含76篇论文（32篇期刊论文，38篇会议论文，5篇综述性文章，以及1篇编务文章），由来自108家研究机构的229位作者撰写，共引用3647篇参考文献。2006～2010年每年发表的论文数量分别是1、17、16、31和11篇。这76篇文章主要分布在信息科学和图书馆学领域，也有些论文分布在计算机科学、信息系统及跨学科应用领域。

该算法操作如下：在区间[2006，2010]的任何时间点，通过比较网络结构的变化来估计在t年发表论文的新颖性S_t。换句话说，该算法基于[2006，t-1]

发表的论文构建了一个文献共被引网络 G_{t-1}。计算 S_t 中的每个 s 的 $\Delta_{modularity}(s)$ 和 $\Delta_{centrality}(s)$。例如，当 t=2009 时，输入 31 篇论文。基于 2009 年以前由 1+17+16=34 篇论文构成的文献共被引网络来计算这 31 篇论文的新颖性。在 CiteSpace 中，我们选取在每个时间片段中出现的前 200 篇高被引文献。所选取的标准对于最终排序结果的影响需要进一步研究。表 8-1 列出了一个给定时间点 t 以前的累加网络的具体信息。

表 8-1 文献的年累加网络信息

1年时间分区	文献数量	筛选策略	参考文献数量	节点数量	连线数量	网络	规模	模块化值
2006	1	top 200	19	19	171	G_{2006}	19×19	0.0000
2007	17	top 200	338	200	2634	G_{2007}	216×216	0.7340
2008	16	top 200	1526	200	9261	G_{2008}	399×399	0.2268
2009	31	top 200	868	200	2432	G_{2009}	558×558	0.3269
2010	11	top 200	475	200	2933			

武田和梶川（Takeda and Kajikawa，2010）研究了直接引用网络模块化的变化，发现直接引用网络的演变有三个阶段。首先形成核心聚类，接着是边缘聚类，然后是核心聚类的进一步成长。武田和梶川采用纽曼（Mark Newman）提出的聚类算法。纽曼算法的初始运行是自下而上地将所有节点连接在一起，该算法用于寻找模块最大化的结构。武田和梶川没有去寻找模块最大化的结构，而是通过简单地记录每一步处理产生的模块化值来研究网络中的结构变化。我们研究发现，一篇论文的引用行为形成了 2006 年的引文网络。2007 年，18 篇施引文献形成的网络模块化值高达 0.7340，在网络中清晰地显现不同的主题分区。2008 年，新增 16 篇论文很大地改变了网络结构，新网络的模块化值降至 0.2268，这意味整个网络的连通性在大大加强。最后，到 2009 年，在合并另外 31 篇文章的参考文献之后，网络中包含了 558 篇参考文献。有趣的是，随着网络规模持续增长，模块化值增加到 0.3269，这表明网络中可能出现了新的研究主题，同时新老主题之间的边界还是可以辨认的。

现在让我们来观察表 8-2 中的排序结果。如果一篇论文的得分取决于是否在网络的聚类间增添新的连接，那么，这篇论文就是在原本没关联的知识模块之间创建了一个桥或边界融合连接。在这种情况下，哪种类型的论文会排在前面呢？表 8-2 显示了被引用文章依据 $\Delta_{modularity}$（第一列）进行排序的情况（Chen，2006）。

表 8-2　依据模块化变化率 ΔQ，即 $\Delta_{modularity}$ 进行排序的前 10 篇论文

ΔQ	ΔC	C	R	作者	发表年	题目	期刊
4.5329	0.0567	18	610	JUDIT BARILAN	2008	Informetrics at the beginning of the 21st century - A review	J INFORMETR
2.0735	0.0236	3	370	STEVEN A. MORRIS	2008	Mapping research specialties	ANNU REV INFORM SCI TECH
1.5902	0.0044	3	106	CHAOMEI CHEN	2009	Towards an explanatory and computational theory of scientific discovery	J INFORMETR
0.8241	0.0024	1	62	ERJIA YAN	2009	Applying Centrality Measures to Impact Analysis: A Coauthorship Network Analysis	J AM SOC INF SCI TECHNOL
0.7701	0.0014	2	29	YOSHIYUKI TAKEDA	2009	Optics: a bibliometric approach to detect emerging research domains and intellectual bases	SCIENTOMETRICS
0.7079	0.0037	1	84	KATY BORNER	2009	Visual conceptualizations and models of science	J INFORMETR
0.4769	0.0003	0	23	YOSHIYUKI TAKEDA	2010	Tracking modularity in citation networks	SCIENTOMETRICS
0.4635	0.0026	1	45	YOSHIYUKI TAKEDA	2009	Nanobiotechnology as an emerging research domain from nanotechnology: A bibliometric approach	SCIENTOMETRICS
0.4124	0.0008	0	42	ALEKS ARIS	2009	Visual Overviews for Discovering Key Papers and Influences Across Research Fronts	J AM SOC INF SCI TECHNOL
0.3574	0.0012	0	33	ERJIA YAN	2009	The Use of Centrality Measures in Scientific Evaluation: A Coauthorship Network Analysis	PROC INTER CONF SCI INFOMET

基于我们对该领域专业知识的认识，我们立即识别出前两篇论文实际上是综述文章。由于这类文章倾向于调查和研究主题的广度，是符合我们预期的，这可以用来解释当我们关注跨主题引用行为时，它们的表现为何如此突出。排序第三位的文献是作者自己的文章，尽管它不是一篇综述文章，但它涉及了解释性和计算性发现理论这一新的理论框架中众多不同的主题，共引用了 106 篇文献。

在数据集中共有 5 篇综述性文章。那么另外 3 篇在哪里呢？赛沃尔（Mike Thelwall）的那篇文献计量学和网络计量学的综述文章排在列表中的第 21 位。

我们猜测一种可能是这篇综述着重于在更多元化语境下恰当地把两个主题连接起来。另一个有趣的例子是麦肯（Katherine McCain）在2008年发表的综述性论文引用了282篇文献，可能是因为这篇文章是研究沃丁顿（ConradHal Waddington）的全部作品，论文中的参考文献与数据集中其他论文的参考文献的重合度很低。

为了更好地理解那些非综述性文章排序在前的原因，我们研究了非综述性文章第一次加入成长网络时的准确共被引信息。例如，克兰（Diana Crane）的"隐性学院"与邓巴（K. Dunbar）的"科学发现"论文之间有一个不寻常的连接，这个连接是由我们发表在期刊 Journal of Infometrics 上的一篇文章（表8-2中的第3篇论文）创建的。与此类似，表8-2中的第4篇论文创建了弗里曼（Freeman）的"中心性"和赫希（Hirsch）的"h指数"论文的共被引关系，也是在我们的数据集中所关注的不寻常连接。另外，表8-2中的第5篇论文是竹田（Yoshiyuki Takeda）在2009年发表的文章，它同时引用了Klavans-2006和Chen-2002。总而言之，我们的新指标能够综合地测度新进入的论文对建立不寻常连接的贡献。

我们用单变量通用线性模型来测试我们的假设。测试结果显示在表8-3和表8-4中，我们发现$\Delta_{Centrality}$对被引频次的影响显著（$p=0.007$），这个模型解释了87.5%的差异，因此它可以被认为是一个足够正确的模型。表8-4显示中心度散度的影响实际上是有意义的。

表8-3　组间效应检验

源	平方和类型III	df值	均方差	F值	Sig.值	部分Eta平方
校正模型	112 675.351[a]	4	28 168.838	58.578	0.000	0.890
截距	2 331.753	1	2 331.753	4.849	0.036	0.143
$\Delta_{Modularity}$	801.177	1	801.177	1.666	0.207	0.054
$\Delta_{Centrality}$	4 098.399	1	4 098.399	8.523	0.007	0.227
alpha	46.711	1	46.711	0.097	0.758	0.003
beta	1 263.181	1	1 263.181	2.627	0.116	0.083
误差	13 945.494	29	480.879			
合计	214 646.000	34				
修正合计	126 620.845	33				

因变量：被引次数
a. R Squared = 0.890（Adjusted R Squared =0 .875）
b. Weighted Least Squares Regression - Weighted by NR

资料来源：CiteSpaceII: Detecting and visualizing emerging trends and transient patterns in scientific literature（Chen，2006）的76篇施引文献

表 8-4 参数估计

参数	B值	Std. 错误	t值	Sig.值	95% 置信区间		部分Eta平方
					下界	上界	
截距	1.541	0.700	2.202	0.036	0.110	2.971	0.143
$\Delta_{Modularity}$	4.861	3.766	1.291	0.207	−2.841	12.564	0.054
$\Delta_{Centrality}$	594.105	203.504	2.919	0.007	177.891	1010.318	0.227
alpha	0.011	0.035	0.312	0.758	−0.061	0.083	0.003
beta	−0.210	0.130	−1.621	0.116	−0.476	0.055	0.083

因变量：被引次数

a. Weighted Least Squares Regression - Weighted by NR

文献中经常使用负二项回归模型来分析频率数据，该数据的平均值远小于方差。文献引用和专利引用分析的数据是一种典型的计数数据。各种研究都曾经使用过普通线性回归模型。尽管如此，研究人员注意到引用数据中有很多零值或者是非常小的值。换句话说，引用数据的方差要比平均值大。负二项式回归模型更适合对这种类型的数据进行建模（Lee et al., 2007；Lokker & Walter, 2010）。负二项回归是一种广义线性模型，采用中心度和模块化变化率作为协同变量来预测引用次数。

*广义线性模型

GENLIN Citations WITH Modularity Variation Centrality Variation

/MODEL Modularity Variation Centrality Variation INTERCEPT=YES OFFSET=Year SCALEWEIGHT=NR

DISTRIBUTION=NEGBIN（1）LINK=LOG

/CRITERIA METHOD=FISHER（1）SCALE=1 COVB=ROBUST MAXITERATIONS=100 MAXSTEPHALVING=5 PCONVERGE=1E-006（ABSOLUTE）SINGULAR=1E-012 ANALYSISTYPE=3（LR）CILEVEL=95 CITYPE=WALD LIKELIHOOD=FULL

/MISSING CLASSMISSING=EXCLUDE

/PRINT CPS DESCRIPTIVES MODELINFO FIT SUMMARY SOLUTION.

分析结果是令人鼓舞的，我们期盼这些指标能够在分析动态网络和处理变化的不确定性信息时提供必要的信息。接下来，我们将用负二项回归测试假设。

表 8-5～表 8-7 中显示了统计测试的结果。模块化和中心度变化率的影响在预测引用次数方面都是显著的。参数估计方面，中心度变化率是显著的，但模块化变化率却不显著。负二项回归的结构和单变量方差分析测试的结果一致。

表 8-5　多项混合测验[a]

似然率卡方检验	df值	Sig.值
3892.663	2	0.000

因变量：被引次数
模型：（截距），模块化变化率，中心性变化率，offset= 年份
a. 将拟合模型与截距模型比较

表 8-6　模型测试影响

源	类型Ⅲ		
	似然率卡方检验	df值	Sig.值
（截距）	[a]	.	.
ΔModularity变化量	128.181	1	0.000
ΔCentrality变化量	303.783	1	0.000

因变量：被引次数
模型：（截距），模块化变化率，中心性变化率，offset= 年份
a. 由于数值问题无法计算

表 8-7　参数估计

参数	B值	Std.错误	95% Wald置信区间		假设检验		
			下界	上界	Wald卡方	df值	Sig.值
（截距）	-2007.985	0.5873	-2009.136	-2006.834	1.169E7	1	0.000
ΔModularity变化量	-0.715	0.4460	1.589	0.159	2.569	1	0.109
ΔCentrality变化量	73.305	29.3452	15.789	130.821	6.240	1	0.01
（规模）	1[a]						
（负二项式1）	1						

因变量：被引次数
模型：（截距），模块化变化率，中心性变化率，offset= 年份
a. 固定值

表 8-5 显示依据模块化指标和中心性指标排序在前的论文，这些论文都是 2006 年发表的期刊论文 CiteSpaceII（Chen，2006）的施引文献。横坐标代表模块化变化率而纵坐标代表中心性变化率。圆圈的大小与文献到 2010 年为止的被引频次成正比。如图 8-5 所示，依据这两个指标排序都在前的是两篇综述性论文。这些指标究竟测量的是什么？为什么综述性文章在这两个指标排序中都位于前列？

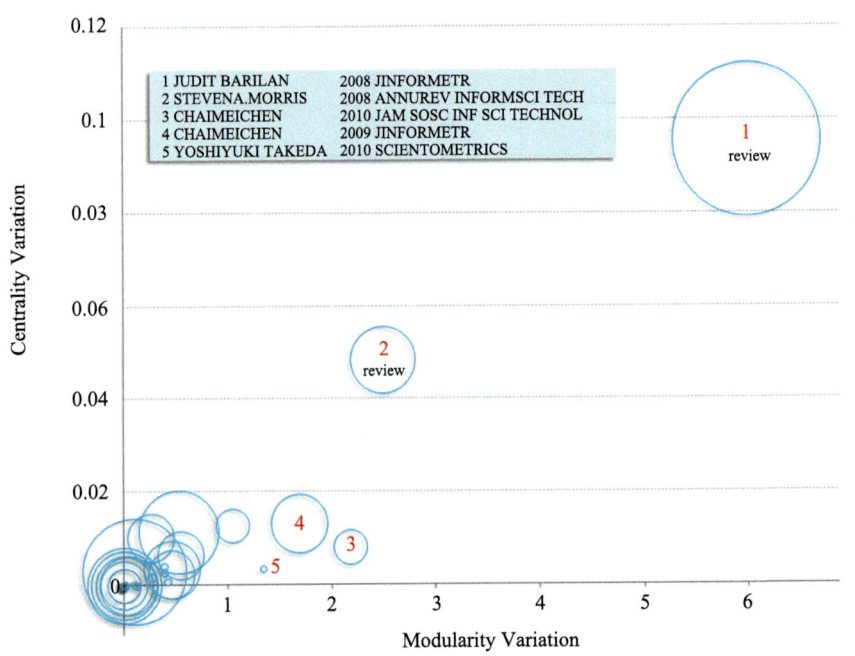

图 8-5 这两个指标测量什么？
资料来源：80 篇 CteSpaceII（Chen，2006）的施引论文

模块化变化率的设计是考虑到要给那些在不同聚类间创建连接的论文赋予更高分值。模块化值排列中靠前的论文引用的论文应该是那些不是被频繁同时引用的论文，综述性论文很明显符合这一特点。与此类似，中心度变化率大的论文意味着这篇论文的进入引发了节点中心分布的极大变化，这篇论文或是以一种不同寻常的方式，或是以一种合并的方式来引用论文，综述性论文同样也符合这一特点。因此，综述性论文排序在前的规律实际上是与理论相符的。

更加有意思的是，非综述性文章也能排在前面。依模块化排序前五位的论文中，#3 论文～#5 论文是原创性研究论文。换句话说，这些论文不是综述性论文，但是因为引入了原来聚类间原本不存在的连接而突出显示出来。根据我们的发现理论，这些论文有改变研究主题的潜能，它们很有可能会成为高被引论文。

#3 论文和 #5 论文发表在同一年也是在这种排序中值得关注的。这显示在模式建立起来之前可以用模块化变量识别论文。实际上，该方法的独特之处在于它不依赖于任何评价数据（如下载次数、访问时间、引用次数等）的使用。只要论文发表，甚或只是提交等待发表的时候，人们就可以获取与变革潜能相关的指标。

单变量方差分析和负二项回归的测试结果一致表明中心性变化率是一个预测论文引用次数的可靠指标，这显示中心度变化率很可能是一个有意义的新指标。我们应该在更大的数据集或者更长的时间段内做更加彻底的实验来更加深入地验证两种指标的作用。这种方法应用广泛，除了用于科学出版物分析之外，还可以应用于专利和其他信息源，只要这些信息的构建类似于期刊论文的基本网络表征。在下一节，我们应用该方法来分析关于脉冲星研究的最初 10 年发展状况。

8.2.4　案例研究：脉冲星

梅多（Meadows）和奥康娜（O'Connor）在 1971 年描述了天文学中的脉冲星的发现，以此来说明科学研究出版物的总体趋势。1967 年，正当拜耳（Jocelyn Bell）和休伊什（Antony Hewish）在寻找射频辐射闪烁源的时候[①]，他们偶然发现了脉冲星。从地球上看，远处的星星是在闪烁。星星的闪烁是由于穿过大气层时产生了光的折射。为降低这种视觉晃动，科学家在高高的山上安装了光学望远镜。无线电望远镜是不受大气层影响的，因而如果一个辐射源仍然闪烁，那么一定有其他原因。

在太空中最有趣的辐射源之一就是脉冲星。脉冲星，是类星体，就像星星一样的辐射源，但却能发射出很强的无线电波信号。科学家认为脉冲星或许开启了宇宙的早期阶段。休伊什在英格兰剑桥的卡文迪许实验室也在寻找脉冲星。他推断从像脉冲星这样的塌缩源中释放出来的辐射要比从塌缩程度小的辐射源（如一个地区）中释放出来的更多。所以越是闪亮的辐射源，越可能是脉冲星。休伊什设计了一个大型无线电望远镜进行搜索。拜耳是休伊什的一个学生，他负责操作这架望远镜并且进行数据的视觉分析。一些看起来奇怪的信号吸引了他的注意力，这些信号总是来自天空中同一路径，并产生一系列稳定的脉冲，1.3 秒间隔一次。休伊什和拜耳对于这种来自外太空的规律性信号考虑了各种解释。不久他们发现了另一个 1.2 秒的脉冲信号。现在它越发不像来自外星人的规律性信号，它一定是某种自然现象。到 1968 年 1 月为止，休伊什和拜耳发现了四种这样的无线电脉冲辐射源，即脉冲星，随后，该发现发表在 2 月 24 日的自然杂志上（Hewish et al，1968），其引用历史见图 8-6。

---

① http://www-outreach.phy.cam.ac.uk/camphy/pulsars/pulsars2_1.htm

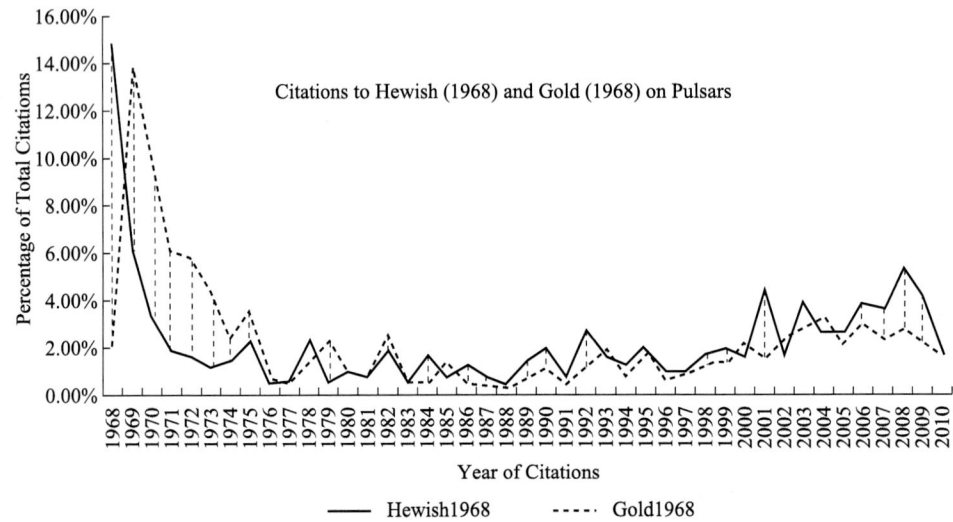

图 8-6　休伊什等的论文（Hewish et al., 1968）被引 472 次，古尔德（T. Gold）的论文（Gold, 1968）被引 362 次（2010 年 7 月 5 日）

这个发现标志着天文学开启了一个新的研究领域。安东尼·休伊什和马丁·里尔（Martin Ryle），以及卡文迪什天文学小组的组长因在射电天体物理学领域的开创性研究而获得了 1974 年的物理学诺贝尔奖。休伊什是第一个获得诺贝尔物理学奖的天文学家。拜耳作为脉冲星的最早发现人，1999 年因在天文学领域的贡献而荣获 CBE 奖。

脉冲星是高度磁化和快速旋转的中子星。它们是遥远的超新星爆炸后的残留物。古尔德对于无线电辐射源（脉冲星）的理论解释发表在 1968 年 5 月 25 日的《自然》杂志上（Gold, 1968），其引用历史见图 8-6。古尔德预测这些中子星自转的速度会随着辐射能量的减少而减慢。这个预测被证明是正确的，脉冲星的自转速度大约每年慢下来百万分之一。脉冲星当前速度减慢的比率可以说明它存在了多少年。

在早些年的脉冲星研究中，专用术语变化很快。发现者们最初使用的词是"脉冲无线电波源"，1968 年发表的论文中有 72%（18 篇论文）的使用这个词。而 1969 年只有 2 篇（12%）论文采用这个词。1970 年以后，这个词几乎彻底消失了。相比之下，1968 年 54 篇论文使用"脉冲星"这个词，1969 年有 147 篇论文，1970 年有 151 篇。"脉冲星"这个词来源于脉冲和星球这两个词。

在梅多和奥康娜对脉冲星的研究逐步深入时，他们注意到在《自然》上发表的一篇关于脉冲星初始浓度的论文，尤其是这篇论文发表在休伊什等发表后的 6 个月之内。5 个星期以后，最早的两篇关于脉冲星的理论论文出现在《自然》上。梅多和奥康娜认为新领域诞生的一个总体趋势是：某个新领域的论文会集中发表在那本登有最早相关论文的相同期刊中。

最初发表在《自然》上的那篇关于脉冲星初始浓度的论文被 52% 的脉冲星论文引用。在 1969 年上半年引用率降到了 40%。脉冲星的论文随后出现在越来越多的期刊。梅多和奥康娜注意到在脉冲星论文出现后的最初 18 个月里，发表论文的期刊分布符合布拉福德定律。

在脉冲星研究最初增长时期，发表论文的增长速度是显著的。最早的那篇在《自然》上发表的论文从录用到发表仅用了 2 周的时间，而最早的一批理论文章仅用了 5 天！脉冲星论文的引用半衰期在最初的两年是 0.7 年。这意味 50% 的引用文献是发表在 0.7 年前。相反，天文学整体论文的半衰期是 5.4 年。脉冲星论文在最初几年的半衰期很短，意味着研究人员寻求论文的快速发表，否则他们的论文还未发表就已过时了。

在新领域中每篇论文的被引次数也传达了有趣的信息。最初，几乎没有论文被引用。随着相关论文的快速出现，引用次数也快速增长[①]。在脉冲星的例子中，每篇论文平均引用次数从 1968 年的 7.1 次增加到 1969 年的 9.9 次。另外，由于更多的研究群体进入这项研究，自引率也从 1968 年的 15% 降至 1969 年的 10%。

梅多和奥康娜注意到的另一个特征是初期的脉冲星论文合作者数量（每篇论文 2.0 个作者），要高于天文学整体（每篇论文 1.5 个作者）。特殊的是，观测研究的篇均合作者数量为 2.65 个，高于理论研究的篇均合作者数量为 1.55 个。

引用和被引用论文的增长快速形成了引文网络。在增长初期，文献结构突出显示出怎样的引用模式？就共被引网络而言，如果一篇论文的引文保持了新增长的引文结构，而另一篇论文的引文彻底改变了引用结构，我们能够区分出哪一篇可能更重要，这纯粹基于它们对已存引文结构的影响吗？

为了显示脉冲星论文早期宏观特性对后来的影响程度，我们基于 1968 年发表的脉冲星论文形成的文献共被引网络测量一篇新发表的脉冲星论文在接下来的 5 年里对网络结构的改变程度。带来最具深远结构变化的论文被认为具有很大中介转换可能，它能够导致随后的基础性变化。我们期望看到中介潜能指标

[①] 一个最近的例子是，在探索太空的 SDSS 这一新的研究领域，发文量和被引量每 10 个月翻一番

是一个能用来解释随后几年实际影响的重要因素。

1968～1977年10年间发表的脉冲星论文是从SCIE中收集获取的。由于术语变化，我们选取"脉冲无限电波源"和"脉冲星"两个词汇进行主题检索。每一篇论文都依 ΔQ 值进行排序，该值取决于由新论文引入所造成的网络模块化变化率。同时还考虑 ΔC 值，该值是新网络中心度分布和之前分布的相对交叉熵。这些论文的整个引用测度完成于2010年7月6日。该研究主题持续了10年研究热度，直到1980年年初热度开始下降。

在图8-7中，这11个聚类的结构是基于模块化值和轮廓值进行优化的。节点标注依据Sigma值，我们识别出Hewish-1968和Gold-1968是最有影响力的文章。聚类#5都是理论文章，聚类#3都是验证理论预测的论文。

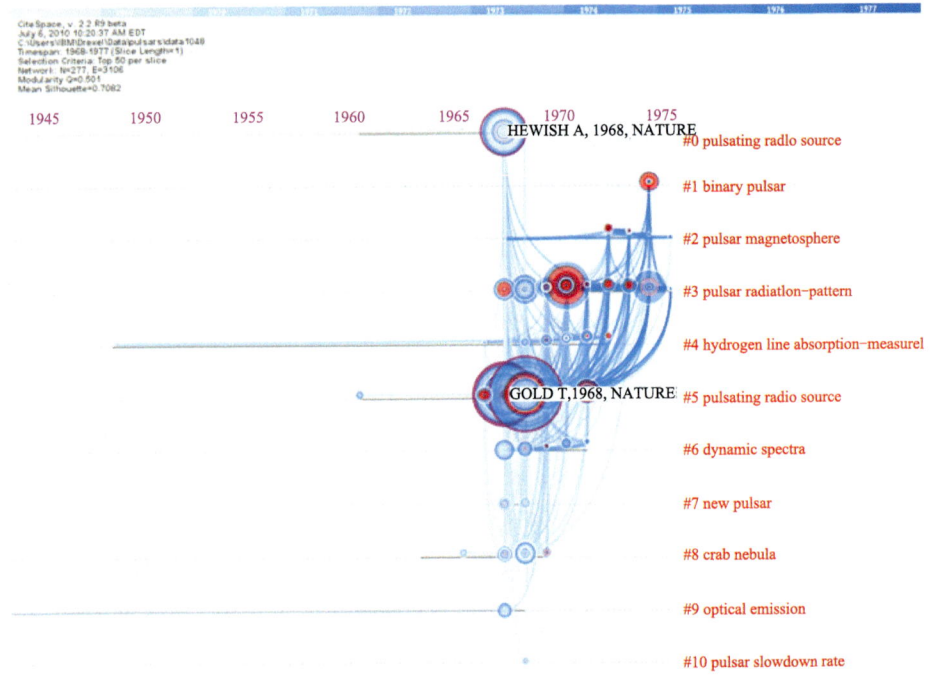

图8-7 脉冲星论文文献共被引形成的11个聚类的时间线可视化图谱，每一个聚类标签提取于聚类施引文献

在表8-9所示的模型中，我们使用alpha（已有的共被引连接）和beta（新的共被引连接）的原始值，并用模块值和中心度变化率作为协同变量，按照年发文量赋予不同的权重，采用全因子模型，并去除截距项。该模型可以解释84.1%的方差。

表 8-8 "脉冲星"文献的前 20 位高 Sigma 值被引文献。前 5 篇论文都发表于 1968 和 1969 年的《自然》杂志上

Freq	Burst	Centrality	Σ	Page Rank	Author	Year	Source	Vol	Page	Half Life	Cluster
85	21.64	0.11	8.87	2.14	HEWISH A	1968	NATURE	V217	P709	1	0
101	9.14	0.26	8.05	3.44	GOLD T	1968	NATURE	V218	P731	2	5
48	13.15	0.09	3.00	2.36	LYNE AG	1968	NATURE	V218	P326	1	0
61	12.80	0.06	2.21	2.24	RADHAKRISHNAN V	1969	NATURE	V221	P443	1	5
45	11.08	0.06	1.93	1.93	LARGE MI	1968	NATURE	V220	P340	1	5
91	8.15	0.08	1.89	2.78	OSTRIKER JP	1969	ASTRO...	V157	P1395	3	5
83	8.61	0.07	1.83	2.78	STURROCK PA	1971	ASTRO...	V164	P529	4	3
44	4.85	0.10	1.62	3.16	MANCHESTER RN	1971	APJS	V23	P283	4	3
81	7.08	0.07	1.58	2.31	PACINI F	1968	NATURE	V219	P145	2	5
59	9.07	0.05	1.55	2.16	GOLD T	1969	NATURE	V221	P25	1	5
50	6.60	0.06	1.49	2.77	LYNE AG	1971	MON N...	V153	P337	4	3
38	7.59	0.05	1.46	2.00	WAMPLER EJ	1969	APJ	V157	L1	2	3
57	24.77	0.05	1.46	1.88	RUDERMAN MA	1975	ASTRO...	V196	P51	1	3
27	8.64	0.04	1.38	1.32	MANCHESTER RN	1974	ASTRO...	V189	L119	2	3
128	2.53	0.12	1.33	3.28	GOLDREICH P	1969	ASTRO...	V157	P859	4	5
41	13.55	0.02	1.29	1.19	COCKE WJ	1969	NATRUE	V221	P525	0	8
45	7.15	0.04	1.28	1.75	DRAKE FD	1968	NATRUE	V220	P231	2	3
41	12.08	0.02	1.27	1.40	RUDERMAN M	1972	A REV...	V10	P427	3	5
37	13.96	0.02	1.26	1.33	HULSE RA	1975	ASTRO...	V195	L51	1	1
40	4.25	0.05	1.23	2.16	RICKETT BJ	1970	MNRAS	V150	P67	3	3

表 8-9 测试交叉影响[c]

源	平方和类型III	Df值	均方差	F值	Sig.值
模型	5.366E9	115	4.666E7	16.681	0.000
$\Delta_{Modularity}$	8 176 068.802	1	8 176 068.802	2.923	0.089
$\Delta_{Centrality}$	8 124 014.657	1	8 124 014.657	2.904	0.090
Beta	1.361E9	28	4.862E7	17.380	0.000
alpha	2.029E9	44	4.610E7	16.480	0.000
beta*alpha	5.770E7	16	3 606 329.792	1.289	0.205
错误	6.294E8	225	2 797 501.193		
总计	5.996E9	340			

因变量：截至 2010 年的被引次数

a. R Squared = 0.895（Adjusted R Squared = 0.841）

b. Computed using alpha = 0.05

c. Weighted Least Squares Regression - Weighted by Year

表 8-10 依论文模块值之内变化率 ΔM 排序

年份	ΔM	ΔC	TC	NR	文章
1970	18.09	0.0558	79	102	HEWISH A, PULSARS, ANNU REV ASTRON ASTROPHYS, V8, P265
1972	17.46	0.0563	9	161	SMITH FG, PULSARS, REP PROGR PHYS, V35, P399
1971	6.88	0.0317	45	200	GINZBURG VL, PULSARS - THEORETICAL CONCEPTS, SOV PHYS USPEKHI-USSR, V14, P83
1972	6.23	0.0181	352	169	RUDERMAN M, PULSARS - STRUCTURE AND DYNAMICS, ANNU REV ASTRON ASTROPHYS, V10, P427

续表

年份	ΔM	ΔC	TC	NR	文章
1969	2.57	0.0013	21	25	CHIU HY, RADIO EMISSION FROM MAGNETIC NEUTRON STARS - A POSSIBLE MODEL FOR PULSARS, PHYS REV LETT, V22, P415
1969	2.06	0.0029	0	25	FELDMAN PA, LOW-ENERGY COSMIC RAYS FROM PULSAR FLARES, NATURE, V223, P48
1969	2.06	0.0008	91	13	RADHAKRI.V, EVIDENCE IN SUPPORT OF A ROTATIONAL MODEL FOR PULSAR PSR 0833-45, NATURE, V221, P443
1969	2.06	0.0009	137	17	GUNN JE, MAGNETIC DIPOLE RADIATION FROM PULSARS, NATURE, V221, P454
1972	1.92	0.0085	37	57	MANCHEST.RN, PARAMETERS OF 61 PULSARS, ASTROPHYS LETT COMMUN, V10, P67
1970	1.85	0.0082	6	74	CHIU HY, A REVIEW OF THEORIES OF PULSARS, PUBL ASTRON SOC PAC, V82, P487
1971	1.60	0.0044	136	43	MANCHEST.RN, OBSERVATIONS OF PULSAR POLARIZATION AT 410 AND 1665 MHZ, ASTROPHYS J SUPPL SER, V23, P283
1969	1.54	0.001	9	11	HUNT GC, LINEAR INCREASE IN PERIODICITY OF 13 PULSARS, NATURE, V224, P1005
1972	1.08	0.0104	111	30	BOYNTON PE, OPTICAL TIMING OF CRAB PULSAR NP 0532, ASTROPHYS J, V175, P217
1970	1.05	0.0035	105	46	RANKIN JM, RADIO PULSE SHAPES FLUX DENSITIES AND DISPERSION OF PULSAR NP-0532, ASTROPHYS J, V162, P707
1971	0.69	0.0012	25	33	CHIU HY, THEORY OF RADIATION MECHANISMS OF PULSARS .1., ASTROPHYS J, V163, P577
1972	0.67	0.0045	16	22	SHITOV YP, FINE-STRUCTURE OF SPECTRA OF RADIO EMISSION OF PULSARS, ASTRON ZH, V49, P470
1970	0.55	0.0009	397	42	GUNN JE, ON NATURE OF PULSARS .3. ANALYSIS OF OBSERVATIONS, ASTROPHYS J, V160, P979
1971	0.54	0.0033	31	16	HUNT GC, RATE OF CHANGE OF PERIOD OF PULSARS, MON NOTIC ROY ASTRON SOC, V153, P119
1971	0.54	0.0032	22	29	MANCHEST.RN, ROTATION MEASURE AND INTRINSIC ANGLE OF CRAB PULSAR RADIO EMISSION, NATURE-PHYS SCI, V231, P189
1970	0.44	0.0013	10	27	SMITH FG, GENERATION OF RADIO WAVES IN PULSARS, NATURE, V228, P913

注：ΔC=中心度变化率，TC=被引次数，NR=参考文献次数

图8-8是以模块值变化率（横轴）和中心度变化率（纵轴）所测量的变革潜能来说明脉冲星论文。根据我们的发现理论，最有变革潜能的论文应该出现在右上角附近，而更为传统的研究则分布在左下角附近。在图中被标注的两篇论文都是综述性文章。右上角的是由休伊什撰写的论文，正是这篇文献让他荣获该领域的诺贝尔奖。

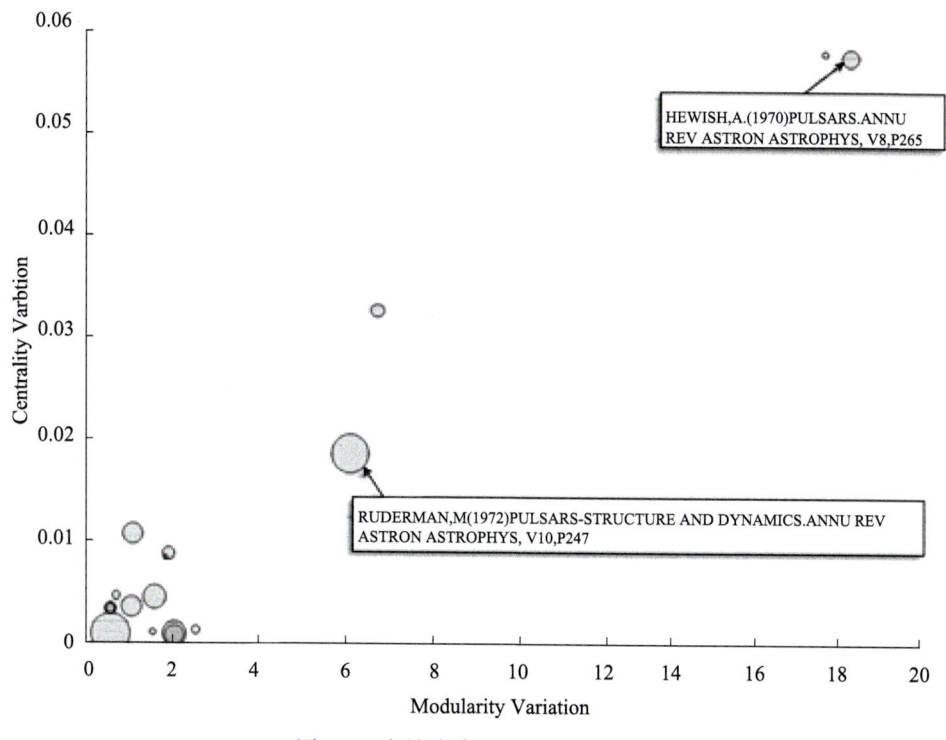

图 8-8　有关脉冲星的早期综述文章

在接下来的章节中，我们讨论如何将这种方法应用于资金申请和授奖项目。对于项目申请书和获奖摘要，这里没有现成的引文数据。我们要证明的是，基于结构变化的新颖性探测方法可以应用于词和名词短语所构成的网络图。

8.3　组合评价

下面的一个例子是基于我们为 NSFCISE/SBE 咨询委员会做的一项关于在研究成果中进行发现（discovery in research portfolios）的报告。分析对象是 2009 年 10 月到 2010 年 10 月产生的研究成果。该委员会负责识别和证明那些用于标识申请项目和获奖成果的技术和工具，它寻找那些能够最有效地从数据中发现知识的识别工具和方法，例如，依据最强有力的官方许可可视化、交互和理解数据中的知识。委员会成员被要求应用他们的研究将 NSF 提供的数据集进行结构化、分析、可视化和交互。

提交给 NSF 的资助申请由许多部分组成，包括一张封皮、一页项目摘要、总计 15 页的工程描述、参考文献列表、2 页的研究者简历，以及预算信息。获奖项目摘要会被公布在 NSF 的主页上。我们基于两种数据源进行分析：公开可用的获奖摘要和申请项目数据集，这是在有限时间内可供委员会成员使用的数据。因而本书涉及所有相关数据集都受一个特殊的许可程序证明，该程序用于保护隐私及申请数据集的安全。

我们在两个层面上关注问题。在个体申请层面，主要的问题是：一个申请可以简而言之成什么？如何通过简而言之的概括区分不同的申请项目？在组合层面，主要关注一组申请项目的特征。什么是区分获资助申请和被拒绝申请的计算性指标？什么样的指标可以在一组项目申请中识别具有变革性的申请？

8.3.1 识别申请书的核心信息

我们没有对文本文档的内容或结构做假设。我们以非结构文档的形式进行数据处理。我们假设 15 页申请书的核心信息相当于 1 页多的概要文本，这要远远少于 15 页。如果这是对的，那么我们可以使用一个相当小的文本来表示一个 15 页的文档的内容。我们也可以期望更短的文本可能要比最初的全文本表达更加连贯。

一个申请书对项目的描述可以划分为一系列文本段落（即部分），每一段文字有一个对应的主题。那么根据这些段落之间的相似性关系构造段落网络。被拉到一起的段落代表申请书的核心信息。图 8-9 显示了我们的标准界面，它能将合成的文本段落以及在我们自己申请中的对应文本可视化显示出来。图中的点表示邻接文本之间的相似度（在滑动窗口的文本内）。

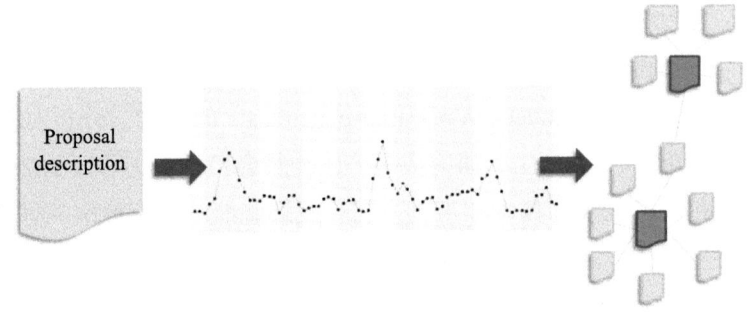

图 8-9　识别全长度文档核心段落的程序

第一步是将申请项目的全文本描述划分为一系列文本段落。一个段落文本的内在凝聚力要高于段落之间的凝聚力。这个过程称为文本划分。基本假设是，一个文本文献通常代表着一系列子主题，并且根据文本相似性的变化可以找到子主题的边界。我们采用赫斯特（Marti Hearst）的文本分隔算法，这种算法灵活性较强。为算法设置优化参数是一个重要的步骤，但是当前的技术很明显无法获得计算优化配置。我们选择提供交互式可视化工具使得用户能够直观地检验多种配置的影响，并依此优化配置。

赫斯特文本分割算法从一系列 n 项文本字符串（n 的取值范围为 10～200）的语义变化中探查子主题变化模式。我们采用了这种方法并且增加了一个调节条来帮用户寻找最优参数组合。"窗口大小"和"步长"这两个参数对于文本分割算法的配置十分重要。"窗口大小"是标记的数量，在标记序列中排除连接词，同时步长是在一个块中标记序列的数量，它用于块和块之间相似度的比较。两个块之间的相似度值用一个标准化内积进行计算：给定两个块，b_1 和 b_2，每一个都含有窗口长度的标记序列，这里 b_1={token-sequence$_{i-k}$, …, token-sequence$_i$}，b_2={token-sequence$_i$+1, …, token-sequence$_{i+k+1}$}。我们用小规模文本进行测试发现，当 windowsize=100，stepsize=20 时可以在叙事文本中得出与 NSF 项目申请类似的优化结果。

第二步是要选出最具代表性的文本段落作为一个申请项目的核心信息。一旦上一步识别出来了那些文本核心段落，信息检索和机器学习中的许多方法就可以用于计算两个段落之间的相似度，包括空间向量模型、潜在语义索引、概率模型和主题模型。段落网络可以根据段落和段落之间的相似度进行构建。选择最具代表性的文本块就是选择网络中最重要位置的段落。我们的假设是最具代表性的文本具有很强的中心度属性，如高 PageRank、高度中心度和高中介中心度。换句话说，一个中心主题应该是在同一个申请项目中和其他主题高度相关的。像 PageRank 这样的指标能够依据这样的中心度将段落排序。这样选择一个前多个段落来代表申请文本，以此用于任何子序列的文本分析、聚类或可视化。

我们通过将这些排序指标应用于我们自己的项目申请来对它们进行评价，如图 8-10 所示，研究发现由 PageRank 所选择的段落（段落 #9）与其他方法相比更有意义。尽管如此，我们仍需要一个大规模的评价，而且如果能够建构测试数据集并可以获取，对于我们进行评估将是十分有帮助的。

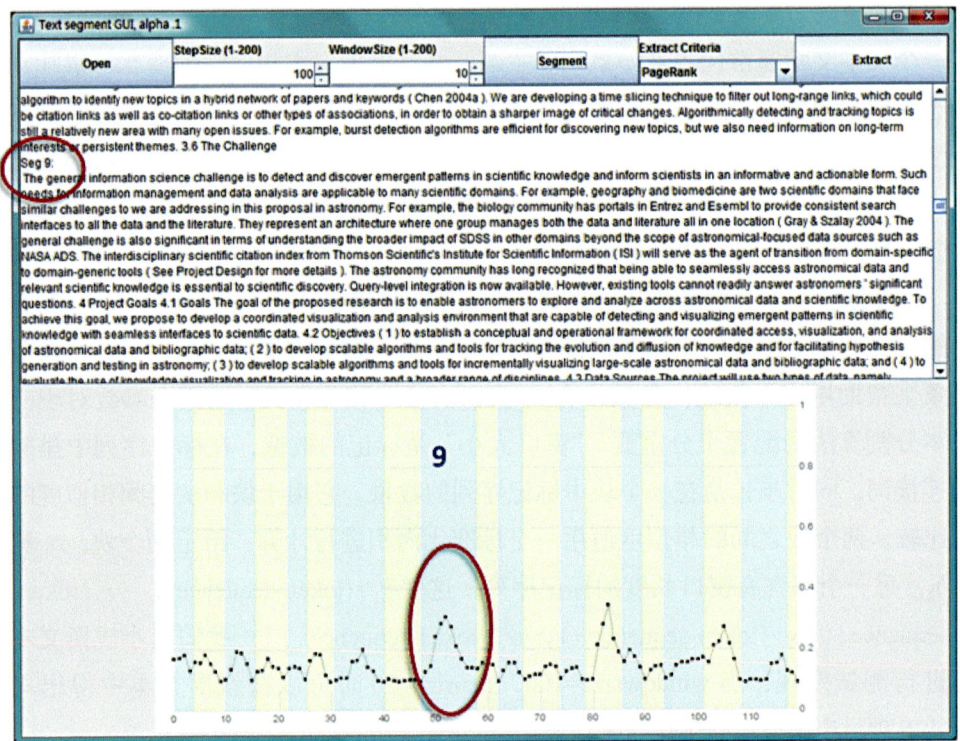

图 8-10　帮助用户寻找申请项目的核心信息的一个原型

资料来源：一个项目描述的段落（来源于作者自己的项目申请书）

8.3.2　信息抽取

信息抽取是处理和分析非结构化数据的另一项重要工作。其目标是析出那些与研究重点和研究者想要表达的事件密切相关的词或短语，这可以通过使用自然语言处理技术（natural language processing，NLP）来得以实现。我们对名词短语的抽取是基于这样的假设和一般共识，即名词短语要比单个词更具意义和解释性。

这一步可以输入任何形式的文本流，无论是结构化的还是非结构化的。这一步输入识别出来的核心段落，从核心段落中找到一系列名词短语，生成列表。核心信息识别操作为随后的处理而收集文本数据，这是析出的第一层。名词短语抽取是析出的第二层。

首先通过词性（part-of-speech，POS）标注技术的自然语言处理技术对输入的文本流进行标记，这样就使文本汇总的每一个词的类型都得到了明确的标记，由此，我们可以通过提取算法识别标的词（如名词短语）。名词短语抽取遵循启发式规则，从简单到复杂。这个过程的输出是在申请书表征文本中找出的名词短语列表以及它们出现的次数。

名词短语是指由与作为最终词条（被称为头名词）的名词组合在一起的多个词构成，如"黑洞"在"超大质量的黑洞"一词中是头名词。词条可能是一个单词，也可能是组合词，但是不一定必须含有名词。有时词条也可能被认为是 n 元词条，这里 n 是所含的词条数量。由于名词短语更具独立意义，通常被认为能比词组更好地表示观点。

为了抽取名词短语，第一步就是标注段落文本中每个词的词性，包括名词、动词和形容词。这一步被称为词性标注。自然语言处理工具可用于词性标注以及处理标注后的文本，对于不用的数据集，标注的质量也是不同的。尽管如此，我们发现正则表达式是最灵活的、可定制的并可扩展的方法。由于名词短语通常的形式是"词—词—词—名词"，这些"词"本身也可能是名词，如名词短语"快速—增长的—气候—变化"的形式就是"词—词—名词—名词"，我们依据名词的数量选取了多种类型的名词短语进行实验。我们允许用户根据短语中名词的数量析出名词短语。我们检验基于各种类型的名词短语的分析和统计结果。

8.3.3 探测热门主题

我们根据项目描述、项目摘要或其他文本源中的名词短语出现的频率来定义热门主题。高频名词短语通常被认为是可能的热门主题。热门主题最有价值的信息是参照同一时期出现的其他主题，以及该主题成为热门主题的时间和持续的时间长度。

探测热点主题形成时机的方法有很多技能。我们采用克林伯格（Kleinberg）的突发算法来探测一个名词性短语突现出来的时间和高频出现的时间长度。我们用这两种测度方法对资助的和拒绝的申请进行进一步的残存分析。

突变检测是要检测一个被观察事件的频率相对于其他同类型的事件是否随时间快速增长。事件类型是通用的，包括 12 个月内在报纸上出现的关键词和在过去 10 年内某篇文章的被引频次。数据挖掘和知识发现领域已经提出了一些突变检测算法，我们采用 Kleinberg 算法。

我们的研究主要考虑探测名词短语突现性的两个主要指标：突现的等待时间和突现的持续时间。突现的等待时间是指名词短语在一系列申请文本中首次出现到被统计检测到突现所需的时间长度。持续时间是指从突现开始到结束的时间长度。我们将在随后的进一步分析中使用这些指标，旨在区分可资助的和要拒绝的申请。这些指标都是阈独立的并且不需要额外的与语义相关的输入。

8.3.4 识别潜在的变革性项目申请

我们认识到变革性研究的本质是可以通过两个计算性可观察维度来探测的，即综合距离（synthesis distance）和结构散度（structural divergence）。综合距离是依据综合的和合成的成分主题之间的概念距离来描述某个具体的科学贡献。距离越大，这项科学成果得来的越艰辛，但同时可能具有更大的新颖性。结构散度测量的是某一具体科学贡献与当前研究水平离散的程度。如图 8-11 所示，对于突破性的研究具有较大的综合距离和结构散度。

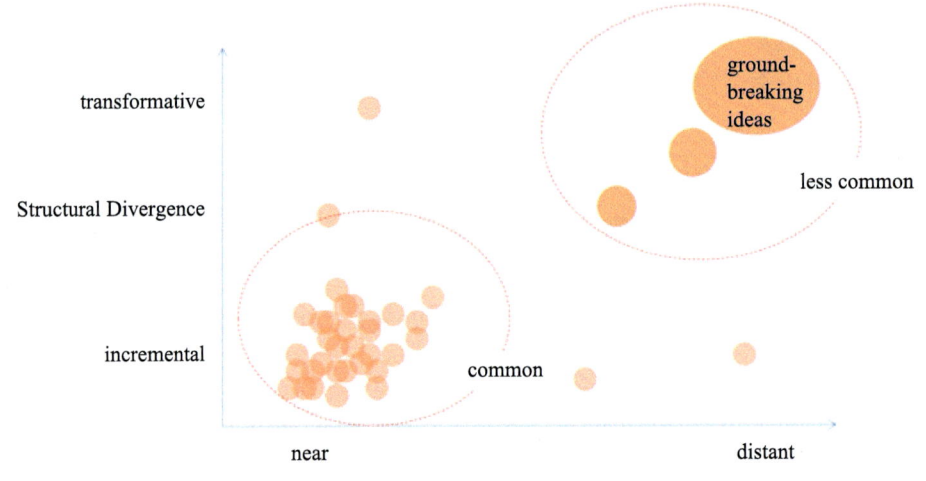

图 8-11　变革性研究在两个维度上的分布图例

图 8-12 显示了对公开的 NSFSciSIP 受资助项目的摘要进行分析的初步结果。每一个资助圆圈的大小代表着受资助的数量。资助圆圈的位置是由综合距离和

结构散度两个指标决定的。图 8-12 中的四个资助项目的细节列在表 8-11 中，包括 PI 名、获资助年份和项目题目。

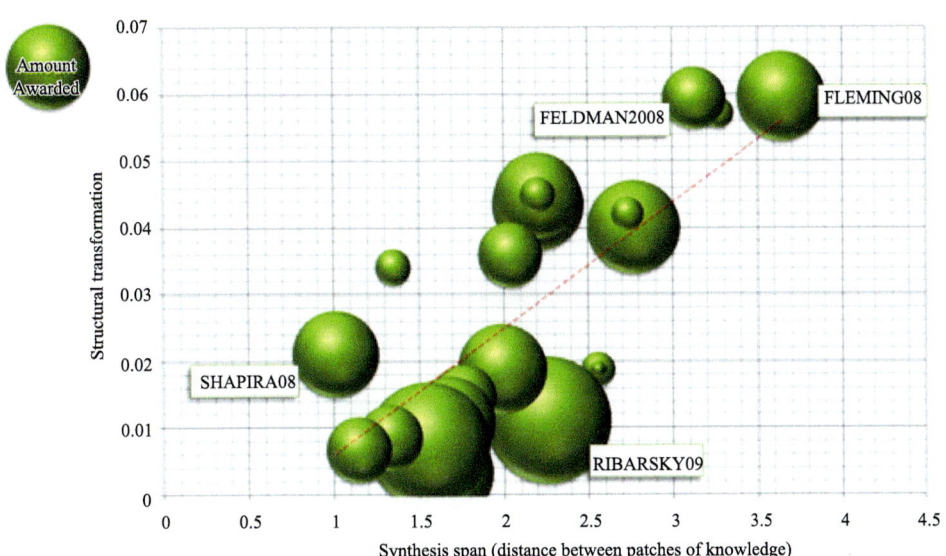

图 8-12　受资助项目的变革性潜能
资料来源：公开可用的 NSFSciSIP 受资助项目的摘要

表 8-11　图 8-12 被标注的受资助项目情况

LEEFLE MING（2008）DAT: Creatinga Patent Collaboration Network Data base to Examine the Social Production of Knowledge
FELDMAN MARYANN（2008）State Science Policies: Modeling Their Origins Nature Fitand Effectson Local Universities
MARTINRIBARSKY（2009）DAT: AVisual Analy tics Approach to Science and Innovation Policy
PHILIPS HAPIRA（2008）MOD Measurement and Analysis of Highly Creative Researchin the US and Europe

我们还做了一个初步测试，测试的样本是 NSF 项目中的 7345 个申请中随机抽取出的 200 个申请（100 获资助的和 100 个被拒绝的）。每个申请的核心信息是由依据 PageRank 排序前三位的核心段落来表征。CiteSpace 新版本用于抽取 1～4 个名词组成的名词短语，并且为每个申请文本产生两个测量指标。共有 141 个（70.5%）申请文本在图 8-13 中有正读数。

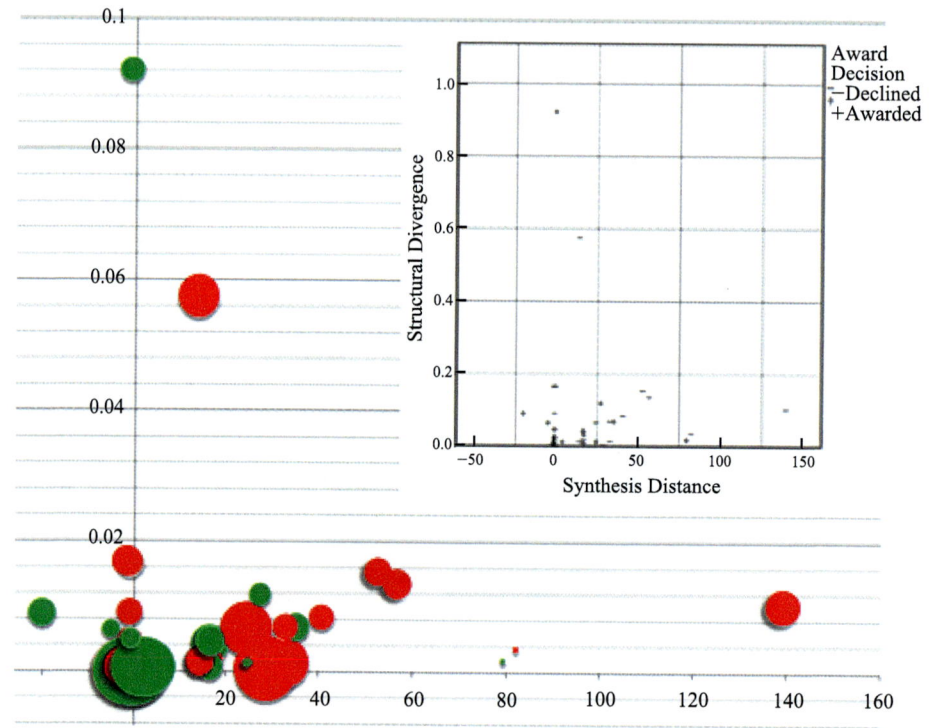

图 8-13　申请项目的变革性潜力（+/ 绿色：资助；–/ 红色：拒绝）。大小表示申请数
资料来源：200 份随机抽样的项目申请书

8.4　本章小结

像文本分隔和基于网络的排序这样的核心信息识别技术是相对成熟和可扩展的。尽管如此，这些技术的优化配置要求广泛而深入的评估。名词短语抽取工作量很大，它需要词性标注。词性标注是很耗时的，但是对于一个给定的数据集它仅需要做一次，之后的处理可以重复使用之前词性标注的结果。因此，减少处理过程中各成分之间的相互依赖关系是明智的。突发性检测也是一个相对耗时的工作，但是要快于词性标注。它也是一个数据集只需做一次的工作。

申请项目的变革性潜力的识别技术研究仍处于初始阶段。初步研究成果是非常振奋人心的，它指明了许多可以继续研究的并可能富于成果的方向。我们会依据它的理论基础和技术进步继续这方面的研究与开发。

参 考 文 献

Chen C. 2003. Mapping Scientific Frontiers: The Quest for Knowledge Visualization. London: Springer-Verlag.

Chen C. 2006. CiteSpace II: Detecting and visualizing emerging trends and transient patterns in scientific literature. Journal of the American Society for Information Science and Technology, 57(3): 359-377.

Chen C., Chen, Y., Horowitz, M., Hou, H., Liu, Z., & Pellegrino, D. 2009. Towards an explanatory and computational theory of scientific discovery. Journal of Informetrics, 3(3): 191-209.

Chen C., Ibekwe-SanJuan, F., &Hou, J. 2010. The Structure and Dynamics of Co-Citation Clusters: A Multiple-Perspective Co-Citation Analysis. Journal of the American Society for Information Science and Technology, 61(7): 1386-1409.

Gold T. 1968. Rotating neutron stars as origin of pulsating radio sources. Nature, 218(5143): 731-732.

Häyrynen M. 2007. Breakthrough research: funding for high-risk research at the Academy of Finland. Helsinki: The Academy of Finland.

HEWISH, A., BELL, S.J., PILKINGTON, J.D.H., SCOTT, P.F., & COLLINS, R.A. 1968. Observation of a Rapidly Pulsating Radio Source. Nature, 217(5130): 709-713.

Lee Y.-G., Lee, J.-D., Song, Y.-I., & Lee, S.-J. 2007. An in-depth empirical analysis of patent citation counts using zero-inflated count data model: The case of KIST. Scientometrics, 70(1): 27-39.

Lipinski C., & Hopkins, A. 2004.Navigating chemical space for biology and medicine. Nature, 432(7019): 855-861.

Lokker C., & Walter, S D. 2010. Prediction of citation counts: a comparison of results from alternative statistical models. Retrieved Oct 15, 2010, 2010, from http://www.bmj.com/content/336/7645/655/reply

Meadows A J., & O'Connor, J G. 1971. Bibliographical statistics as a guide to growth points in science. Science Studies, 1(1): 95-99.

NSF. (2007, September 25). Important Notice No. 130: Transformative Research. Retrieved August 14, 2010, 2010, from http://www.nsf.gov/pubs/2007/in130/in130.txt

Price D D. 1965. Networks of scientific papers. Science, 149: 510-515.

Swanson D R. 1986. Fish oil, Raynaud's syndrome, and undiscovered public knowledge. Perspectives in Biology and Medicine (30): 7-18.

Takeda Y., &Kajikawa, Y. 2010.Tracking modularity in citation networks.Scientometrics, 83(3): 783-792.

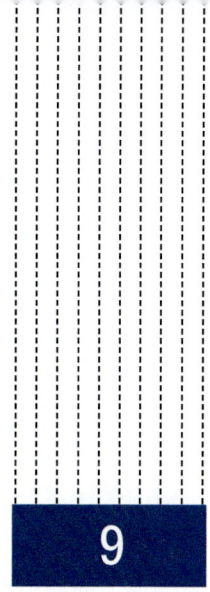

9 未来

在这一章中，我们首先归纳和概括前面几章中的要点及相互关联。然后，我们提出一些在今后的研究和应用中需要解决的理论和实践问题。

9.1　风雨欲来

在《风雨欲来》报告出现之前，人们对科学家个体、科学机构和公共资助机构的关注主要是源于日益增加的科研经费需求与逐渐减少的公共资助经费之间的矛盾。在这种背景下，随着资助机构对项目选择越来越严格，申报成功率的降低迫使研究者们提交更多申请。与此同时，资助机构也越来越发现它们陷入被问责的处境：哪些是本不应该资助的项目？哪些是应该资助却没被资助项目？如何确保资助经费的正当分配？一方面，纳税人有权要求他们的钱用于那些可能造福于社会的研究；另一方面，应用研究和技术创新是基于基础研究之上的，而基础研究的社会应用价值往往并非显而易见。我们不能杀鸡取卵，那我们如何在资源有限的情况下解决这个困境呢？

《风雨欲来》报告和相关的争论不仅让我们更重视这些问题，而且引发了我们在更深层次上的思考和关注。对于维持和提高国家竞争力而言，究竟什么是最重要的？为了回答这个问题，我们将注意力从资金紧缩转移到创造力的本质和科学家个体在维持国家科学技术领先地位中的作用。"汤浅现象"展示的是一种宏观规律，但或许可以在微观层面上进行解释。科学家队伍的平均年龄为世界科学活动中心的转移或停滞提供了可能的解释。这暗示着科学创造力的巨大潜能，但像许多宏观分析方法理论一样，它并不能提供多少建设性指导，如我们无法随意改变我们的年龄。那么除了年龄，我们还能做些什么呢？在思维方式中，有没有哪些能力是我们可以积极主动提高的呢？这些能力的提高会使我们不仅能提出更具有原创性和新颖性的问题，而且能发现创造性的解决方案以应对那些难题。

9.2　创造性思维

在第 2 章中，我们回顾了人类对创造性思维的认识。人们普遍认为，创造力具有偶发性，尤其是对于科研创造力而言。有别于这个广泛认可的观点，我们所特别关注的是创造性思维和解决问题中的普适机理。从发散思维的需求和打破固定思维模式的共识开始，我们回顾了那些能够寻找新想法和在面对困难时如何找到解决方案的开放性思维。这样，两种巨大的挑战摆在我们面前：一种是"大海捞针"式的寻找；另一种是如何保持开放的思维。

"大海捞针"式的寻找在当前表现为两个相反方向上的巨大挑战。不仅"大海"的体积变得巨大（在 10^6 量级上或更高），而且"针"的踪迹也变得愈发难觅。我们无法确定我们找到的"针"是否是正在寻找的那个"针"。一个关键的问题是，在这样一个广阔的空间中知识路径是如何形成的。我们又如何决定下一步的行动方向？盲目变异和选择性保留范式对这些问题提供了很有影响的解释。

表面上，相比于我们已经认知的领域，开放性思维更多是在盲目变异阶段发挥作用，但每个人看问题的视角会对选择的过程造成很大影响。由于人类认知存在着各种偏见和缺陷，我们的选择往往会局限在那些由偏见所形成的狭窄领域里。换句话说，我们的盲目变异往往没有真正做到足够的"盲目"思维，没有足够的开放。我们回顾的文献强调了一个事实，即我们很难从一个视角转换到另一个视角，如科学范式间的格式塔转换，以及因缺乏想象力而使得我们看到的外星人造型总是千篇一律。

我们在文献中发现了一些摆脱现有思维的办法，既可以源于已有思维，也可与现有思维毫不相干。例如，逆向思维、整合思维和打破重组思维都属于基于已有思维的策略。这些策略的共同之处在于，都是以系统的方式拓宽我们的思维视野，将替换性因素带入原有的思维模式中。雅努斯思维方式（Janusian thinking）明确指出我们应该注意考虑事物的反面，这一理论可能使我们更容易理解公共资源为何用来资助反物质研究。事实上，像非负分解这样的矩阵分解技术能够将输入的数据辨识出多个维度。穿越不同维度的思维模式就相当于应用雅努斯思维来对付多维问题。思维方式由一个维度转换到另一个维度是具有挑战性的，因为它往往涉及视角的转变，如格式塔转换。

TRIZ 通过清晰地架构形成冲突的问题而使得思维更前进一步，其目标是解决矛盾。换句话说，格式塔转换不再是目标，相反，现在的目标是要同时看到同一事物的所有冲突和矛盾之处，这样一来，原先认为冲突的问题将会消失。事实上，雅努斯思维已经隐含着考虑那些看似冲突并存的动机。创造性思维实质上就是能提出新理论来化解现有矛盾的能力，这种理论能统一地解释冲突或库恩科学革命结构中的科学危机。

9.3 偏见和缺陷

第3章的内容是关于认知偏见和认知缺陷的,这是我们在寻求知识和新想法的认知过程中可能遇到的或是必须解决的问题。我们的思维模式、观点视角及工作原理不仅是简单化的,而且对世界的表征也存在偏见。不同的人会根据各自的利益背景等的不同而对同一事件做出完全不同的理解。正如"9·11"事件和伊拉克大规模杀伤性武器的例子表明,单靠数据本身不足以说明问题,理论和思维方式才会赋予其意义。

拒绝诺贝尔奖级别的论文,引发了更多关于在不同研究阶段识别变革性潜能的讨论,即如何从申请项目,到发表成果,再到产生广泛社会影响的不同科研阶段中识别出有变革性潜能的科学研究。那些提出新科研项目的申请人可能过于乐观了,同行评议专家也可能有合理的理由拒绝不成熟的想法和表述不充分的研究计划。另外,从社会和共同体的观点来看,同行评议专家在学术上是有利益冲突的——他们是竞争性同行。

撇开利益冲突,识别一个有前途的研究课题到底有多难呢?在第4章中,我们对科学突破做了一些回溯和前瞻。Project Hindsight 和 TRACES 都是回顾过去,得到许多经验教训。如果说 Project Hindsight 较侧重于创造中的选择性保留,那 TRACES 则更加强调其中的盲目变异。TRACES 告诉我们,技术创新是由任务导向的重要科研经多年推动而形成的,而这些重要科研是由更长时间的非任务性研究推动的。向社会证明非任务导向研究的潜在价值是尤为困难的。

当一个复杂系统将要发生相变或变革时,有时我们可以捕获或探测出一些先兆,但也有一些变化是毫无征兆地就发生了。预警信号就像水手在茫茫大海中航行的导航线索。虽然我们在第5章才介绍最优觅食理论,但是早期征兆的出现与否将会影响到我们对风险与回报的权衡,进而产生的结果会有质的差异。风险与回报比率的变化会改变系统内部的反馈和传播。自我强化的反馈将会加剧系统的变革并放大初始状态影响。

对历史的回顾和对前瞻研究的调查都强化了本章的观点,即人类认知无论是在个体层面还是在集体层面都存在偏见。最近,人们根据早期的前瞻调查对前瞻预测准确性进行了评估,结果表明专家们往往过于乐观。尽管研究人员解释了专家总会做出过分乐观预测的原因,但过分乐观在整个前瞻过程中的实际意义尚不清晰。向利益相关者征求对某一研究课题的意见,是扩大科学与社会之间社会契约范围的一项举动。利益相关者给出的课题排序，是对研究主题所具有的社会价值或至少是潜在的社会价值提供了最好的评价。但不足之处在于，这样的排序是受到科研的任务性导向和发展阶段限制的，TRACES 研究说明了这一点。这样的排序是不可靠的，甚至不适用于基础研究。

迄今，预测评估都没有回答一个更宽泛的问题：在预测类活动中，科学突破的影响力大到什么程度能被视为优先领域？如果 NSF、美国国防部，或科技办公室今天再开展 Project Hindsight、TRACE 或其他关于前瞻的回溯研究，那么有多少变革性发现是 20、30 或 50 年前专家们共识的优先领域？专家做出正确可行性评级的依据又是什么？谁能如此有远见地在变革性概念形成之前便可以识别其巨大潜能呢？

9.4 觅食

第 5 章介绍了在广义觅食过程中决策的关键依据，即概率。觅食，作为一种隐喻，为科学发现甚至整个创造性活动提供了一个解释性框架。其基本假设是，相比于固步自封地停留在熟知的领域，跨越不同的知识领域边界更有可能产生新想法。我们往往会对那些有悖于我们常识的却似乎有理有据的理论、主张和阐释感兴趣。我们乐于小惊喜而非大惊奇。这种偏好反映在雅努斯和 TRIZ 等的创新思维方法中。最近一项关于专利的研究已经得到了类似的结论，即如果两个技术领域之间的距离适中，不远也不近，那么跨界（boundary spanning）是表征专利质量的一个有效指标。第二个假设是，科学家能够识别出变革性成果的早期信号，并会在文献中留下痕迹。基于以上两条假设，我们提出一个变革性发现的解释性和计算性理论。根据这一理论，我们可以通过结构和时序规律的计算性特征来探测出一些变革性研究成果。我们并没有指望这种理论能够捕捉到所有变革性发现，我们也并不期待探测出的研究成果最终都具有真正意义上的变革性。即使这个方法只能识别出数量不多的确实具有变革性的研究（诺贝尔获奖发现的案例已经证明这种方法是有效的）。从需求的本质来说，这种方法大大降低了工作成本，并且很容易重复使用。这个方法的另一个潜在优势就在于，它可以使我们在自己的思维模式下尽快识别出文献中的新关联，从而扩展我们的视野。

在基因标靶案例中，发现的黏附作用强化了觅食隐喻有多贴切。科学家们会利用各种机会将其知识觅食的收益最大化。为获取最大的知识收益，他们会挑选各自擅长的领域进行研究。当资金成为一个约束条件时，科学家们将重新评估风险收益率，进而采取相应的措施。科学预见的时间跨度往往为 20～30 年，因而我们必须深入理解科学是如何发展的，以及优先领域是如何在一代代科学家中演变的。

9.5　知识域分析

第 6 章一开始就提出了一系列用于研究科学变化的定量方法。我们从某个研究领域的知识结构快照出发，介绍了一些用于揭示某个研究主题、研究领域或学科是如何随着时间推移而演化的知识域分析方法。将一系列时间序列的快照连接起来，便呈现出一幅展现某个研究领域整个演变历程的视图。知识转折点或范式转变关键点也会随之被识别并呈现出来，演变的关键路径也会得以显现。

第 6 章的第二部分介绍了当前研究的新进展。基于实证的解读和分析是传统科学计量研究中的一个重要缺失环节。以一群空中飞鸟在地面上形成投影为比喻，传统研究就好比是对飞鸟的投影进行分析和解读。例如，引文分析更多地关注高频被引文献而非受这些高频被引文献影响的新文献。与此类似，共引分析的重点也往往集中在文献共被引形成的聚类上。这种多视角共引分析方法设计的初衷就是要将关注重点从投影转向飞鸟，这样分析者、学生和科学家就可以研究那些引用早期公开发表论文的新文本，并发现这些施引文献的共同之处。

第 6 章的内容告诉我们能在文献中学到什么，以及怎样学习。对于深入理解变革性发现的产生和识别，以及那些可能提升我们创造力的机理和指标而言，整合我们的认知都是一个必要的步骤。

9.6　文本分析

第 7 章侧重于分析文本中的时序模式和变化。该章第一部分给出一个区分不同观点的例子，即亚马逊客户针对畅销书《达·芬奇密码》所做出的正面和负面评价。第 7 章的第二部分介绍了一种从非结构文本数据中提取模式规律的方法，这种方法不依赖于任何预先给定的本体或分类。该方法的设计是基于这样一种现象，即作者在描述自认为重要的主题时会有更多的语言变化。这种现象不仅体现在文献上，还体现在文化层面上。例如，相对于英语等其他语种，汉语中用来表达"亲属"的词汇更为丰富。在汉语中，有特定的词汇来称呼"年长的兄弟"和"年幼的兄弟"，即"哥哥"和"弟弟"，而在英语中这只能用复合词，即"elder brother"和"younger brother"来表达。这种精致的专门词汇反映着中国文化的内涵。同样，达尔文在《物种起源》一书中对"物种""形式""植物"和"差异"有很多描述。我们会从自然语言文本中发掘出许多模式。

这一方法的设计也很巧妙。它要最大限度地呈现科学发展现状。概念或观点是可以从自然语言段落中识别出来的。关系和判断也可以通过"主—谓—宾"这一基本句型识别出来。已知的和未知的都可以通过猜想、断言及具有不确定性的假说来表示。通过对比知识的总体表征，我们可以推断出新科学观点的新颖之处。

第 3 部分是关于探测主题突现模式。突现探测的目的是确认活跃强度和活跃时长。例如，引用突现（citation burst）是指一篇文章在一段时间内的被引频次大于设置的阈值或概率上的变迁率（transition rate）。词突现可以简单地理解为某个词在一段时间内出现的频次远远大于其他词出现的频次。

第 4 部分是关于生存分析，这是相对较新的内容。尽管作为一种统计分析方法，生存分析已经得到广泛应用，但将突现探测和生存分析结合起来有独到之处。我们可以通过生存分析根据时序模式来比较两组或几组的现象。生存分析尤其适合解决某些问题，诸如就某个主题文献的高被引和低被引文献群组而言，突现主题和突现更为持久的主题往往会在哪个群组里出现呢？

9.7 变革性潜能

第 8 章介绍了在科学文献、专利思想、资助申请或被资助项目中体现的变革性潜能概念。理论的发展，尤其是变革性发现中的解释和计算理论引发并推动了变革性潜能测度的研究。在该章给出的例子中，我们仅是简单地沿着两个维度对变革性潜能进行了测度，其实，我们也可以沿着其他维度进行测度。

测度变革性潜能的中心思想是，结构变化提供了早期迹象。根据我们的变革性发现理论，引发结构更大变化的思想，相比于些许改变现有结构，更具有变革知识结构的潜能。由此，我们提出了两种计量方法。一个方法是融合测度（synthesis span），即依据现有结构和新结构之间的距离来测量结构变化程度。这种结构可以表现为由多重主题和引文聚类形成的网络或概率分布。换句话说，合成跨度指的是所研究问题跨越边界的量。

另一个方法是结构分散度（structural divergence），即依据各节点的中心度来测量旧结构与新结构之间的所有变化。这种测度方法也是基于网络表征。我们可以依据测度值的大小在网络中识别能够引发关注中心重大转移的迹象。如果将其应用到世界科学活动网络中，我们就能跟踪世界科学活动中心转移的轨迹。

这些测度方法是由理论驱动的。评估其有效性的方法之一是，要看它们能在多大程度上快速准确地认识所研究的内容。引用通常被视为学术出版物影响力的合理指标，至少可以用来体现同行科学家对其的关注程度。

这些年人们对引用的预示功能提出了越来越多的质疑。综述类和调查类论文通常会被大量引用。名牌大学的作者合作完成的论文也会涉嫌高被引。一篇论文参考文献的数量也可能是影响引用的一个因素。这涉及许多模型和许多独立变量。

好理论令人着迷之处就是它的一致性（coherent）。具有一致性的理论会比之前的理论对同一现象做出更简单的解释。我们已经初步证实，变革性发现的解释性和计算性理论更简单地解释了科学论文被引用的原因和方式。为什么综述性论文会被更多引用？为什么有更多参考文献的文章会被更多引用？为什么不同领域作者合作的论文会被更多引用？潜含其中的跨界融合机理为这些问题提供了一致性的解释。

显然，还有很多事情等着我们去做。然而，初步的研究结果是非常鼓舞人心的。这些方法不仅能够让我们随心所欲地总结研究现状，而且为我们提供了识别新思想变革潜能的方法，甚至我们可以用它来进行假设和推测。在个人创造力提升、变革性研究认识，以及评估方法的可行性和实用性方面，这些新的方法可能发挥什么样的作用呢？

9.8 未来

为了给研究者、学生、政策制定者和资助机构提供一些建设性意见，我们特别要关注一些经验教训。

第一，像"风雨欲来"这类公开辩论中表现出来的自我评估及长期面对质疑的勇气，对于维持国家的科技、经济、政治和文化的竞争地位是至关重要的。

第二，预测—监测（foresight-seeking）活动需要纵向随访评估（longitudinal follow-up assessments）。回顾性评估（retrospective assessments）应不仅密切关注早期确认的优先领域如何发展，也要密切关注在同一时间框架下整体显现出来的科学突破，这些科学突破也许未曾被确定为战略优先领域。资助机构应该以独立和联合的名义委托更多 TRACES 类的研究，以便对变革性科学技术在不同发展阶段的重要事件进行密切跟踪、了解和传播。

第三，应该结合发散思维和解决问题的普适与特定机理系统地研究人类认知和决策中存在的偏见和缺陷。

第四，基于觅食和经纪人理论的变革性发现理论是有价值的，因为它能够将大量可能因素削减为少量的更为重要的因素。当然，这种发现理论并不适用于所有类型的发现。因此，识别出适用于其他类型发现的相应机理是非常重要的。

第五，可视化和定量分析方法在追踪科学领域知识动态演变方面显示出越来越强大的功能。应该开发更多的理论用来指导这类工具的设计与使用。

本书最重要的两点启示是：

（1）创造力往往源自对彼此冲突观点的详尽缜密的思考。

（2）随着对创造力的生成机理、可能的早期迹象，以及对自觉规避偏见、误会和认知陷阱的理解更为深入，我们可以通过训练来提升创造力。创造力就是用开放的心态拥抱未知的能力和意愿！

致 谢

许多人对本书的形成起了重要作用。

通过跨学科研究项目，我和一些优秀的研究者进行了长期合作。德雷塞尔大学物理学院的天体物理学家迈克尔·S.沃格理（Michael S. Vogeley），我们共同合作完成由 NSF 资助的研究项目（IIS-0612129），该项目分析天文学文献和由 SDSS 项目获取的天文数据之间的关联；宾夕法尼亚州立大学地理系的阿兰·M.麦克依淳（Alan M. MacEachren），我们共同合作由美国国土安全局（Department of Homeland Security）资助的东北视觉分析中心（NEVAC）项目；我的研究生助理博士生张建（Jian Zhang）和唐·佩勒圭诺（Don Pellegrino）；国际访问学者 FideliaIbekwe-SanJuan（法国）和 Roberto Pinho（巴西）。

引文分析和共引分析的可视化先驱，汤森路透集团的加菲尔德和斯莫尔，他们为本书的完成慷慨地奉献了时间和建议。汤森路透集团的年轻一代，中国的刘大卫（David Liu）和岳伟平，以及澳大利亚的博瑞尼卡·韦伯斯特（Berenika Webster），他们热情并充满活力，给予本书极大支持。汤森路透集团在我学术休假期间，慷慨地延长了我使用 Web of Science 数据库的期限。我获得了 ISI 和美国信息科学与技术学会的 2002 年引文研究奖。

我想感谢 NSF 的朱莉娅·莱恩（Julia I. Lane）和玛丽·马赫（Mary L. Maher），感谢他们为探究 NSF 项目评价的技术可行性而组织研究组合评价项目的策划工作；辉瑞全球研发格罗顿实验室（Groton Lab）的贾里德·米尔班克（Jared Milbank）和布鲁斯·勒夫克（Bruce A. Lefker），感谢他们在药物发现项目中提供的合作，该项目由辉瑞公司资助。

我还要感谢大连理工大学 WISE 实验室的刘则渊教授，感谢他的热情、远见和在中国对于使用 CiteSpace 绘制科学知识图谱的深刻见解；感谢生物学家及 NIH 的曾洪（Hung Tseng）与我分享他从资助机构角度对于研究评估和追踪发现进程的观点和经验；感谢德雷塞尔大学的罗德·米勒（Rod Miller）与我就当前的研究，以及如何阐明并有效传达复杂思想的多次深入交谈。本书的英文版由中国高等教育出版社与德国斯普林格出版社（Springer）联合出版发行，再次感谢高等教育出版社的刘英编辑；本书中译本的出版尤其感谢科学出版社邹聪编辑自始至终细致周到和有条不紊的合作。

陈超美
2015 年 6 月